国家示范性高等职业院校建设项目教材

# 园林工程项目管理

YUANLIN GONGCHENG XIANGMU GUANLI

刘玉华　陈志明　主编

中国农业出版社

**图书在版编目（CIP）数据**

园林工程项目管理/刘玉华，陈志明主编．—北京：中国农业出版社，2010.2（2015.6 重印）
国家示范性高等职业院校建设项目教材
ISBN 978-7-109-14375-3

Ⅰ．园…　Ⅱ．①刘…②陈…　Ⅲ．园林-工程施工-项目管理-高等学校：技术学校-教材　Ⅳ．TU986.3

中国版本图书馆 CIP 数据核字（2010）第 025361 号

中国农业出版社出版
（北京市朝阳区农展馆北路 2 号）
（邮政编码 100125）
责任编辑　郭元建　杨　茜

---

中国农业出版社印刷厂印刷　　新华书店北京发行所发行
2010 年 2 月第 1 版　　2015 年 6 月北京第 3 次印刷

---

开本：787mm×1092mm　1/16　　印张：14.75
字数：350 千字
定价：29.50 元

编委会名单

BIANWEIHUIMINGDAN

# 国家示范性高等职业院校建设项目教材

## 编 委 会 名 单



## 《园林工程项目管理》编审人员名单


**主　编**　刘玉华　陈志明

**副主编**　刘　奎　罗　英

**主　审**　段　勇

# 内容简介


本教材根据高职高专项目式课程教学的基本要求编写。

全书共分两篇，十一个项目。第一篇“园林工程阶段管理”包括招标投标、施工准备、施工现场管理、竣工验收共四个项目；第二篇“园林工程专项管理”包括成本控制、进度控制、质量控制、合同管理、施工现场与安全管理、信息管理、风险管理共七个项目。本书以《建设工程项目管理规范》（GB/T 50326—2006）为基础，以项目承包人的项目管理为核心来展开论述。

本教材可作为高等职业院校园林技术专业和相关专业的教科书，也可作为园林绿化从业人员的参考书。

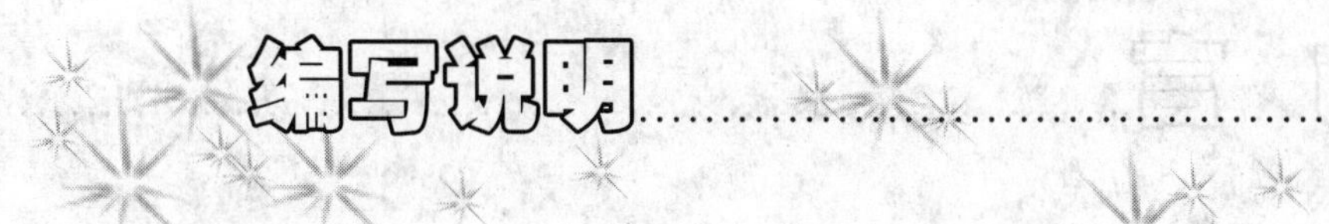

# 编写说明

根据《国务院关于大力发展职业教育的决定》要求，为在全国高等职业院校中树立改革示范，经国务院同意，“十一五”期间，国家实施示范性高等职业院校建设计划。我院作为全国第二批示范性建设院校，按照教育部、财政部批准的建设方案，积极开展了项目建设工作。

课程建设与改革是提高教学质量的核心，也是教学改革的重点和难点。教高［2006］16号《关于全面提高高等职业教育教学质量的若干意见》对此提出了明确的要求。按照这一要求，我们组织相关重点建设专业以及部分兄弟院校的教师和行业、企业专家，深入开展课程建设与改革，取得了一定的成效。

为将课程建设的改革经验呈现给全国的高职院校，起到辐射带动作用，我们组织编写了这批国家示范性高等职业院校建设项目教材。

教材充分体现了我院课程建设与改革的成果，围绕工学结合人才培养模式的要求，从职业岗位分析入手，以工作任务为主线，力求实践和理论紧密结合。根据实际岗位需要，在教材编写上进行了创新。

教材具有以下特色：一是面向生产一线，强调实用性；二是紧跟当前生产技术发展，强调前瞻性；三是突出就业能力主线，强调职业性；四是完善专业实践体系，强调可操作性。

采用这种形式展示示范院校课程建设的成果，仅是一种尝试。限于编者水平，错误不当之处在所难免，敬请批评指正。

江苏农林职业技术学院

2009年7月

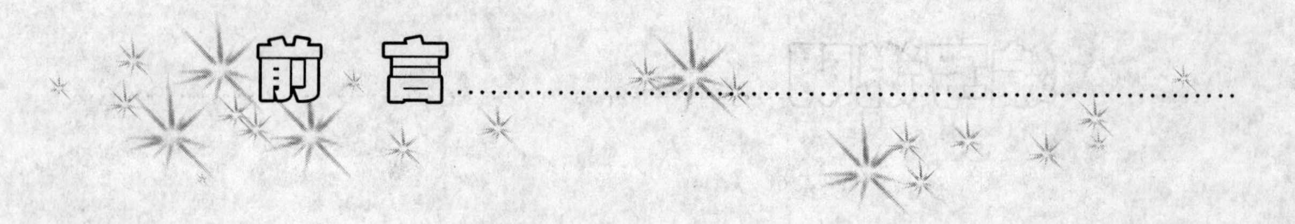


本教材根据高等职业教育项目式课程教学的基本要求，以培养技术应用能力为主线，以必需够用为原则，确定编写大纲和内容。

本教材根据我国园林行业新的法规、规程、规范，吸收近年来工程项目管理研究的新成果，按照基本建设程序，以项目的形式全面系统地阐述了园林工程项目管理的方法，注重实用性、新颖性和可操作性。本教材以《建设工程项目管理规范》（GB/T 50326—2006）为基础，以项目承包人的项目管理为核心来展开论述。内容除招标投标、施工准备、施工场地、竣工四个阶段的管理外，还包括了成本、进度、质量、合同、信息、风险、施工场地与安全管理等管理技术，力求做到内容全面而又富有特色。

本教材可作为高等职业院校园林技术专业和相关专业的教科书，也可作为园林绿化从业人员的参考书。

本书由刘玉华、陈志明主编，刘奎和罗英担任副主编。

本书在编写过程中参考引用了有关部门、单位和个人的文献著作，在此表示衷心的感谢。书中难免存在不妥之处，恳请广大读者和专家批评指正。

编　者

2009 年 10 月

目 录
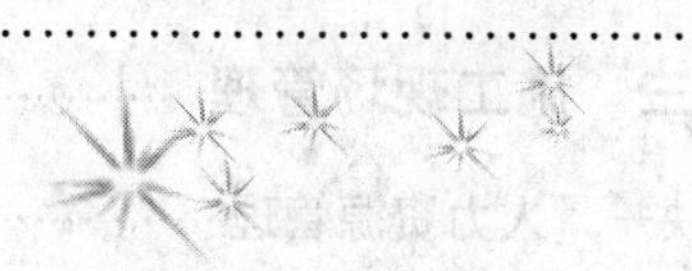

# 绪论

**教学目标**

1. 了解园林工程项目的概念及其特征；
2. 掌握园林工程项目的建设程序；
3. 掌握园林工程项目管理的内容；
4. 了解园林施工管理的概念、阶段和过程。

## 一、园林工程项目的概念及其特征

园林工程项目是按照一定的投资，经过决策和实施的一系列程序，在一定的约束条件下以建成城市绿地或游憩性的开敞空间为目标的一次性事业，如1个风景区、1个公园、1组居住小区绿地等。它具有完整的结构系统、明确的使用功能与工程质量标准、确定的工程数量、限定的投资数额、规定的建设工期以及固定的建设单位等基本特征。

**1. 园林工程项目的概念** 园林工程项目是指为完成依法立项的新建、扩建、改建等各类园林工程而进行的，有起止日期的、达到规定要求的1组相互关联的受控活动组成的特定过程，包括策划、勘察、设计、采购、施工、试运行、竣工验收和考核评价等。

园林工程项目是需要一定量的投资、按照一定程序、在一定时间内完成，还应符合质量要求，以形成固定资产为确定目标的一次性工作任务。

园林工程项目管理是以园林建设工程项目为对象的系统管理方法，通过1个临时性的专门的柔性组织，对项目进行高效率的计划、组织、指挥和控制，以实现项目全过程的动态管理和项目目标的综合协调与优化。

**2. 园林工程项目的特征**

（1）在一个总体设计或初步设计范围内，由一个或若干个互相有内在联系的单项工程所组成，建设中实行统一核算、统一管理。

（2）在一定约束条件下，以形成固定资产为特定目标。约束条件：一是时间约束，即一个园林工程项目有合理的建设工期目标；二是资源约束，即一个园林工程项目有一定的投资总量目标；三是质量约束，即一个园林工程项目都有预期的生产能力、技术水平或使用效益目标。

（3）园林工程项目需要遵循必要的建设程序和经过特定的建设过程。即1个园林工程项目从提出建设的设想、建议、方案拟订、评估、决策、勘察、设计、施工一直到竣工、投产（或投入使用），是1个有序的全过程。

（4）园林工程项目按照特定的任务，具有一次性特征的组织方式。表现为资金的一次性

投入，建设地点的一次性固定，设计单一，施工单件。

(5) 园林工程项目具有投资限额标准。只有达到一定限额投资的才可作为园林工程项目，不满限额标准的称为零星固定购置。并且随着改革开放和物价上涨，这一限额将逐步提高。

## 二、园林工程项目的建设程序

园林工程项目建设程序是从项目设想、选择、评估、决策，到设计、施工、投入生产或交付使用的整个过程，各项工作必须遵循先后顺序。按现行规定，我国政府投资项目工程建设程序如图 0-1 所示。各阶段的主要工作内容如下：

**1. 投资决策阶段**

(1) 根据国民经济和社会发展长远规划，结合行业和地区发展和地区发展规律的要求，提出项目建议书。

(2) 在勘察、试验、调查研究及详细技术经济论证的基础上编制可行性研究报告。

(3) 根据项目评估情况，对园林工程项目进行决策。

**2. 建设实施阶段**

(1) 根据批准的可行性研究报告，编制方案设计文件。

(2) 根据批准的方案设计，进行初步设计，对于技术复杂、需要进行技术论证的建设工程项目，在进行施工图设计之前可进行扩大初步设计。

(3) 根据批准的初步设计，进行施工图设计。施工图设计文件经审查批准后，即可进行施工前的各项准备工作，包括征地、拆迁和场地平整，完成施工用水、电、电信、道路等接通工作，组织招标选择监理、施工单位及设备、材料供应商。

(4) 办理施工许可证后，组织土建工程施工及机电设备安装。

**3. 交付使用阶段**

(1) 项目按批准的设计内容建成，经验收合格后即可正式交付使用。

(2) 竣工验收合格后，需进行竣工结算与竣工决算，并办理资产移交手续。

(3) 生产运营一段时间（一般为 1 年）后，根据需要可以进行项目后评价。

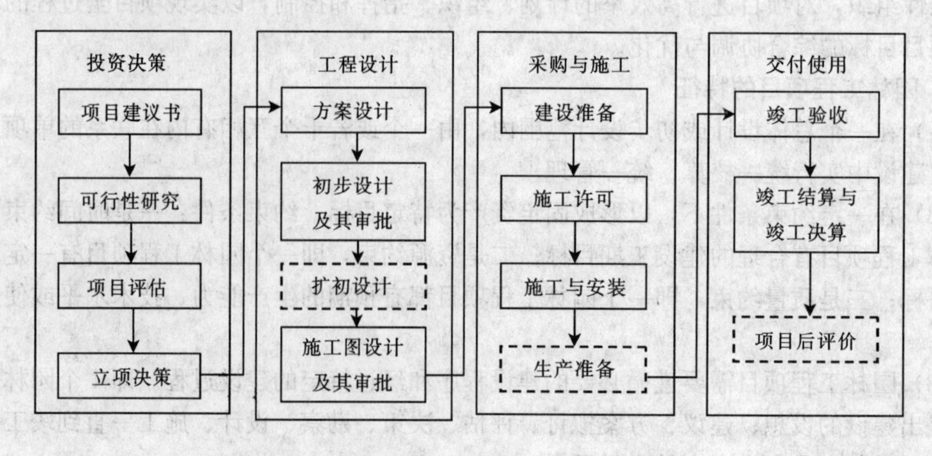


图 0-1 我国政府投资项目工程建设程序

## 三、园林工程项目管理的主要内容

**1. 合同管理**　园林工程合同是业主和参与项目实施各主体之间明确责任、权利和义务关系的具有法律效应的协议文件，也是运用市场经济体制、组织项目实施的基本手段。从某种意义上讲，项目的实施过程就是园林工程合同订立和履行的全过程。一切合同所赋予的责任、权利履行到位之日，也就是园林工程项目实施完成之时。

园林工程合同管理，主要是指对园林合同的依法订立过程和履行过程的管理，包括合同文本的选择，合同条件的协商、判断、合同书的签署；合同履行、检查、变更和违约、纠纷的处理；索赔事宜的处理工作；总结评价等。

**2. 组织协调**　组织协调是园林工程项目管理的职能之一，是实现项目目标必不可少的方法和手段。在项目实施过程中，项目的参与单位需要处理和调整众多复杂的业主组织关系，主要内容包括：

（1）外部环境协调。与政府管理部门之间的协调，如规划、城建、市政、消防、人防、环保、城管部门的协调；资源供应方面的协调，如供水、供电、供热、电信、通信、运输和排水等方面的协调；生产要素方面的协调，如图纸、材料、设备、劳动力和资金方面的协调；社区环境方面的协调等。

（2）项目参与单位之间的协调。主要指业主、监理单位、设计单位、施工单位、供货单位、加工单位等之间的协调。

（3）项目参与单位内部的协调。指项目参与单位内部各部门、层次之间的协调。

**3. 进度控制**　进度控制包括方案的科学决策、计划的优化编制和实施有效控制三方面的任务。方案的科学决策是实现进度控制的先决条件，它包括方案可行性论证、综合评估和优化决策。只有决策出优化的方案，才能编制出优化的计划。计划的优化，包括科学确定项目的工序及其衔接关系、持续时间、优化编制网络计划和实施措施，是实现进度控制的重要基础。实施有效控制包括同步跟踪、信息反馈、动态调整和优化控制，是实现进度控制的根本保证。

**4. 质量控制**　质量控制包括制定各项质量要求及质量事故预防措施，各方面的质量监督与验收制度，以及各阶段的质量处理和控制措施3个方面的任务。制定的质量要求要具有科学性，质量事故预防措施要具备有效性。质量监督和验收包含对设计质量、施工质量及材料设备质量的监督和验收，要严格检查制度和加强分析。质量事故处理与控制要对每1个阶段均严格管理和控制，采取细致而有效的质量事故预防和处理措施，以确保质量目标的实现。

**5. 投资控制**　投资控制包括编制投资计划、审核投资支出、分析投资变化情况、研究投资减少途径和采取投资控制措施五项任务。前两项是对投资的静态控制，后3项是对投资的动态控制。

**6. 风险管理**　随着工程项目规模的大型化和工艺技术的复杂化，项目管理者所面临的风险越来越多。工程建设客观现实告诉人们，要确保工程建设项目的投资效益，就必须对项目风险进行科学管理。目的是通过风险分析减少项目决策的不确定性，以便决策更加科学，以及在项目实施阶段，保证目标控制的顺利进行，更好的实现项目质量、进度和投资目标。

**7. 信息管理**　信息管理是工程项目管理的基本工作，是实现项目目标控制的保证。只

有不断提高信息管理水平，才能更好地承担起项目管理的任务。

工程项目的信息管理主要是指对有关工程项目的各类信息的收集、储存、加工整理、传递与使用等一系列工作的总称。信息管理的主要任务是及时、准确地向项目管理各级领导、各参加单位及各类人员提供所需的综合程度不同的信息，以便在项目进展的全过程中，动态地进行项目规划，迅速正确地进行各类决策，并及时检查决策执行结果，反映工程实施中暴露的各类问题，为项目总目标服务。

信息管理的好坏，将会直接影响到项目管理的成败。在我国工程建设的长期实践中，由于缺乏信息，难以及时取得信息，所得到的信息不准确或信息的综合程度不满足项目管理的要求，信息存储分散等原因，造成项目决策、控制、执行、和检查的困难，以致影响项目总目标实现的情况屡见不鲜，应该引起广大项目管理人员的重视。

**8. 环境与安全管理**　工程建设可以改造环境、为人类造福，优秀的设计作品还可以增添社会景观，给人们带来观赏价值。但一个工程项目的实施过程和结果，同时也存在着影响甚至恶化环境的种种因素。因此，应在工程建设中强化环保意识，切实有效地把环境保护和克服损害自然环境、破坏生态平衡、污染空气和水质、扰动周围建筑物和地下管网等现象的发生，作为项目管理的重要任务之一。项目管理者必须充分研究和掌握国家和地区的有关环保法规和规定，对于环保方面有要求的建设工程项目，在项目可行性研究和决策阶段，必须提出环境影响报告及其对策措施，并评估其措施的可行性和有效性，严格按建设程序向环保部门报批。在项目实施阶段，做到主体工程项目同步设计、同步施工、同步投入运行。在工程施工承包中，必须把依法做好环保工作列为重要的合同条件加以落实，并在施工方案的审查和施工阶段过程中，始终把落实环保措施、克服建设公害作为重要的内容予以密切注视。

## 四、园林施工管理内容

园林施工管理是指园林企业在获得园林项目的施工承包权后，根据与业主签订的承包合同，按照设计图纸及其他设计文件的要求，根据施工企业自身的条件与类似工程施工的经验，采取规范的施工程序，按照现行的国家及行业相关技术标准或施工规范，以先进科学的工程实施技术和现代科学管理手段，进行施工组织设计、施工准备、进度、质量、安全、成本控制，以及合同管理、现场管理等施工管理步骤，至工程竣工验收、交付使用和园林种植养护管理等一系列工作的总称。

施工管理与企业管理的区别。第一是两者的管理主体不同，企业管理的主体是企业法人代表，而施工管理的主体是企业的派出人员；第二是两者的管理范围不同，企业管理的范围涉及企业生产经营活动的各个方面，而施工管理是1个建设项目范围，是企业管理的一部分。企业管理是关系企业的生存与发展，它没有工程项目管理所具有的一次性特点。

由于“施工项目”是“企业自工程施工投标开始到保修期满为止的全过程中完成的项目”，可把园林施工项目管理分为5个阶段，这5个阶段构成了施工项目管理有序的全过程。

**1. 投标、签约阶段**　业主在对建设项目进行设计和建设准备，具有招标条件以后便发出招标广告（或邀请函），施工企业根据招标广告或收到的邀请函，做出投标决策，参与投标直至中标签约。本阶段的管理目标是签订工程承包合同。这一阶段主要进行以下工作：

（1）施工企业从经营战略的高度做出是否投标，争取承包该项目的决策。

（2）决定投标后，多方面（企业本身、相关单位、市场、现场等）掌握信息。

（3）编制项目管理规划策划大纲，编制既能使企业盈利，又有竞争力，中标概率大的投标书并进行投标。

（4）如果中标，则与招标商进行谈判，依法签订工程承包合同，使合同符合国家法律、法规，符合平等互利、等价有偿的原则。

**2. 施工准备阶段**　企业与业主签订施工合同，交易关系正式确立后，便选定项目经理，项目经理接受企业法人的委托组建项目经理部，企业法人与项目经理签订“项目管理目标责任书”，项目经理部编制“项目管理实施规划”，进行项目开工前准备。

**3. 施工阶段**　施工期间按“项目管理实施规划”进行管理，做好“安全、进度、质量、投资四项目标管理”和组织协调，项目经理部作为履行施工合同的主体，要在项目经理的组织下履行施工合同文件，并且做好索赔工作。

**4. 交工验收、竣工验收与决算阶段**　在项目竣工验收阶段进行竣工决算，清理各种债权债务、移交资料和工程，进行经济分析，做出项目管理总结报告并送企业管理层有关职能部门，企业管理层对项目管理工作进行考核、评价并兑现“项目管理责任书”中的奖惩承诺，项目经理部解体。

**5. 回访保修阶段**　在保修期满前企业管理层根据“工程质量报修书”的约定进行项目回访保修。

## 复习题

1. 园林工程项目的概念及其特征是什么？
2. 园林工程项目建设程序由哪几个阶段组成？
3. 园林工程项目管理的主要内容有哪些？
4. 园林施工管理与企业管理的区别是什么？
5. 园林施工管理分为哪几个阶段？

# 第一篇 园林工程阶段管理

*YUANLIN GONGCHENG JIEDUAN GUANLI*

# 项目一

# 招标投标管理

**教学目标**

1. 掌握招标文件的内容；
2. 掌握园林工程招标投标的一般程序；
3. 掌握投标报价技巧和投标竞争策略；
4. 掌握园林工程招标投标的类型和方式。

**技能目标**

1. 能完成园林工程招标文件的编制；
2. 能完成园林工程投标文件的编制。

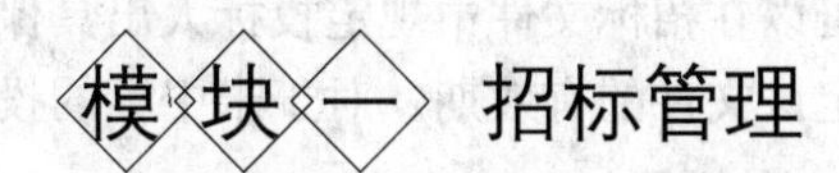

## 模块一 招标管理

### ◆ 工作任务一　编制招标文件

**1. 任务分析**　招标文件一般由业主拟定，一种是业主自行成立招标机构，另一种是业主委托专门的招标代理机构编写招标文件。编写招标文件的准备工作如下：

①熟悉工程情况和施工设计图纸及说明；

②计算工程量；

③确定施工工期和开工、竣工日期；

④确定工程的技术要求、质量标准及各项有关费用；

⑤确定投标、开标、定标的日期及其他事项；

⑥填写招标文件申请表。

**2. 实践操作**　编写招标文件的主要内容有：

（1）编写园林工程投标须知。投标须知是帮助投标单位正确和完善地履行投标手续的指导性文件，目的在于避免造成废标，使投标取得圆满的结果。投标须知的内容主要为：

①园林工程招标项目说明。目的在于帮助投标单位了解工程的概况，主要包括工程名称、地点、规模、招标范围、设计单位、基础、结构、装修概况、场地和地基条件、给排水、供电、道路及通信设施以及工期要求等。

②资金来源。即资金是属于自有资金、财政拨款还是来源于直接融资或者间接融资等。

③对投标人的资格要求。

④招标文件的目录。

⑤招标文件的补充或修改。招标文件发售给投保人后，在投标截止日期前的任何时候招标人均可对其中的任何内容加以补充或修改。

⑥投标书的格式。规定投标人应当提交的投标文件的种类、格式、份数，并规定投标人应当编制投标书套数。

⑦投标语言。特别是国际性招标中，对投标语言作出规定更为必要。

⑧投标报价和货币的规定。投标人报价包括单价、总值和投标总价。在招标文件中还应当向投标人说明投标价是否可以调整。要标明币种及金额。

⑨单价表。单价表是采用单价合同承包方式时投标单位的报价文件和招标单位评标的主要依据。通常由招标单位开列分部分项工程名称和计量单位（如土方：立方米，面砖外饰面：平方米等），由投标单位填报单价，也可由招标单位先开列出单价，再由投标单位分别表示同意或另行提出自己的单价。考虑到工程数量对单价水平的影响，一般应列出近似工程量供投标单位参考，但不作为确定总价的依据。

⑩工程量清单。是投标单位计算标价和招标单位评标的重要依据，通常以每一个体工程为对象，按分部分项列出工程数量，并说明采用的计算方法。对采用标准设计的工程，也可按建筑面积列出工程量。

⑪投标保证金。招标人可以在招标文件中规定投标人出具保证金。在使用信用证、银行保函或者投标保证金时要规定该文件的有效期。对于未中标的投标保证金，应当在发出中标通知书后尽快还给投标人。

⑫投标截止时间。招标人应当确定投标人编制投标文件所需要的合理时间；依法必须进行招标的项目，自招标文件发出之日起至投标人提交投标文件截止之日止，最短不得少于二十日。

⑬投标文件的修改与撤回。投标人可以在递交投标文件后，在规定的投标截止时间之前，采用书面形式向招标人递交补充、修改或撤回通知。

⑭投标有效期。在投标截止日期后规定的一段时间，在这段时间内招标人应当完成开标、评标、定标。

(2) 编写园林工程合同文件。包括：合同所依据的法律法规、工程内容（工程项目表）、承包方式（包工包料或包工不包料；总价合同、单价合同或成本加酬金合同等）、开竣工日期、总包价、供应技术资料的内容和时间、施工准备工作、材料供应及价款结算办法、工程价款结算办法、以外币支付时所用外币种类及比例、工程质量及验收标准、工程变更、停工及窝工损失的处理办法、提前竣工或拖延工期的奖惩办法、竣工验收与最终结算、保修期内维修责任与费用、分包关系、争端的处理等。

## ◆ 工作任务二　招标组织管理

**1. 任务分析**　招标由业主组织，园林工程招标一般应遵循下列程序：招标申请→准备招标文件→发布招标公告→确定投标人名单→发售招标文件→组织现场踏勘，召开投标预备

会→接受投标人递交的标书→开标→评标→发中标通知书→签订合同。

**2. 实践操作**

（1）组建招标工作班子。任何一项建设工程项目招标，业主都需要成立专门的招标机构，全权处理整个招标活动的业务。其主要职责是拟定招标文件、组织投标、开标、评标和定标、组织签订合同。成立招标机构的两种途径：一种是业主自行成立招标机构，另一种是业主委托专门的招标代理机构组织招标。

（2）发布招标公告。我国《招标投标法》和国际惯例都规定，招标人采用公开招标方式招标的，应发布招标公告。发布招标公告应根据项目的性质和自身特点选择适当的渠道。一般大型项目招标公告应在指定的刊物上发布；中小型规模的建设工程招标项目的招标公告应在国内广泛传播的报纸上刊登。发布招标公告，是保证潜在的投标人获取招标信息的首要工作。为了规范招标公告发布行为，保证潜在投标人平等、便捷、准确地获取招标信息，由原国家发展计划委员会发布，自 2000 年 7 月 1 日起生效实施的《招标公告发布暂行办法》，对强制招标项目招标公告的发布作出了明确的规定。原国家发展计划委员会根据国务院授权，按照相对集中、适度竞争、分布合理的原则，指定发布依法必须招标项目招标公告的报纸、信息网络等媒介（以下简称指定媒介），并对招标公告发布活动进行监督。指定媒介的名单由原国家发展计划委员会另行公告。为使潜在的投标人对是否投标进行考虑和有所准备，招标人在时间安排上应考虑两个因素：第一，刊登招标公告所需时间；第二，投标人准备投标所需要时间。招标公告的内容和格式以简洁、明了和完整为宗旨，具体内容和格式可以根据招标人的具体要求进行变更。此外招标公告的基本内容，如招标人的名称和地址、招标项目和时间等关键事项，按照我国《招标投标法》规定必需载明。

园林工程招标公告的内容主要包括：①招标人名称、地址、联系人姓名、电话，委托代理机构进行招标的，还应注明该机构的名称和地址；②园林工程情况简介，包括项目名称、建设规模、工程地点、质量要求、工期要求；③承包方式，材料、设备供应方式；④对投标人资质的要求及应提供的有关文件；⑤招标日程安排；⑥招标文件的获取方法，包括发售招标文件的地点、文件的售价及开始和截止出售的时间；⑦其他要说明的问题。依法实行邀请招标的工程项目，应由招标人或其委托的招标代理机构向拟邀请的投标人发送投标邀请书。邀请书的内容与招标公告大同小异。

（3）投标者资格预审。资格预审指招标人在招标开始前或初期对申请参加投标的潜在投标人的资质条件、业绩、信誉、技术和资金等多方面的情况进行资格审查，只有在资格预审中被认定合格的潜在投标人才可以参加投标。资格预审是低价中标的前提和保证。资格预审是工程招标的国际惯例，是公开招标的必经程序，为确保投标人基本满足招标要求，必须进行资格预审。

园林工程招标资格预审可分为定期资格预审和临时资格预审。定期资格预审是指在固定的时间内集中进行全面的资格预审，大多数国家的政府采购使用定期资格预审的办法，审查合格者被资格审查机构列入资格审查合格者名单。临时资格预审是指招标人在招标开始之前或者开始之初，由招标人对申请参加投标的潜在投标人的资质条件、业绩、信誉、技术、资金等方面的情况进行资格审查。

资格预审的程序：

①发布资格预审通告。招标人向潜在投标人发出的参加资格预审的广泛邀请，比如在

全国获国际发行的报刊和指定的刊物上发表邀请资格预审的公告。至少应包括下述内容：招标人的名称和地址、招标项目名称、招标项目的数量和规模、交货期或交工期、发售资格预审文件的时间和地点、发放的办法、资格预审文件的售价、提交申请书的地点和截止时间以及评价申请书的时间表、资格预审文件送交地点、送交的份数以及使用的文字等。

②发出资格预审文件。招标人向申请投标人发放或者出售资格预审文件。资格预审文件的内容包括基本资格和专业资格审查两部分，前者是指对申请人的合法地位和信誉等进行审查，后者是对符合基本条件的申请人履行拟定项目能力的审查。资格预审文件包括资格预审通知、资格预审申请人须知、资格预审申请表、工程概况、合同段简介。

③制定资格预审细则。资格预审细则是根据国家、行业对施工招标资格预审的规定，结合工程项目的技术经济特点和工程管理要求指导资格审查的实施，需报评审委员会审定。评审细则在资格预审申请书提交截止日期前保密。

在资格预审评审细则中，应包括：资格预审的程序、通过资格预审的条件和资格评审办法。制定强制性资格标准有：潜在投标人施工业绩、拟投入的关键人员、主要设备、主要财务指标、履行情况等资格条件、投标申请技术能力、施工经验和财务状况的评分标准。总之，资格预审细则是进行符合性检验的依据，是进行资格评审打分的依据。

④评审资格预审文件。招标人在规定的时间内，按照资格预审文件中规定的标准和方法，对潜在投标人进行资格审查，重点是专业资格审查。内容包括：A. 施工经历，包括以往承担类似项目的业绩；B. 承担本项目所具备的人员状况，包括管理人员、主要人员的简介；C. 为履约配备的机械、设备、施工方案等情况；D. 财务状况，如申请人的资产负债表、现金流量表等。

按照规定的原则和方法逐个对资格预审文件进行评定和打分，确定各投标人的综合素质得分。为了避免出现投标人在资格预审表中出现夸大事实的情况，有必要时还可以对其已实施过的园林工程进行现场调查。

确定投标人名单。依据投标申请人的得分排序，以及预定的邀请投标人数目，从高分向低分录取。此时还需注意，若某一投标人的总分排在前几名之内，但某一方面的得分偏低，招标单位要适当考虑若他一旦中标后，实施过程中会有哪些风险，最终再确定他是否有资格进入名单之内。对名单之内的投标单位，招标单位分别发出投标邀请书，并请他们确认投标意向。如果某一通过资格预审单位又决定不再参加投标，招标单位应以得分排序的下一名投标单位递补。对没有通过资格预审的单位，招标单位也应发出相应通知，他们就无权再参加投标竞争。

园林工程招标资格复审。如果发现承包商和供应商有不轨行为，如做假账、违约或作弊，招标人可以终止或者取消承包商或供应商的资格。

园林工程招标资格后审，是指在确定中标后，对中标人是否有能力履行合同义务进行最终审查。

⑤园林工程招标资格预审评分。资格预审的评审标准必须考虑到评标的标准，一般凡属评标时考虑的因素，资格预审评审时可不必考虑。反之，也不应该把资格预审中已包括的标准再列入评标的标准（对合同实施至关重要的技术性服务、工作人员的技术能力除外）。

园林工程招标资格预审的评审方法一般采用评分法。将预审应该考虑的各种因素分类，

确定它们在评审中应占的比分。如：

| 机构及组织 | 10 分 |
| --- | --- |
| 人员 | 15 分 |
| 设备、车辆 | 15 分 |
| 经验 | 30 分 |
| 财务状况 | 30 分 |
| 总分 | 100 分 |

一般申请人所得总分在 70 分以下，或其中有一类得分不足最高分的 50%者，应视为不合格。各类因素的权重应根据项目性质以及它们在项目实施中的重要性而定。

评分时，在每一因素下面还可以进一步分若干参数，常用的参数如下：

组织及计划：A. 总的项目实施方案；B. 分包给分包商的计划；C. 以往未能履约导致诉讼、损失赔偿及延长合同的情况；D. 管理机构情况以及总部对现场实施指挥的情况。

人员：A. 主要人员的经验和胜任的程度；B. 专业人员胜任的程度。

主要施工设施及设备：A. 适用性（型号、工作能力、数量）。B. 已使用年份及状况。C. 来源及获得该设施的可靠性。

经验（过去 3 年）：A. 技术方面的介绍；B. 所完成相似工程的合同额；C. 在相似条件下完成的合同额；D. 每年工作量中作为承包商完成的百分比平均数。

财务状况：A. 银行介绍的函件；B. 保险公司介绍的函件；C. 平均年营业额；D. 流动资金；E. 流动资金与目前负债的比值；F. 过去 5 年中完成的合同总额。

资格预审的评审标准应视项目性质及具体情况而定。如财务状况中，为了说明申请人在实施合同期间现金流动的需要，也可以采用申请人能取得银行信贷额多少来代替流动资金或其他参数的办法。

（4）组织现场勘察。招标人在投标须知规定的时间组织投标人自费进行现场考察。设置此程序的目的，一方面让投标人了解工程项目的现场情况、自然条件、施工条件以及周围环境条件，以便于编制标书；另一方面也是要求投标人通过自己的实地考察确定投标的原则和策略，避免合同履行过程中他以不了解现场情况为理由推卸应承担的合同责任。

勘察现场一般安排在投标预备会的前 1～2d。投标单位在勘察现场中如有疑问，应在投标预备会前以书面形式向招标单位提出，但应给招标单位留有解答时间。勘察现场主要涉及如下内容：①施工现场是否达到招标文件规定的条件；②施工现场的地理位置、地形和地貌；③施工现场的地质、土质、地下水位、水文等情况；④施工现场的气候条件，如气温、湿度、风力、年雨雪量等；⑤现场环境，如交通、饮水、污水排放、生活用电、通信等；⑥园林工程在施工现场的位置与布置；⑦临时用地、临时设施搭建等。

（5）标前会议。标前会议，是指在投标截止日期以前，按招标文件中规定的时间和地点，召开的解答投标人质疑的会议，又称交底会。在标前会议上，招标单位负责人除了向投标人介绍园林工程概况外，还可对招标文件中的某些内容加以修改（但须报请招标投标管理机构核准）或予以补充说明并口头解答投标人书面提出的各种问题，以及会议上即席提出的有关问题。会议结束后，招标单位应将其口头解答的会议记录加以整理，用书面补充通知（又称“补遗”）的形式发给每 1 个投标人。补充文件作为招标文件的组成部分，具有同等的法律效力。补充文件应在投标截止日期前一段时间发出，以便让投标者有时间作出反应。

园林工程标前会议主要议程如下：①介绍参加会议的单位和主要人员；②介绍问题解答人；③解答投标单位提出的问题；④通知有关事项。

在有的招标中，对于既不参加现场勘察，又不前往参加标前会议的投标人，可以认为他已中途退出，因而取消投标的资格。

## ◆ 理论知识　招标条件和标底编制

**1. 招标条件**　建设部1992年颁发的《工程建设施工招标投标管理办法》对建设单位及建设项目的招标条件作了明确规定，目的在于规范招标单位的行为，稳定招投标市场的秩序。

（1）*建设单位招标应当具备的条件。*①招标单位是法人或依法成立的其他组织；②有与招标工程相应的经济、技术、管理人员；③有组织编制招标文件的能力；④有审查投标单位资质的能力；⑤有组织开标、评标、定标的能力。不具备上述②～⑤项条件的，须委托具有相应资格的咨询、监理等单位代理招标。

（2）*建设项目招标应具备的条件。*①概算已获批准；②建设项目已经正式列入国家、部门或地方的年度固定资产投资计划；③建设用地的征用工作已经完成；④有能够满足施工需要的施工图纸及技术资料；⑤建设资金和主要建筑材料、设备的来源已经落实；⑥已获建设项目所在地规划部门批准，施工现场"三通一平"已经完成或一并列入施工招标范围。

**2. 招标投标代理人**　建设工程招标投标代理人，是指受招标投标当事人的委托，在委托授权的范围内，以委托的招标投标当事人的名义和费用，从事招标投标活动的社会中介组织。它是依法成立，从事招标投标代理业务并提供相关服务，实行独立核算、自负盈亏，具有法人资格的企业事业单位，如工程招标公司、工程招标（代理）中心、工程咨询公司等。随着建设工程招标投标活动不断向社会化、市场化、专业化的方向发展，建设工程招标投标代理人日益成为1支不可代替的力量，在建设工程招标投标中发挥着越来越重要的作用。

招标投标代理人的代理资质，是指从事招标投标代理活动应当具备的条件和素质，包括技术力量、专业技能、人员素质、技术装备、服务业绩、社会信誉、组织机构和注册资金等几方面的要求。招标投标代理人从事招标投标代理业务，必须依法取得相应的招标投标资质等级证书，并在其资质等级证书许可的范围内，开展相应的招标投标代理业务，由于招标与投标相互对应，所以招标代理和投标代理不能在同1个工程项目中既当招标代理人，又当投标代理人。工程招投标代理人资质一般分为甲、乙、丙3级。

**3. 编制标底**　目前在我国编制园林工程招标标底有以下4种方法：

（1）*以施工图预算为基础编制标底。*是当前我国园林工程施工招标较多采用的标底编制方式，其特点是：根据施工详图和技术说明，按工程预算定额规定的分部分项工程子目，逐项计算工程量，套用定额单价（或单位估价表）确定直接费，再按规定的取费标准确定施工管理费、临时设施费、冬雨季施工费、技术装备费、劳动保护费等项目间接费和独立费以及计划利润，还要加上材料调价系数和适当的不可预见费，汇总后即为工程预算，也就是标底的基础。如果拆除旧建筑物，场地"三通一平"以及某些特殊器材的采购也在招标范围之

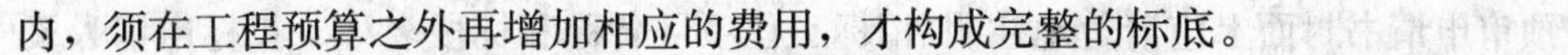

内，须在工程预算之外再增加相应的费用，才构成完整的标底。

（2）以工程概算为基础编制标底。其编制程序和以施工图预算为基础的标底大体相同，所不同的是采用工程概算定额，分部分项工程子目作了适当的归并与综合，使计算工作有所简化。采用这种方法编制的标底，通常适用扩大初步设计或技术设计阶段进行的招标工程。在施工图阶段招标，也可按施工图计算工程量，按概算定额和单价计算直接费，既可提高计算结果的准确性，又能减少计算工作量，节省时间和人力。

（3）以扩大综合定额为基础编制标底。由工程概算为基础的标底发展而来，其特点是在工程概算定额的基础上，将施工管理费、各项独立费以及法定利润都纳入扩大的分部分项单价内，可使编制工作进一步简化。

（4）以平方米造价包干为基础编制标底。主要适用于采用标准图大量建造的住宅工程，一般做法是由地方主管部门对不同结构体系的住宅造价进行测算分析，制定每平方米造价包干标准，在具体工程招标时，再根据装修、设备情况进行适当的调整，确定标底单价。

## ◆ 实践示例　招标文件和投标邀请书

### 招标文件（采用资格预审方式）

招标工程项目编号：________

1.（招标人名称）的（招标工程项目名称　），已由（项目批准机关名称　）批准建设。现决定对该项目的工程施工进行公开招标，选定承包人。

2. 本次招标工程项目的概况如下：

2.1（说明招标工程项目的性质、规模、结构类型、招标范围、标段及资金来源和落实情况等）。

2.2 工程建设地点为________。

2.3 计划开工日期为____年____月____日，计划竣工日期为____年____月____日，工期历____天。

2.4 工程质量要求符合（《工程施工质量验收规范》）标准。

3. 凡具备承担招标工程项目的能力并具备规定的资格条件的施工企业，均可对上述（一个或多个）招标工程项目（标段）向招标人提出资格预审申请，只有资格预审合格的投标申请人才能参加投标。

4. 投标申请人须是具备建设行政主管部门核发的（园林业企业资质类别、资质等级）级及以上资质的法人或其他组织。自愿组成联合体的各方均应具备承担招标工程项目的相应资质条件；相同专业的施工企业组成的联合体，按照资质等级低的施工企业的业务许可范围承揽工程。

5. 投标申请人可以从（地点和单位名称）处获取资格预审文件，时间为____年____月____日至____年____月____日，每天上午____时____分至____时____分，下午____时____分至____时____分（公休日、节假日除外）。

6. 资格预审文件每套售价为（币种，金额，单位），售后不退。如需邮购，可以书面形式通知招标人，并另加邮费每套（币种，金额，单位）。招标人在收到邮购款后__日内，以快递方式向投标申请人寄送资格预审文件。

7. 资格预审申请书封面上应清楚地注明"招标工程项目名称和标段名称＿＿投标申请人资格预审申请书"字样。

8. 资格预审申请书须密封后，于＿＿＿＿年＿＿＿＿月＿＿＿＿日＿＿＿＿时＿＿＿＿分以前送至＿＿＿＿＿＿处，逾期送达的或不符合规定的资格预审申请书将被拒绝。

9. 资格预审结果将及时告知投标申请人，并预计于＿＿＿＿年＿＿＿＿月＿＿＿＿日发出资格预审合格通知书。

10. 凡资格预审合格的投标申请人，请按照资格预审合格通知书中确定的时间、地点和方式获取招标文件及有关资料。

招 标 人：＿＿＿＿＿＿＿＿＿＿＿＿＿＿＿＿＿＿
办公地址：＿＿＿＿＿＿＿＿＿＿＿＿＿＿＿＿＿＿
邮政编码：＿＿＿＿＿＿＿联系电话：＿＿＿＿＿＿＿
传　　真：＿＿＿＿＿＿＿联 系 人：＿＿＿＿＿＿＿
招标代理机构：＿＿＿＿＿＿＿＿＿＿＿＿＿＿＿＿
办公地址：＿＿＿＿＿＿＿＿＿＿＿＿＿＿＿＿＿＿
邮政编码：＿＿＿＿＿＿＿联系电话：＿＿＿＿＿＿＿
传　　真：＿＿＿＿＿＿＿联 系 人：＿＿＿＿＿＿＿
日　　期：＿＿＿＿＿年＿＿＿＿＿月＿＿＿＿＿日

## 投标邀请书（采用资格预审方式）

招标工程项目编号：＿＿＿＿＿＿＿＿＿＿

致：(投标人名称)

1. (招标人名称) 的(招标工程项目名称)，已由(项目批准机关名称) 批准建设。现决定对该项目的工程施工进行邀请招标，选定承包人。

2. 本次招标工程项目的概况如下：

2.1 (说明招标工程项目的性质、规模、结构类型、招标范围、标段及资金来源和落实情况等)。

2.2 工程建设地点为＿＿＿＿＿＿＿＿＿＿＿＿＿＿＿＿＿＿＿＿。

2.3 计划开工日期为＿＿＿＿年＿＿＿＿月＿＿＿＿日，计划竣工日期为＿＿＿＿年＿＿＿＿月＿＿＿＿日。工期历＿＿＿＿天。

2.4 工程质量要求符合(《工程施工质量验收规范》) 标准。

3. 如你方对本工程上述(一个或多个) 招标工程项目（标段）感兴趣，可向招标人提出资格预审申请，只有资格预审合格的投标申请人才有可能被邀请参加投标。

4. 请你方从（地点和单位名称）处获取资格预审文件，时间为＿＿＿＿年＿＿＿＿月＿＿＿＿日至＿＿＿＿年＿＿＿＿月＿＿＿＿日，每天上午＿＿＿＿时＿＿＿＿分至＿＿＿＿时＿＿＿＿分，下午＿＿＿＿时＿＿＿＿分至＿＿＿＿时＿＿＿＿分（公休日、节假日除外）。

5. 资格预审文件每套售价为(币种，金额，单位)，售后不退。如需邮购，可以书面形式通知招标人，并另加邮费每套(币种，金额，单位)。招标人在收到邮购款后＿＿＿＿日内，以快递方式向投标申请人寄送资格预审文件。

6. 资格预审申请书封面上应清楚地注明"（招标工程项目名称和标段名称）投标申请人

资格预审申请书”字样。

7. 资格预审申请书须密封后，于______年______月______日______时______分以前送至(地点和单位名称)，逾期送达的或不符合规定的资格预审申请书将被拒绝。

8. 资格预审结果将及时告知投标申请人，并预计于______年______月______日发出资格预审合格通知书。

9. 凡资格预审合格并被邀请参加投标的投标申请人，请按照资格预审合格通知书中确定的时间、地点和方式获取招标文件及有关资料。

招　标　人：____________________（盖章）
办公地址：________________________
邮政编码：__________联系电话：__________
传　　真：__________联　系　人：__________
招标代理机构：________________（盖章）
办公地址：________________________
邮政编码：__________联系电话：__________
传　　真：__________联　系　人：__________
日　　期：________年________月________日

# 模块二　投标管理

## ◆ 工作任务一　编制投标文件

**1. 任务分析**　投标文件是指希望承揽工程的承包方完全按照招标文件的各项要求编制投标书。投标文件应完全按照招标文件的各项要求编制，不能带任何附加条件，否则将作为废标处理。投标文件中要求填写的空格都必须填写，不得空着不填，否则即被视为放弃意见。重要数字不填写，可能被作为废标处理。若招标文件中要求商务标为明标，技术标为暗标时，技术标如加盖投标方的公章或者从编制的技术标中能够分清是哪个单位编制时，该标按废标处理。

总之，在面对同一个项目招标的众多投标参与单位来说，如何使得自己的标书编制得更加准确翔实、更加科学规范、更加完美精致、更加符合业主的口味，以取得更多的中标机会，这是摆在每一个企业面前必须切实解决好的最重要、最现实、最迫切的问题，也是关系到企业未来能否生存发展的核心问题。

**2. 实践操作**　承包方的投标工作如下：

(1) 研究招标文件。研究业主提供或对外公开发布的招标文件是工程投标工作的第一要务，招标文件研究的仔细与否，很大程度上影响着下一步各项工作的开展。

掌握招标文件的实质性内容。作为工程招标文件，一般都包括工程名称、工程概况、招标编号、招标工作时间、地点安排、公示起始时间、公示结束时间等主要内容。查找出招标文件重点强调的地方。由于每个工程都是千差万别、各具特色的，同时每个业主都具有不同的背景情况，所以多数招标文件拿出来后，虽然大部分内容差不多，但总存在着不同之处，这也是体现业主特殊需求的地方。我们在编制好标书内容的前提下，应着重考虑对这些内容的响应及答复应对的措施。

（2）确定投标文件的基本目录。所谓基本目录是因为它并不是最终的目录。确定好基本目录后，可以根据招标书的内容多少分成若干个部分，由若干人分别同时进行编制。从目前大多数企业编制的投标书来看，基本目录的确定应遵循以下原则：

①投标报价应按招标文件规定的格式进行。例如，编制的投标函格式，开标一览表中所要求的价格、工期、质保期等内容是否均已填写，报价明细表中的公开报价、折扣、汇率、人民币报价格式等是否按要求提供。另外，如果是投多个分项的，则应分别列明总价，明确所投分项工程的内容。如果有优惠条件，则要注意优惠条件是否已在开标一览表中明确等。

②重点突出。如有优惠条件、合理化建议、企业优势等内容，应重点标明。

③层次清晰，顺序要基本与招标文件吻合。这样做的目的是便于评委根据招标文件进行打分评判，有利于更好地体现标书的主要内容。

④与其他单位组成联合体投标时要考虑周全。第一，联合体的另一方是否符合法律规定和满足招标人所要求的资格条件；第二，是否已按招标文件要求签署联合投标协议，有关双方的责任是否明确而详细，作为投标的共同体，是否都在投标文件中盖章签字。

（3）复核工程量。投标方对招标方提供的工程量清单要认真与图纸进行核对。根据招标文件规定是否允许调整工程量，做出正确的处理。对计算工程量的要求如下：①严格按照计算顺序进行，避免漏算或错算；②严格按设计图纸标明的尺寸、数据计算；③在计算中要结合投标方编制的施工方案或施工方法；④认真进行复核检查。

（4）编写投标文件。按内容性质不同，标书可分为商务标和技术标。商务标主要包括工程报价、优惠条件、对合同条款的确认、法人委托书等内容；技术标主要包括施工方案综合说明，施工组织设计，主要施工保证措施，施工进度网络图，施工现场平面图，新材料、新技术、新工艺、新设备的应用与推广，对业主的承诺，合理化建议，承建本工程的有利条件和优势等技术方面的内容以及项目部领导班子人员的配备等内容。标书的编制应掌握以下几点原则：

①突出针对性和专业性原则。参与投标方案的编制人员既要有一定的基础理论知识，又要有丰富的现场施工管理经验，同时，还要认真研究招标文件及工程设计图纸等相关资料。

②可行性原则。再好的方案如果不易操作或者是不易实施，那也只能是纸上谈兵，解决不了实际问题。

③经济性原则。在同1个工程施工建设过程中存在着多个施工方案的情况下，就需要对这几个方案进行经济分析对比，主要会从工程项目建设的经济成本、工程质量、施工工期等几个方面加以研究与决策，从而选择出业主认为最值得信服、最佳的施工方案来。

（5）投标文件的汇总、校稿、装订。对于较为关键的内容，如工程总报价、合理化建议、优惠条件、工程总工期目标、工程质量目标、项目经理部及其领导班子组成人员简介、特殊分项的施工方法等，至少应由两人各自分别校对一遍，对于特殊重大的工程项目，在校对完以后再交给相关的领导审核签发。

经过上述校稿审核后，进行汇总，编制最终的总目录，并核对是否有重要内容的漏页、

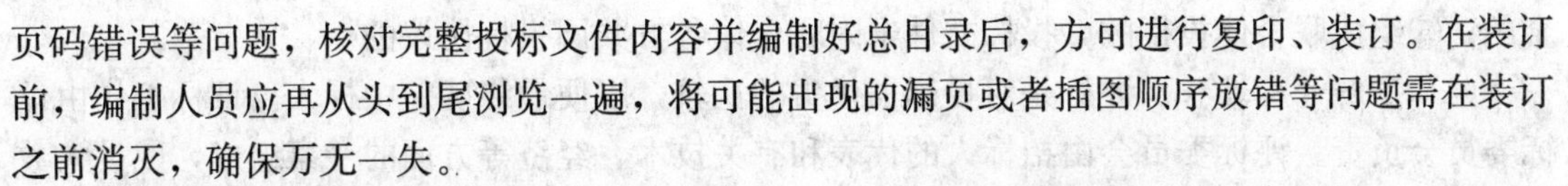

页码错误等问题，核对完整投标文件内容并编制好总目录后，方可进行复印、装订。在装订前，编制人员应再从头到尾浏览一遍，将可能出现的漏页或者插图顺序放错等问题需在装订之前消灭，确保万无一失。

确保证件准备无误也是十分重要的环节，企业资质营业执照及委托书、授权人身份证等基本证件和荣誉证书、以往工程优良证书、工程承包合同等原件都要准备齐全。

另外，要求对投标文件进行密封是保护投标人权利和保护招标人权利的基本要求。首先，在标书准备密封前，要再次对投标文件中相关部分仔细检查。其次，在密封时还应将需要放在密封包内的东西如唱标单、电子版光盘、投标保证金复印件等放好。再次，加盖投标单位行政公章、单位法人专用章等。

## ◆ 工作任务二　投标组织管理

**1. 任务分析**　承包方投标的程序：获取招标信息→投标决策→申报资格预审→购买招标文件→组织投标班子→现场勘查→计算和复核工程量→业主答复问题→询价及市场调查→制订施工规划→制订资金计划→投标技巧研究→计算定额、确定费率→计算单价、汇总投标价→投标价评估及调整→编制投标文件→封送投标书、保函→开标→评标→中标→办理履约保函→签订合同。

**2. 实践操作**

(1) 组建投标工作机构。投标人在确定对某一项目投标后，为确保在项目的投标竞争中获胜，应立即精心组建投标工作机构，投标工作机构的人员必须诚信、精干且经验丰富，总体上应具有工程、技术、商务、贸易、市场、价格、法律、合同和国际通用语言等方面的专业知识和技能，有娴熟的投标技巧和较强的应变能力。投标工作机构的主要任务一般分为3个部分：

①决策。确定项目投标报价策略，通常由总经济师或部门经理负责。

②工程技术。制定项目的施工方案和各种技术措施，一般由总工程师负责。

③投标报价。根据投标工作机构确定的项目报价策略、项目施工方案和各种技术措施，按照招标文件的要求，合理地制定项目的投标报价。

(2) 编制投标文件。①投标书及其附录；②填入工程量清单报价；③投标保函；④与报价有关的技术文件，例如施工进度计划、主要施工机械表及台班费表、材料表及报价、项目组成员名单、主要的工程施工方案、平面布置方案等。

(3) 参加开标。投标人按开标人规定的时间和地点到达，开标人在规定的时间和地点，当众拆开投标资料（包括投标函件），宣布各投标人的名称、投标报价等情况，这个过程叫工程开标。

开标一般在投标截止日或之后1～2d内进行。开标仪式由招标人或招标委员会主持，邀请各投标人、当地公正机构、上级主管部门参加，并邀请有关部门如发改委、建委、建设银行、工商行政管理部门、审计和监理人员及新闻宣传单位参加。所有参加单位代表均应签到存档。投标文件有下列情况之一的，在开标时当场宣布其无效：①未加密封或者逾期送达；②无投标单位及其法定代表人或者其委托代理人印鉴的；③关键内容不全、字迹辨认不清或者明显不符合招标文件要求的；④投标人未按照招标文件的要求提供投标保函或者投标保证金的；⑤组成联合体投标的，投标文件未附联合体各方共同投标协议的。

（4）了解评标过程。评标是对投标书优劣的比较，以便最终确定中标人。评标工作由评标委员会负责。评标委员会由招标人的代表和有关技术、经济等方面的专家组成，成员人数为5人以上的单数，其中技术经济等方面的专家不得少于成员总数的2/3。技术经济等专家应当从事相关领域工作满8年且具有高级职称或具有同等专业水平，由招标人从国务院有关部门或省、自治区、直辖市人民政府有关部门提供的专家名册或招标代理机构的专家库内的相关专业的专家名单中确定。

评标委员会可以要求投标单位对其投标文件中含义不清的内容作必要的澄清或者说明。任何单位和个人不得非法干预或者影响评标的过程和结果。评标结束后，评标委员会编制评标报告，包括下列主要内容：

① 招标情况，包括工程概况、招标范围和招标的主要过程。

② 开标情况，包括开标的时间、地点、参加开标会议的单位和人员以及唱标等情况。

③ 评标情况。包括评标委员会的组成人员名单，评标的方法、内容和依据，对各投标文件的分析论证及评审意见。

④ 对投标单位的评标结果排序，并提出中标或候选人的推荐名单。

（5）及时了解定标结果。招标人根据评标委员会提出的评标报告和推荐的中标候选人确定中标人，也可以授权评标委员会直接确定中标人。确定中标人前，招标人不得与投标人就投标价格、投标方案等实质性的内容进行谈判。中标人确定后，招标人向中标人发出中标通知书，同时将中标结果通知所有未中标的投标人并退还他们的投标保证金或保函。中标通知书对招标人和中标人具有法律效力，招标人改变中标结果或中标人拒绝签订合同均要承担相应的法律责任。

中标后，招标人即发出中标通知书，中标人一旦收到通知，就应在规定的期限内与招标人谈判。谈判目的是把前阶段双方达成的书面和口头协议进一步完善和确定下来，以便最后签订合同协议书。

（6）签订合同。招标人与中标人将于中标通知书发出之日起30日内，签订合同协议书。合同一旦签订，双方即建立了具有法律保护的合作关系，双方必须履约，借故拒绝签订承包合同的中标单位，要按规定或投标保证金金额赔偿对方的经济损失。

## ◆ 理论知识一　投标策略

工程项目投标报价是影响投标人投标成败的关键因素，因此正确合理的编制投标报价非常重要。国内建设工程报价的方法有综合单价法和工料单价法两种。综合单价法就是按照工程量清单进行报价，工料单价法就是按现行预算编制方法进行报价。

**1. 投标策略**　投标策略是投标过程中，投标人根据竞争环境的具体情况而制定的行为方针和行为方式，是投标人在竞争中的指导思想，是投标人参加竞争的方式和手段。投标策略是一种艺术，它贯穿于投标竞争过程的始终，其中最为重要的是投标报价的策略。合理的报价，不仅对业主有足够的吸引力，而且能使承包商获得一定的利益。投标人对报价应该深入细致的分析，包括分析竞争对手、市场材料价格、企业盈亏、企业当前任务情况等，再作出报价决策。在实际工作中经常采用以下的报价策略：

（1）不平衡报价法。不平衡报价法是指一个项目的投标报价在总价基本确定后，调整内部各个项目报价，既不提高总价，又不影响中标，同时能在结算时得到更理想的经济效益。一般情况下：

①对先拿到工程款的项目（如建筑工程中的土方、基础等前期工程）的单价可以定高一些，利于资金周转，存款利息也较多；而后期项目单价适当降低。

②估计以后会增加工程量的项目可提高单价；工程量会减少的项目可以降低单价。

③图纸不明确或有错误，估计会修改的项目单价可提高；工程内容说明不清楚的单价可降低，有利于以后索赔。

④没有工程量，只填单价的项目（如土方工程中的挖淤泥、岩石等），其单价宜高，这样既不影响投标标价，以后发生时又可获利。

⑤对于暂定数额（或工程），分析其发生可能性，可能性大者价格可定高；不一定发生的价格可定低。

⑥零星用工可稍高于工程单价中的工资单价，因它不属于工程总价的范围，发生时实报实销，也可多获利。

不平衡报价要建立在对工程量表中工程量仔细核对分析的基础上，特别是对于报低单价的项目，执行时工程量增多将会造成承包商的重大损失，因此一定要控制在合理的幅度内，一般为8％～10％。应用不平衡报价法时应在保持报价总价不变的前提下，在适当的调整范围内进行不平衡报价，在实际工程中要注意不平衡报价方案的比较和资金现值分析的结合。

（2）多方案报价法。这是利用工程说明书和合同条款不公正或不明确之处，争取达到修改工程说明书和合同为目的的一种报价方法。合同条款和工程说明书不公正或不明确，投标人往往要承担很大的风险，为了减少风险就须扩大工程单价，增加不可预见费，但这样做又会因报价过高而增加被淘汰的可能性，这时可采用多方案报价法，即在标函上报两个单价，一是按原工程说明书和合同条款报价；二是加以注解，如果工程说明书或合同条款作某些改变，则可降低部分费用，既吸引业主修改说明书和合同条款，又使报价较低。

（3）增加建议方案法。如果招标文件中提出投标单位可以修改原设计方案，即可以提出自己的建议方案，则投标单位就可以通过提出更合理可行或价格更低的方案来提高自己中标的可能性。这种方法要注意两点，一是建议方案一定要比较成熟，具有可操作性；二是即使提出了建议方案，对原招标方案也一定要进行报价。

（4）暂定工程量报价法。有3种情况：

①业主规定了暂定工程量的内容和暂定总价款，并规定所有投标人都必须在总报价中加入这种固定金额。

②业主列出了暂定工程量的项目和数量，但没有限制这些工程量的估价总价款，要求投标人既要列出单价，也按暂定项目的数量计算总价。

③只有暂定工程的一笔固定总金额，将来这笔金额做什么用由业主确定。

（5）无利润投标。无利润投标指缺乏竞争优势的承包商，在特定的情况下，在报价中根本不考虑利润去夺标，这种办法一般是处于以下情况采用：

①有可能在得标后，将部分工程承包给索价低的分包商。

②分期建设的项目，先以低价竞得首期工程，从而在二期工程的竞争中占据优势，在以后的实施中赚得利润。

③承包商长时期没有在建的工程项目，如果再不中标难以维持生存。因此，虽然本工程无利可图，只要维持工程的日常运转，设法度过暂时的困难，以图东山再起。

以上策略是投标报价中经常采用的，策略的选择需要掌握充足的信息，竞标企业对项目重要性的认识对策略有直接的影响。策略的应用又与谈判、答辩的技巧有关，灵活使用投标报价的基本策略的目的是中标并获得项目承建权。

**2. 标价的计算与确定**

（1）标价的计算依据。①招标文件，包括工程范围和内容、技术质量和工期的要求等；②施工图纸和工程量清单；③现行的园林工程预算定额、单位估价和取费标准；④材料预算价格、材料差价计算的有关规定；⑤施工组织设计和施工方案；⑥施工现场条件；⑦影响报价的市场信息以及企业内部相关因素。

（2）标价的费用组成。标价的费用一般由直接工程费、间接费、利润、税金、其他费用和不可预见费等组成。

①直接工程费、间接费、税金均按定额及相关规定计算。

②利润可按规定的计划利润率计算，也可根据不同的工程情况研究调整。

③其他费用中的保险费可依据招标文件的要求，若工程需要保险，投标单位按国家规定计入保险费。

④远征费用按实计算。

⑤投标费用包括购买标书文件费、投标期间差旅费、编制标书费等，按经验估算。承包企业委托中介人办理各项承包手续、协助收集资料、通报信息、疏通环节等需要支付的报酬和日常应酬所要花销的少量礼品及招待费，也可依据国家政策和规定予以考虑和计划。

⑥不可预见费是指投标报表中难以预料的工程和费用，也就是工程包干范围内的风险系数，在标价中可视情况而定。

（3）标价的计算与确定。标价的计算与确定是一项技术与经济相结合，涉及设计、施工、材料、经营、管理等方面知识的综合性工作。

①计算工程预算造价。指按工程预算方法计算工程预算造价，这一价格接近标底，是投标报价的基础。

②分析各项技术经济指标。计算投标工程的各项技术经济指标，并与平时积累的同类型工程的相关指标对比分析，有可能的话，将其单位报价资料加以分析比较，从而发现预算中的不合理的内容并作出适当调整。

③考虑标价制定的技巧与策略。投标报价应根据工程条件和当时、当地各种具体情况而定，以选择最优的方案为基础，灵活地决策报价。报“高标”虽会有理想的利润，但得标的几率少，报“低标”虽得标几率多，但只能保本薄利，多数企业是报“中标”，即根据建筑企业的经营水平来报价。一般情况下，报价为工程成本的 1.15 倍，不仅中标率较高，企业的利润也较好。

## ◆ 理论知识二　园林工程招标投标

**1. 招投标的概念**　招标是指招标单位（又称发标单位或业主）根据工程项目的规定、内容、条件和要求拟成招标文件，然后通过不同的招标方式和程序发出公告，邀请具有投标资质的工程企业或公司前来参加该工程的投标竞争，根据投标单位的工程质量、工期及报价，择优选择工程承包商的过程。

投标是指施工企业或公司根据招标文件的要求，结合本身资质及园林市场供求信息，对拟投标工程进行估价计算、开列清单、写明工期和质量保证措施，然后按规定的投标时间和程序报送投标文件，在竞争中获求承包工程资格的过程。

《工程建设施工招标投标管理办法》对建设单位及建设项目的招标条件作了明确的规定，其目的在于规范招标单位的行为，稳定招投标市场的秩序。目前，国内园林工程招标形式主要有3种：公开招标、邀请招标、议标。招投标一般有6个程序：招标、投标、开标、评标、定标和订立合同。

**2. 招投标的意义**

(1) 有利于建设市场的法制化、规范化。从法律意义上说，工程招标投标是双方按照法定程序进行交易的法律行为，双方的行为都受法律的约束。

(2) 形成市场定价的机制，使工程造价更趋合理。招投标活动最明显的特点是投标人之间的竞争，而其中最集中、最激烈的竞争则表现为价格的竞争。价格的竞争最终导致工程造价趋于合理的水平。

(3) 促进建设活动中劳动消耗水平的降低，使工程造价得到有效的控制。为了竞争招标项目，在市场中取胜，降低劳动消耗水平就成了市场取胜的重要途径，进而导致整个工程建设领域劳动生产率的提高。

(4) 有力地遏制建设领域的腐败，使工程造价趋向科学。

(5) 促进了技术进步和管理水平的提高，有利于保证工程质量、缩短工期。

**3. 招投标的管理机构** 园林工程招投标管理机构，是指经政府或政府主管部门批准设立的隶属于同级建设行政主管部门的省、市、县（市）建设工程招标投标办公室。

(1) 园林工程招投标管理机构的性质。建设行政主管部门与园林工程招投标办公室之间是领导与被领导关系。省、市、县（市）建设工程招标投标管理机构之间上级对下一级有业务上的指导和监督关系。招标人和投标人在建设工程招投标活动中，接受招标投标管理机构的管理和监督。

(2) 建设工程招投标管理机构的职权。

①办理建设工程项目报建登记。

②审查发放招标组织资质证书、招标代理人及标底编制单位的资质证书。

③接受招标人申报的招标申请书，对招标工程应当具备的招标条件、招标人的招标资质或招标代理人的招标代理资质、采用的招标方式进行审查认定。

④接受招标人申报的招标文件，对招标文件进行审查认定，对招标人要求变更发出后的招标文件进行审批。

⑤对投标人的投标资质进行复查。

⑥对标底进行审定，可以直接审定，也可以将标底委托建设银行以及其他有能力的单位审核后再审定。

⑦对评标定标办法进行审查认定，对招标投标活动进行全过程监督，对开标、评标、定标活动进行现场监督。

⑧核发或与招标人联合发出中标通知书。

⑨审查合同草案，监督承发包合同的签订和履行。

⑩调解招标人和投标人在招标投标活动中或履行合同过程中发生的纠纷。

⑪查处建设工程招标投标方面的违法行为，依法受委托实施相应的行政处罚。

**4. 招投标类型**

(1) 按工程建设阶段分类。

①全过程招标。从项目建议书开始，包括可行性研究、勘察设计、设备材料询价与采购、工程施工、生产准备、投料试车，直到竣工投产、交付使用，实行全面招标。

②园林工程项目开发招标。园林工程项目开发招标是建设单位（业主）邀请工程咨询单位对建设项目进行可行性研究，其“标的物”是可行性研究报告。中标的工程咨询单位必须对自己提供的研究成果认真负责，可行性研究报告应得到建设单位认可。

③园林工程勘察设计招标。园林工程勘察设计招标是指招标单位就拟建园林工程勘察和设计任务发布通告，以法定方式吸引勘察单位或设计单位参加竞争。经招标单位审查获得投标资格的勘察、设计单位，按照招标文件的要求，在规定的时间内向招标单位填报投标书，招标单位从中择优确定中标单位完成工程勘察或设计任务。

④材料、设备供应招标。

⑤园林工程施工招标。园林工程施工招标则是针对园林工程施工阶段的全部工作开展的招标，根据园林工程施工范围大小及专业不同，可分为全部工程招标、单项工程招标和专业工程招标等。

(2) 按工程承包范围分类。

①园林项目总承包招标。这种招标可分为两种类型，一种是园林工程项目实施阶段的全过程招标；一种是园林工程项目全过程招标。前者是在设计任务书已经审完，从项目勘察、设计到交付使用进行一次性招标。后者是从项目的可行性研究到交付使用进行一次性招标，业主提供项目投资和使用要求及竣工、交付使用期限。其可行性研究、勘察设计、材料和设备采购、施工安装、职工培训、生产准备和试生产、交付使用都由一个总承包商负责承包，即所谓“交钥匙工程”。

②园林专项工程承包招标。指在对园林工程承包招标中，对其中某项比较复杂或专业性强，施工和制作要求特殊的单项工程，可以单独进行招标的，称为专项工程承包招标。

(3) 按园林工程建设项目的构成分类。按照园林工程建设项目的构成，将园林建设工程招标投标分为全部园林工程招标投标、单项工程招标投标、单位工程招标投标、分部工程招标投标、分项工程招标投标。

全部园林工程招标投标，是指对园林工程建设项目的全部工程进行的招标投标。单项工程招标投标，是指对园林工程建设项目中所包含的若干单项工程进行的招标投标。单位工程招标投标，是指对一个园林单项工程所包含的若干单位工程进行的招标投标。分部工程招标投标，是指对一个园林单位工程所包含的若干分部工程进行的招标投标。分项工程招标投标，是指对一个园林分部工程所含的若干分项工程进行的招标投标。

**5. 园林工程招投标的方式**

(1) 公开招标。公开招标又称为无限竞争招标，是由招标人通过报刊、广播、电视、信息网或其他媒介公开发布招标广告，有意的承包商均可参加资格审查，合格的承包商可购买招标文件，参加投标的招标方式。

公开招标的招标广告一般应载明招标工程概况（包括招标人的名称和地址、招标工程的性质、实施地点和时间、内容、规模、占地面积、周围环境、交通运输条件等）、对投标人的资历及资格预审要求、招标日程安排、招标文件获取的时间、地点、方法等重要事项。

这种招标方式的优点是：投标的承包商多、范围广、竞争激烈，业主有较大的选择余地，有利于降低工程造价，提高工程质量和缩短工期。其缺点是：由于投标的承包商多，招标工作量大，组织工作复杂，需投入较多的人力、物力，招标过程所需时间长，因而此类招标方式主要适用于投资额度大、工艺或结构复杂的较大型工程建设项目。

（2）邀请招标。邀请招标又称为有限竞争性招标。这种方式不发布广告，业主根据自己的经验和所掌握的各种信息资料，向有承担该项目工程施工能力的3个以上（含3个）承包商发出招标邀请书，收到邀请书的单位才有资格参加投标。

这种方式的优点：目标集中、招标组织工作较容易、工作量比较小。其缺点是：由于参加的投标单位较少，竞争性较差，使招标单位对投标单位的选择余地较少，如果招标单位在选择邀请单位前所掌握的信息资料不足，则会失去发现最适合承担该项目的承包商的机会。

（3）议标。对于涉及国家安全的工程或军事保密工程，或紧急抢险救灾工程，通过直接邀请某些承包商进行协商选择，这种招标方式称为议标。它是一种谈判性采购，指业主指定少数几家承包单位，分别就承包范围的有关事宜进行协商，直到与某一承包商达成协议，将工程任务委托其去完成。议标与前两种招标方式比较不具备公开性和竞争性，因而不属于我国招标法所称的招标采购方式。

议标优点在于：对于一些小型项目来说，采用议标方式目标明确、省时省力；对于服务招标而言，由于服务价格难以公开确定，服务质量也需要通过谈判确定，采用议标方式也不失是一种恰当的采购方式。但采用议标方式时，易发生幕后交易，在我国颁布的《招标投标法》中已取消了议标的招标方式。

（4）综合性招标。综合性招标，是指招标人将公开招标和邀请招标结合（有时将技术和商务分成两阶段评选）的方式。首先进行公开招标，开标后（有时先评技术标）按照一定的标准，淘汰其中不合格的投标人，选入若干家合格的投标人（一般3～4家），再进行邀请招标（有时只评选商务标），通过对被邀请投标人投标书的评价，最后决定中标人。如果同时投技术标和商务标，须将两者分开和组合进行。综合性招标有时相当于传统招标方法的二阶段招标法。

①综合性招标的优点为：A. 招标人选择范围大，可获得合理报价，提高工程质量。B. 程序严密规范，有利于防范工程风险。C. 评标时间、工作量、费用可控制在合理的范围。

②综合性招标的缺点为：A. 综合性招标只适合于不能确定工程内容，招标人缺乏经验的大型的新项目。B. 时间过程比较长。C. 费用比较高。

③综合性招标适合以下3种情况：A. 公开招标时尚不能决定工程内容的工程，招标人缺乏经验的大型的新项目。B. 公开招标开标后，投标报价不满足招标人的要求的工程。C. 规模大、工期长的工程项目。

（5）国际竞争性招标。当公开招标或综合性招标的投标人涉及几个国家时，就称为国际竞争性招标。凡是利用世界银行和国际开发协会的贷款新建的工程项目，按照规定，均须采用国际竞争性招标方式进行招标，而参与投标的一般应是该组织内的成员国的承包企业。实行国际竞争性招标时，必须遵循世界银行规定的“3E原则”，即efficiency（效率）、economy（经济）、equity（公平）。

在国内，有关国际竞争性招标的建设工程的招标方式按照我国招标投标法的规定只包括公开招标和邀请招标，必须掌握两者的区别与联系，理解内涵。公开招标和邀请招标两种方式的主要区别：

①发布信息的方式不同。公开招标是招标人在国家指定的报刊、电子网络或其他媒体上发布招标公告。

②竞争的范围或效果不同。公开招标是刊登招标公告，所有潜在的投标人均可参加竞争，范围较广，优势发挥较好，易取得最优效果。而邀请招标的竞争范围有限，易造成中标价不合理，遗漏某些技术和报价有优势的潜在投标人。

③时间和费用不同。邀请招标的潜在投标人一般为3～10家，同时又是招标人自己选择的，从而缩短招标时间和费用。而公开招标方式的资格预审工作量大。

④中标的可能性大小不同。国际公开招标中发展中国家中标的可能性小。

## 复习题

1. 编写招标文件的准备工作有哪些？
2. 招标一般由谁组织，园林工程招标的一般程序是什么？
3. 园林工程招标公告的主要内容有哪些？
4. 什么是资格预审？资格预审的程序是什么？
5. 建设单位招标应当具备什么条件？建设项目招标应具备什么条件？
6. 什么是招标投标代理人？
7. 编制标底的方法有哪些？分别适合哪种情况？
8. 常用的投标策略有哪些？
9. 建设工程招投标的概念是什么？
10. 园林工程招标的类型有哪些？
11. 园林工程招投标的方式有哪些？
12. 承包方投标的程序有哪些？

## 案例分析题

1. 某工程，建设单位委托具有相应资质的监理单位承担施工招标代理任务，拟通过公开招标方式分别选择建安工程施工单位。监理单位编制建安工程施工招标文件时，建设单位提出投标人资格必须满足以下要求：

（1）获得国家级工程质量奖项。

（2）在项目所在地行政辖区内进行了工商注册登记。

（3）拥有国有股份。

（4）取得安全生产许可证。

问题：逐条指出监理单位是否应采纳建设单位提出的要求，分别说明理由。

2. 某工程项目，经过有关部门批准后，决定由业主自行组织施工公开招标。该工程项目为政府的公共工程，已经列入地方的年度固定资产投资计划，概算已经主管部门批准，但征地工作尚未完成，施工图及有关技术资料齐全。因估计除本市施工企业参加投标外，还可能有外省市施工企业参加投标，因此业主委托咨询公司编制了2个标底，准备分别用于对本市和外省市施工企业投标的评定。业主要求将技术标和商务标分别封装。某承包商在封口处加盖了本单位的公章，并由项目经理签字后，在投标截止日期的前1天将投标文件报送业主，当天下午，该承包商又递交了一份补充材料，声称将原报价降低5%，但是业主的有关人员认为，一个承包商不得递交2份投标文件，因而拒收承包商的补充材料。开标会议由市招投标管理机构主持，市公证处有关人员到会。开标前，市公证处人员对投标单位的资质进行了审查，确认所有投标文件均有效后正式开标。业主在评标之前组建了评标委员会，成员共8人，其中业主人员占5人，招标工作主要内容如下：①发投标邀请函；②发放招标文件；③进行资格后审；④召开投标质疑会议；⑤组织现场勘察；⑥接收投标文件；⑦开标；⑧确定中标单位；⑨评标；⑩发出中标通知书；⑪签订施工合同。

问题：招标活动中有哪些不当之处？招标工作的内容是否正确？如果不正确请改正，并排出正确顺序。

3. 在某段高速公路绿化工程施工招标的开标大会上，除到会的10家投标单位的有关人员外，招标办请来了市公证处法律顾问参加大会。开标前，公证处法律顾问提出对各投标单位提交的资质进行审查。当时有人对这一程序提出质疑。在开标中，对一建筑公司的投标提出疑问，这个公司所提交的资质材料种类与份数齐全，也有单位盖的公章和项目负责人签字，可是法律顾问坚持认定该单位不符合投标资格，取消了该标书。

问题：

（1）开标会上可否有“审查投标单位资质”这一程序？为什么？

（2）为什么这个单位不符合投标资格。

# 项目二

# 施工准备

**教学目标**

1. 掌握施工组织总设计的编制程序和内容；
2. 掌握单项（单位）工程施工组织设计的编制内容；
3. 掌握施工准备工作分类和工作内容。

**技能目标**

1. 能完成园林工程施工组织设计的编制；
2. 能进行施工准备工作安排。

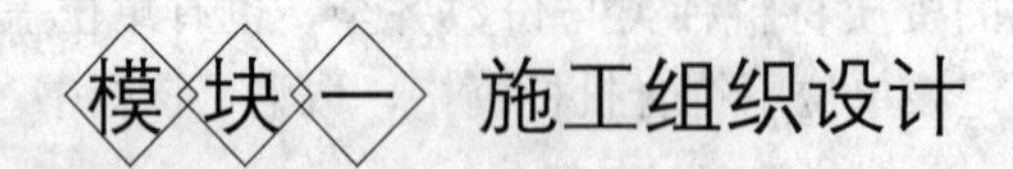

## 模块一 施工组织设计

### ◆ 工作任务一 编制施工组织总设计

**1. 任务分析** 施工组织设计是施工技术与施工项目管理有机结合的产物，它是工程开工后施工活动能有序、高效、科学合理地进行的保证。施工组织设计的主要任务是把工程项目在整个施工过程所需用的人力、材料、机械、资金和时间等因素，按照客观的经济技术规律，科学地做出合理安排。使之达到耗工少、速度快、质量高、成本低、安全好、利润大的要求。

施工组织设计一般依其对象分为以下 3 类：

（1）施工组织总设计（也称为施工组织大纲）。对于大中型园林工程要编制施工组织总设计。以总承包单位为主，邀请建设、设计和分包单位参加，共同编制。

（2）单位工程施工组织设计。对于小型园林工程，只需编制单位工程施工组织设计，由直接参加施工的单位编制。

（3）分部（分项）工程作业计划（或设计）。也称为分部工程施工方案。对于工程规模较大的、结构和技术复杂的工程，如较复杂的基础工程、钢筋混凝土框架工程、大型结构构件吊装工程等。常需在单位工程施工组织设计之后，编制分部（分项）工程作业计划。

一般的园林工程项目，其施工组织设计是在投标阶段，由承包单位编制的，是投标书的重要组成内容，也是中标后施工的主要技术指导资料。

**2. 实践操作** 施工组织设计编制如图 2－1 所示。编制施工组织设计，既要全面覆盖工

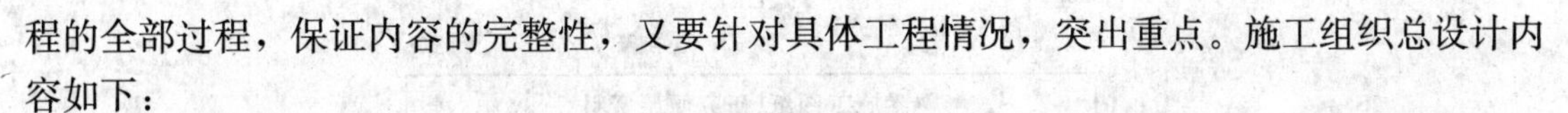

程的全部过程，保证内容的完整性，又要针对具体工程情况，突出重点。施工组织总设计内容如下：

（1）工程概况。

①工程构成状况。包括建设项目名称、性质和建设地点；占地总面积和建设总规模；每个单项工程占地面积。

②项目的建设、设计和施工承包单位。包括项目的建设、勘察、设计、总承包和分包单位名称，以及建设单位委托的施工监理单位名称及其组织概况。

③施工组织总设计目标。包括建设项目施工总成本、总工期和总质量等级要求，以及每个单项工程施工成本、工期和工程质量等级要求。

④建设地区自然条件状况。包括气象、工程地形和工程地质、水文地质以及历史上曾发生的地震级别及其危害程度。

⑤建设地区技术经济状况。包括地方园林绿化施工企业及其施工工程的状况；主要材料和设备供应状况；地方绿化、建筑材料品种及其供应状况；地方交通运输方式及其服务能力状况；地方供水、供电、供热和电信服务能力状况；社会劳动力和生活服务设施状况；以及承包单位信誉、能力、素质和经济效益状况；地区园林绿化建设工程施工的新技术、新工艺的运用状况。

⑥项目施工条件。包括主要材料、特殊材料和设备供应条件；项目施工图纸供应的阶段划分和时间安排；以及提供施工现场的标准和时间安排。

（2）施工部署。

①建立项目管理组织架构。明确项目管理组织目标、组织内容和组织结构模式，建立统一的工程指挥系统。组建综合或专业工作队组，合理划分每个承包单位的施工区域，明确主导施工项目和穿插施工项目及其建设期限。

②安排全场性服务的施工设施。应优先安排好为全场性服务或直接影响项目施工经济效果的施工设施，如现场供水、供电、供热、通信、道路和场地平整，以及各项生产性和生活性施工设施。

③合理确定单项工程开竣工时间。根据每个独立交工系统以及与其相关的辅助工程、附属工程完成期限，合理地确定每个单项工程的开竣工时间，保证先后投产或交付使用的交工系统都能够正常运行。

④主要项目施工方案。根据项目施工图纸、项目承包合同和施工部署要求，分别选择主要景区、景点的绿化、建筑物和构筑物的施工方案。施工方案内容包括：确定施工起点流向、确定施工程序、确定施工顺序和确定施工方法。

（3）施工总进度计划。根据施工部署要求，合理确定每个独立交工系统及单项工程控制工期，并使它们相互之间最大限度地进行衔接，编制出施工总进度计划。在条件允许的情况下，可多搞几个方案进行比较、论证，从而选择最佳计划。施工总进度计划属于控制性计划，用图表形式表达。园林绿化建设工程施工进度常用横道图表达，详细内容见项目六进度控制。

①编制施工总进度计划。

A. 根据独立交工系统的先后次序，明确划分施工项目的施工阶段；按照施工部署要求，合理确定各阶段及其单项工程开竣工时间；

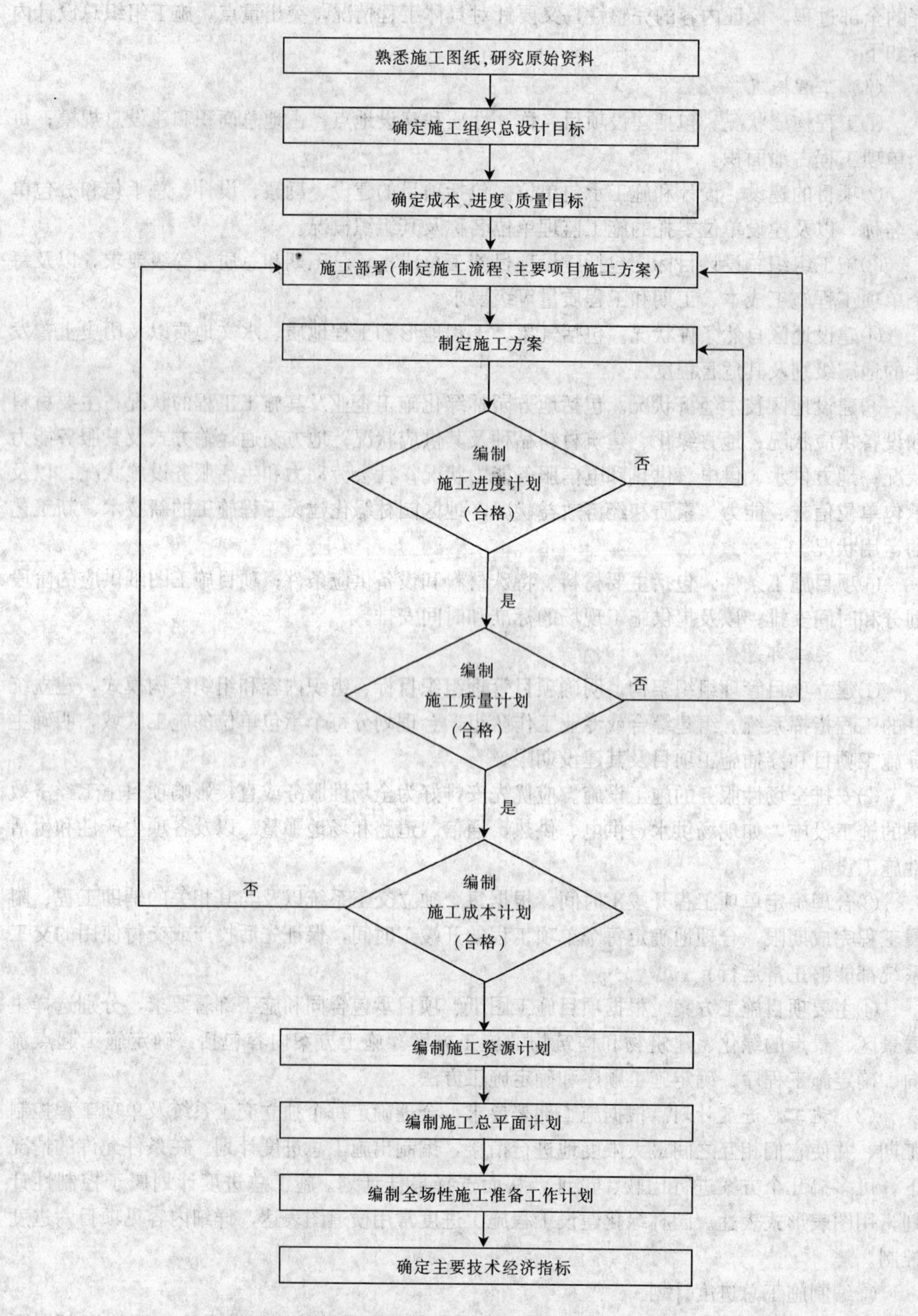


图 2-1　园林绿化建设工程施工组织设计编制程序

B. 按照施工阶段顺序，列出每个施工阶段内部的所有单项工程，并将它们分别分解至单位工程和分部工程；

C. 计算每个单项工程、单位工程和分部工程的工程量；

D. 根据施工部署和施工方案，合理确定每个单项工程、单位工程和分部工程的施工持续时间；

E. 科学安排各分部分项工程之间衔接关系，并绘制成控制性施工网络计划或横道计划；

F. 在安排施工进度计划时，要认真遵循编制施工组织设计的基本原则；

G. 可对施工总进度计划初始方案进行优化设计，以有效地缩短建设总工期。

②制订施工总进度保证措施。

A. 组织措施。从组织上落实进度控制责任制，建立进度控制协调制度。

B. 技术措施。编制施工进度计划实施细则；建立多级网络计划和施工作业周计划体系；强化施工工程进度控制。

C. 经济措施。确保按时供应奖金；奖励工期提前有功者；经批准的紧急工程可采用较高的计件单价；保证施工资源正常供应。

D. 合同措施。全面履行工程承包合同；及时协调各分包单位施工进度；按时提取工程款；尽量减少建设单位提出工程进度索赔的机会。

(4) 施工总质量计划。施工总质量计划是以一个建设项目为对象进行编制，用以衡量其施工全过程中各项施工活动质量标准的综合性技术文件。应充分掌握设计图纸、施工说明书、特殊施工说明书等文件上的质量指标，制定各工种施工的质量标准，制定各工种的作业标准、操作规程、作业顺序等，并分别对各工种的工人进行培训及教育。

①施工总质量计划内容。A. 明确工程设计质量要求和特点；B. 确定工程施工质量总目标及其分解；C. 确定施工质量控制点；D. 制订施工质量保证措施；E. 建立施工质量体系，并应与国际质量认证系统接轨。

②施工总质量计划的制订步骤。

A. 明确工程设计质量要求和特点。通过熟悉施工图纸和工程承包合同，明确设计单位和建设单位对建设项目及其单项工程的施工质量要求；再经过项目质量影响因素分析，明确建设项目质量特点及其质量计划重点。

B. 确定施工质量总目标。根据建设项目施工图纸和工程承包合同要求，以及国家颁布的相关的工程质量评定和验收标准，确定建设项目施工质量总目标：优良或合格。

C. 确定并分解单项工程施工质量目标。根据建设项目施工质量总目标要求，确定每个单项工程施工质量目标，然后将该质量目标分解至单位工程质量目标和分部工程质量目标，即确定每个分部工程施工质量等级：优良或合格。

D. 确定施工质量控制点。根据单位工程和分部工程施工质量等级要求，以及国家颁布的相关的工程质量评定与验收标准、施工规范和规程有关要求，选定各工种的质量特性，确定各个分部分项工程质量标准和作业质量标准；对于影响分部分项工程质量的关键部位或环节，要设置施工质量控制点，以便加强对其进行质量控制。

E. 制订施工质量保证措施。

a. 组织措施。建立施工项目的施工质量体系，明确分工职责和质量监督制度，落实施工质量控制责任。

b. 技术措施。编制施工项目施工质量计划实施细则，完善施工质量控制点和控制标准，强化施工质量事前、事中和事后的全过程控制。

c. 经济措施。保证奖金正常供应；奖励施工质量优秀的有功者，惩罚施工质量低劣的操作者，确保施工安全和施工资源正常供应。

d. 合同措施。全面履行工程承包合同，严格控制施工质量，及时了解及处理分包单位施工质量，热情接受施工监理，尽量减少建设单位提出工程质量索赔的机会。

(5) 施工总成本计划。施工总成本计划是以一个园林建设项目为对象进行编制，用以控制其施工全过程各项施工活动成本额度的综合性技术文件。

①收集和审查有关编制依据。包括：上级主管部门要求的降低成本计划的有关指标；施工单位各项经营管理计划和技术组织措施方案；人工、材料和机械等消耗定额和各项费用开支标准；历年有关工程成本的计划、实际和分析资料。

②预测单项工程施工成本。通常先按量、本、利分析法，预测工程成本降低趋势，并确定出预期成本目标，然后采用因素分析法，逐项测算降低成本的经济效果和总效果。当经济总效果大于或等于预期工程成本目标时，就可开始编制单项工程施工成本计划。

③编制单项工程施工成本计划。首先由工程技术部门编制项目技术组织措施计划，然后由财务部门编制项目施工管理计划，最后由计划部门会同财务部门进行汇总，编制出单项工程施工成本计划，即项目成本计划表。工程预算成本减去计划（降低）成本的差额，就是该项目工程成本指标。

④编制建设项目施工总成本计划。根据园林建设项目施工部署要求，其总成本计划编制也要划分施工阶段，首先要确定每个施工阶段的各个单项工程施工成本计划，并编制每个施工阶段组成的项目施工成本计划，再将各个施工阶段的施工成本计划汇在一起，就成为该园林建设项目施工总成本计划，同时也求得该建设项目工程计划成本总指标。

⑤制订建设项目施工总成本保证措施。

A. 技术措施。优选各种植物材料以及各种建筑材料、设备的质量和价格，确定合理的供货单位；优化施工部署和施工方案以节约成本；按合理工期组织施工，尽量减少赶工费用。

B. 经济措施。经常对比计划费用与实际费用差额，分析其产生原因，并采取改善措施，及时奖励降低成本有功人员。

C. 组织设施。建立健全项目施工成本控制组织，完善其职责分工和有关规章制度，落实项目成本控制者的责任。

D. 合同措施。按项目承包合同条款支付分包工程款、材料款；全面履行合同，减少建设单位索赔机会；正确处理施工中已发生的工程赔偿事项，尽量减少或避免工程合同纠纷。

(6) 施工总资源计划。

①劳动力需要量计划。施工劳动力需要量计划是编制施工设施和组织工人进场的主要依据。劳务费平均占承包总额的30%～40%，它是施工管理人员实施管理的重要一环，在管理过程中要执行国家相关的法律法规。劳动力需要量计划是根据施工总进度计划、概（预）算定额和有关经验资料，分别确定出每个单项工程的专业工种、工人数和进场时间，然后逐项汇总直至确定出整个建设项目劳动力需要量计划。工程的劳动力可实行招聘制，并要订立相关合同，合同双方都要遵守劳动合同，认真地履行各自的权利与义务。

②主要材料需要量计划。主要材料需要量计划，是组织施工材料和部分原材料加工、订

货、运输、确定堆场和仓库的依据。它是根据施工图纸、施工部署和施工总进度计划而编制的。然而，园林施工中的特殊材料如掇山、置石的材料需要根据设计所要求的体态、体量、色泽、质地、纹理等经过相石、采石、运输等环节，故需事先做好需要量计划。

③施工机具和设备需要量计划。施工机具和设备需要量计划是确定施工机具和设备进场、施工用电量和选择施工用临时变压器的依据。它可根据施工部署、施工方案、工程量而确定。一般而言，园林施工中的大型施工机械不多见，但在地形塑造、土方工程、水景施工中所用的一些中、小机械设备也不容忽视。

(7) 施工总平面布置。

①施工总平面布置的原则。

A. 在满足施工需要前提下，尽量减少施工用地，不占用公共空间，施工现场布置要紧凑合理，保护好施工现场的古树名木、文物以及需要保留的原有树木等。

B. 合理布置各项施工设施，科学规划施工临时道路，尽量降低运输费用。

C. 科学确定施工区域和场地面积，尽量减少专业工种之间交叉作业。

D. 尽量利用永久性建筑物、构筑物或现有设施为施工服务，降低施工设施建造费用，尽量采用装配式施工设施，提高其安装速度和设施的利用率。

E. 各项施工设施布置都要满足：有利于施工、方便生活，并达到安全防火和环境保护要求。

②施工总平面布置的依据。

A. 园林建设项目总平面图、竖向布置图和地下设施布置图。

B. 园林建设项目施工部署和主要项目施工方案。

C. 园林建设项目施工总进度计划、施工总质量计划和施工总成本计划。

D. 园林建设项目施工总资源计划和施工设施计划。

E. 园林建设项目施工用地范围和水、电源位置，以及项目安全施工和防火标准。

③施工总平面布置内容。

A. 园林建设项目施工用地范围内地形和等高线；全部地上、地下已有和拟建的道路、广场、河湖水面、山丘、绿地及其他设施位置的标高和尺寸。

B. 标明园林植物种植的位置、各种构筑物和其他基础设施的坐标。

C. 为整个建设项目施工服务的施工设施布置，包括生产性施工设施和生活性施工设施两类。

D. 建设项目必备的安全、防火和环境保护设施布置。

④编制建设项目施工设施需要量计划。

A. 确定工程施工的生产性设施。生产性施工设施包括：加工、运输、储存、供水、供电和通信 6 种设施。通常要根据整个园林建设项目及其每个单项工程施工需要，统筹兼顾、优化组合、科学合理地确定每种生产性施工设施的建造量和标准，编制出项目施工的生产性施工需要量计划。

B. 确定工程施工的生活性设施。生活性施工设施包括：行政管理用房、临时居住用房和文化福利用房 3 种。通常要根据整个建设项目及其每个单项工程施工需要，统筹兼顾、科学合理地确定每种生活性施工设施的建造量和标准，编制出项目施工的生活性施工设施需要量计划。

⑤施工总平面图设计步骤。

A. 确定仓库和堆场的位置，特别注意植物材料的假植地点应选在背风、背阴处。

B. 确定材料加工场地位置。

C. 确定场内运输道路位置。

D. 确定生活性施工设施位置。

E. 确定水、电等管网和动力设施位置。

F. 评价施工总平面指标。为了优化施工工程，应从多个施工总平面图方案中根据施工占地总面积、土地利用率、施工设施建造费用、施工道路总长度和施工管网总长度等指标，在分析计算基础上，对每个可行方案进行综合评价。

(8) 全场性施工准备工作计划。根据施工项目的施工部署、施工总进度计划、施工资料计划和施工总平面布置的要求，编制施工准备工作计划（表 2-1）。

**表 2-1　主要施工准备工作计划表**

| 序号 | 准备工作名称 | 准备工作内容 | 主办单位 | 协办单位 | 完成日期 | 负责人 |
|---|---|---|---|---|---|---|
| | | | | | | |
| | | | | | | |
| | | | | | | |

具体内容包括：①按照总平面图要求，做好现场控制网测量；②认真做好土地征用、居民迁移和现场障碍物拆除工作；③组织项目采用的新结构、新材料、新技术试验工作；④按照施工项目施工设施计划要求，优先落实大型施工设施工程，同时做好现场“四通一清”工作；⑤根据施工项目资源计划要求，落实绿化材料、建筑材料、构配件、加工品（包括植物材料）、施工机具和设备；⑥认真做好工人上岗前的技术培训工作。

(9) 主要技术经济指标。为了评价建设项目施工组织设计各施工方案的优劣，以便从中确定一个最优方案，通常采用以下技术经济指标进行方案评价：①建设项目施工工期；②建设项目施工总成本和利润；③建设项目施工总质量；④建设项目施工安全；⑤建设项目施工效率；⑥建设项目施工其他评价指标。

## ◆ 工作任务二　编制单项（单位）工程施工组织设计

**1. 任务分析**　单项（单位）工程施工组织设计根据施工图和施工组织总设计进行编制，是对总设计的具体化，由于要直接用于指导现场施工，所以内容比较详细。

单项（单位）工程施工组织设计编制依据：

①单项（单位）工程全部施工图纸及相关标准图；

②单项（单位）工程地质勘察报告、地形图和工程测量控制网；

③单项（单位）工程预算文件和资料；

④建设项目施工组织总设计对本工程的工期、质量和成本控制的目标要求；

⑤承包单位年度施工计划对本工程开竣工的时间要求；

⑥有关国家方针、政策、规范、规程和工程预算定额；

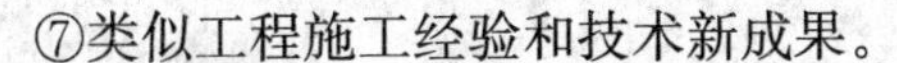



⑦类似工程施工经验和技术新成果。

**2. 实践操作**

(1) 工程特点说明。简要说明工程结构和特点，对施工的要求，并附主要工程的工程量一览表。结合园林绿化建设工程具体施工条件，找出其施工全过程的关键工程，并从施工方法和措施方面给予合理地解决方案。如在水池工程施工中，要重点解决防水工程和饰面工程。

(2) 编制单项工程施工方案。

①施工流程。施工顺序是指单项（单位）工程内部各个分部（单项）工程之间的先后施工次序。施工顺序合理与否，将直接影响工种间配合、工程质量、施工安全、工程成本和施工速度，必须科学合理地确定单项工程施工顺序。

园林绿化建设工程施工程序是指单项工程不同施工阶段之间所固有的、密切不可分割的先后施工次序，如：先场外后场内，先地下后地上，先主体后装修，先土石方工程再管线再土建、再设备设施安装、最后绿化工程。绿化工程因为受到栽植季节的限制，常常要与其他单位（单项）工程交叉进行。在编制施工方案时，必须认真研究单项（单位）工程施工程序。

一般用图表的形式确定各施工过程开始的先后次序、相互衔接的关系和开竣工日期（表2-2）。如是绿化工程，要注意不同植物对栽植季节及对气候条件的要求、工程交付使用的工期要求、施工顺序、复杂程度等因素。

**表2-2　单项工程进度计划**

| 绿化工种 | 单位 | 数量 | 开工日 | 完成日 | 4月 | | | | | |
|---|---|---|---|---|---|---|---|---|---|---|
| | | | | | 5 | 10 | 15 | 20 | 25 | 30 |
| 准备作业 | 组 | 1.0 | 4月1日 | 4月5日 | | | | | | |
| 定线 | 组 | 1.0 | 4月6日 | 4月9日 | | | | | | |
| 地形作业 | m² | 1 500 | 4月10日 | 4月15日 | | | | | | |
| 种植作业 | 颗 | 150 | 4月15日 | 4月24日 | | | | | | |
| 草坪作业 | m² | 600 | 4月24日 | 4月28日 | | | | | | |
| 收尾 | 组 | 1.0 | 4月28日 | 4月30日 | | | | | | |

②施工方法。确定施工方法时工程量大且施工技术复杂并有新技术、新工艺或特种结构工程则需编制具体的施工过程设计，其余只需概括说明即可。

③施工机械和设备的选择。

④主要材料和构建的运输方法。

⑤各施工过程的劳动组织。

⑥主要分部分项工程施工段的划分和流水顺序。

⑦冬期和雨季施工措施。

⑧确定安全施工措施。

(3) 编写施工进度计划。

①编制施工进度计划依据。单项（单位）工程承包合同和全部施工图纸；建设地区相关原始资料；施工总进度计划对本工程有关要求；单项（单位）工程设计概算和预算资料以及

施工物资供应条件等。

②施工进度计划编制步骤。A. 熟悉审查施工图纸，研究原始资料；B. 确定施工起点流向，划分施工段和施工层；C. 分解施工过程，确定工程项目名称和施工顺序；D. 选择施工方法和施工机械，确定施工方案；E. 计算工程量，确定劳动力分配或机械台班数量；F. 计算工程项目持续时间，确定各项流水参数；G. 绘制施工横道图；H. 按项目进度控制目标要求，调整和优化施工横道计划。

③制订施工进度控制实施细则。主要是编制月、旬或周施工作业计划，从而落实劳动力、原材料和施工机具供应计划；协调同设计单位和分包单位的关系，协调同建设单位的关系，以保证其供应材料、设备和图纸及时到位。

（4）编写施工质量计划。

①编制依据。施工图纸和有关设计文件；设计概算和施工图预算文件；该工程承包合同对其造价、工期和质量有关规定；国家现行施工验收规范和有关规定；施工作业环境状况，如劳动力、材料、机械等情况。

②施工质量计划内容。可参照施工总质量计划的内容。

③编制施工质量计划步骤。

A. 施工质量要求和特点。根据园林建设工程各分项工程特点、工程承包合同和工程设计要求，认真分析影响施工质量的各项因素，明确施工质量特点及其质量控制重点。

B. 施工质量控制目标及其分解。根据施工质量要求和特点分析，确定单项（单位）工程施工质量控制目标“优良”或“合格”，然后将该目标逐级分解为：分部工程、分项工程和工序质量控制子目标“优良”或“合格”，作为确定施工质量控制点的依据。

C. 确定施工质量控制点。根据单项（单位）工程、分部分项工程施工质量目标要求，对影响施工质量的关键环节、部位和工序设置质量控制点。

D. 制订施工质量控制实施细则。它包括：建筑材料、绿化材料、预制加工品和工艺设备、设施质量检查验收措施；分部工程、分项工程质量控制措施；以及施工质量控制点的跟踪监控办法。

E. 建立工程施工质量体系。

（5）编写施工成本计划。单项（位）工程施工成本也分为：施工预算成本、施工计划成本和施工实际成本 3 种，其中施工预算成本是由直接费和间接费两部分费用构成。编制施工成本计划步骤如下：

①收集和审查有关编制依据。

②做好工程施工成本预测。

③编制单项（单位）工程施工成本计划。

④制订施工成本控制实施细则。它包括优选材料、设备质量和价格；优化工期和成本；减少赶工费；跟踪监控计划成本与实际成本差额，分析产生原因，采取纠正措施；全面履行合同，减少建设单位索赔机会；健全工程成本控制组织，落实控制者责任；保证实现工程施工成本控制目标。

（6）编写施工资源计划。单项（单位）工程施工资源计划内容包括：编制劳动力需要量计划、建筑材料和绿化材料需要量计划、预制加工品需要量计划、施工机具需要量计划和各种设备设施需要量计划。

①劳动力需要量计划。劳动力需要量计划是根据施工方案、施工进度和施工预算，依次确定的专业工种、进场时间、劳动量和工人数，然后汇集成表格形式。它可作为现场劳动力调配的依据。

②施工材料需要量计划。建筑材料和绿化材料需要量计划是根据施工预算工料分析和施工进度，依次确定材料的名称、规格、数量和进场时间，并汇集成表格形式。它可作为备料、确定堆场和仓库面积，以及组织运输的依据。

③预制加工品需要量计划。较大的园林绿化建设工程中的很多材料；设施需要预制加工，如石材、喷泉、坐椅、电话亭、指示牌等。预制加工品需要量计划是根据施工预算和施工进度计划而编制的，它可作为加工订货、确定堆场面积和组织运输的依据。

④施工机具需要量计划。施工机具需要量计划是根据施工方案和施工进度计划而编制的，它可作为落实施工机具来源和组织施工机具进场的依据。

（7）布置施工平面。

①施工平面布置依据。A. 建设地区原始资料；B. 一切原有和拟建工程位置及尺寸；C. 全部施工设施建造方案；D. 施工方案、施工进度和资源需要计划；E. 建设单位可提供的房屋和其他生活设施。

②施工平面布置原则。A. 施工平面布置要紧凑合理，尽量减少施工用地；B. 尽量利用原有建筑物或构筑物，降低施工设施建造费用；尽量采用装配式施工设施，减少搬迁损失，提高施工设计安装速度；C. 合理地组织运输，保证现场运输道路畅通，尽量减少场内运输费；D. 各项施工设施布置都要满足方便生产、有利于生活、环境保护、安全防火等要求。

③绘制施工平面图。施工平面图包括：总平面图上的全部地上、地下构筑物和管线；地形等高线，测量放线标桩位置；各类起重机停放场地和开行路线位置以及生产性、生活性施工设施和安全防火设施位置。平面图的比例一般为1∶500～1∶200。

（8）列出主要技术经济指标。单项（单位）工程施工组织设计的评价指标包括：施工工期、施工成本、施工质量、施工安全和施工效率以及其他技术经济指标。

## ◆ 实践示例　某园林工程施工组织设计（目录部分）

**第一部分　建筑安装部分**

一、编制说明

二、工程概况

三、现场管理机构及分工、专业配置

四、施工工序和施工方法

五、劳动力组织计划（农忙及冬雨季施工措施及安排）

六、施工机械计划

七、主要材料供应计划

八、确保施工质量的技术组织措施

九、确保工期的技术组织措施

十、确保工程安全施工的组织措施

十一、确保文明施工的组织措施及防污染措施

十二、施工总进度表及工期网络图

十三、地下管线敷设的技术组织措施

十四、电气安装工程的技术组织措施

十五、现场总平面布置

**第二部分　绿化种植部分**

一、绿化准备工作安排计划（树木、花草采购、运输及场地准备）

二、种植施工工序和方法

三、种植后的管理、养护措施

四、病虫害的防止措施

五、绿化工程移交招标人时保证100％成活率的措施

六、对业主单位管理人员的培训计划

**第三部分　其他方面**

一、成品半成品保护措施

二、各专业间施工的配合与协调

三、采用国家推广的新技术

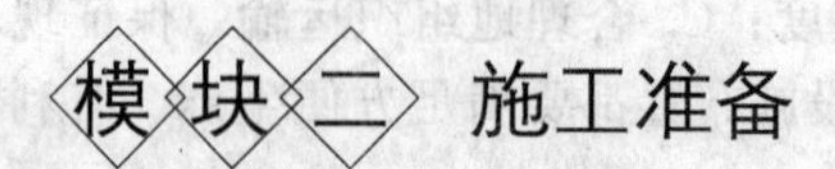

# 模块二　施工准备

施工准备工作是为拟建工程的施工建立必要的技术和物资条件，统筹安排各种资源和布置施工现场，施工准备工作的好坏关系到施工企业目标能否顺利实现。施工准备工作通常可划分为劳动组织准备、物资准备、技术准备和施工现场准备等工作。

## ◆ 工作任务一　技术准备

**1. 任务分析**　技术准备是施工准备的核心。施工中任何技术上的差错都可能危及施工人员人身安全和造成质量隐患或事故，从而带来生命、财产的巨大损失，因此必须认真做好技术准备工作。

施工技术准备。包括编制施工进度控制目标；编制施工作业计划；编制施工质量控制实施细则并落实质量控制措施；编制施工成本控制实施细则，确定分项工程成本控制目标以采取有效成本控制措施；做好工程技术交底工作，可以采用书面交底、口头交底和现场示范操作交底等方式，常采用自上而下逐级进行交底。

**2. 实践操作**

（1）研究施工图纸及现场核对。施工单位在接到拟建工程中标通知书后，应尽快组织工程技术人员熟悉、研究所有技术资料和图纸，全面领会设计意图；检查图纸与其各组成部分之间有无矛盾和错误；在几何尺寸、坐标、标高、说明等方面是否一致；技术要求是否正确；并与现场进行核对。同时作出详细记录，记录应包括对设计图纸的疑问和有关建议。

审查施工图通常按图纸自审、会审和现场签证三个阶段进行。

①图纸的自审由施工单位主持，并要求写出图纸自审记录。

②图纸会审由建设单位主持，设计和施工单位共同参加，并应形成“图纸会审纪要”，由建设单位正式行文、三方面共同会签并加盖公章，作为指导施工和工程结算的依据。

③图纸现场签证是指在工程施工中，依据技术核定和设计变更签证制度的原则，对所发现的问题进行现场签证，作为指导施工、竣工验收和结算的依据。在研究图纸时，特别需要注意的是特殊施工说明的内容、施工方法、工期以及所确认的施工界限等。

（2）熟悉土质、地形、水文、气象等工程勘察资料。

（3）熟悉地区规划资料、规划红线，了解周围邻近建筑的状况、周围的道路状况。调查施工现场的动迁状况，当地可利用的地方材料状况，水泥、钢材等材料供应状况，地方能源和交通运输条件、当地生活物资供应状况，可提供的施工用水用电状况，设备租赁状况，当地消防治安状况及分包单位的实力状况等。

（4）施工前的设计图纸交底。设计图纸交底一般由建设单位（业主）主持，由设计、监理和施工单位（承包商）参加。先由设计单位对施工图设计作交底，并对特殊结构、新材料、新工艺和新技术提出设计要求。然后由施工、监理单位根据研究图纸的记录以及对设计意图的理解，提出对设计图纸的疑问和建议。最后在统一认识的基础上，对所探讨的问题逐一做好记录，形成“设计图纸交底纪要”，由建设单位正式行文、参加单位共同会签盖章，作为与设计文件同时使用的技术文件和指导施工的依据。

（5）制订施工方案。在全面掌握设计文件和设计图纸，正确理解设计意图和技术要求，以及进行了各项调查之后，应根据进一步掌握的情况和资料，对投标时初步拟定的施工方案和技术措施等进行重新分析和深入研究，以制订出详尽的更符合现场实际情况的实施性施工方案。

## ◆工作任务二　物资准备

**1. 任务分析**　园林工程施工所需要的原材料、构（配）件、机具和设备是保证施工完成的必要物质基础，这些物资的准备应当在正式施工前完成。然后，根据施工进度，按照物资供应计划安排物资的进场，满足连续施工的需要。

**2. 实践操作**

（1）物资准备工作。

①根据施工图纸、施工预算、企业定额，以及分部分项工程施工方案与施工进度安排，编制物资需求量计划。

②根据各种物资需求量计划，组织货源，确定加工、供应地点、供应方式，签订物资供应合同。

③根据物资需求量计划和供货合同，拟定物资运输计划和方案。

④根据施工总平面图的要求，组织货物按照计划与施工实际进度时间安排物资进场并在指定地点进行储存和堆放。

（2）物资准备内容。

①土建材料的准备。土建材料的准备应当根据施工预算进行分析、计算，确定项目施工

所需要的主要建筑材料的种类、规格、数量，需要的时间，编制物资需要量计划，为组织备料、确定仓库、堆放场地所需要的面积和组织运输提供依据。

②绿化材料准备。绿化材料的准备包括根据施工预算与设计图纸，确定施工所需要的植物品种、规格、数量以及特殊要求、所需要的时间，编制绿化材料供应计划，根据计划采购苗木。在施工开始前，对乔木进行确认；对于需要做根系处理的应迅速处理，以保证绿化材料供应正常。

③构（配）件和制品加工准备。根据施工图纸和施工预算确定施工所需要的构（配）件和制品的种类、规格、数量、质量和消耗量，之后确定加工方案、供应渠道以及加工地点、存放场地等，编制供应计划。

④园林施工机具准备。根据项目所采用的施工方案、施工进度安排，确定施工机械与机具的类型、数量和进场时间，编制施工机械、机具的需求计划，确定机具的供应方式以及存放场地等。

## ◆工作任务三　劳动力准备

**1. 任务分析**　根据园林工程项目特点、规模，建立相应的项目经理部，确定组织构架形式以及人员职责分工，进一步根据施工要求确定劳动力。

劳动组织准备。主要有建立工程队伍，并建立工程队伍的管理体系，在队（班组）内部技术工人等级比例要合理，并满足劳动力优化组合的要求；做好劳动力培训工作，并安排好工人进场后生活，然后按工程对各工种的编制，组织上岗前培训。培训内容包括：规章制度、安全施工、操作技术和精神文明教育四个方面。

**2. 实践操作**

(1) 建立施工项目领导机构。

(2) 建立精干的施工队伍。建立施工队伍时，应根据施工工种的不同，采取不同的组织方式，可组织各种专业施工班组，也可部分进行劳务分包，但必须坚持施工队伍素质至上的原则，还应考虑各施工班组之间的协调与衔接问题。

(3) 组织劳动力进场。按照开工日期和劳动力需求计划组织劳动力进场。劳动力进场后，要按照计划进行安全、防火与文明施工方面的教育。劳动力进场要求如下：

①劳动力进场后应及时按照规定做好各种劳动保障工作；

②需要持证上岗的工种，招聘的劳动力应具有相应的专业操作上岗证书；

③技术性较强的施工过程，在招聘工人时应尽量使用熟练工种以保证工程的质量。

(4) 进行技术交底。在正式开工前以及分部分项工程开工前，按照计划向施工班组、工人进行技术交底以及必要的技术培训与操作示范教育，使施工进度与质量均得到保证。

(5) 建立各项管理制度。包括出入现场管理制度、考勤制度、奖赏制度等。

## ◆工作任务四　现场准备

**1. 任务分析**　根据给定的永久性坐标和高程，按照总平面图要求，进行施工场地测量控制网，设置场区永久性控制测量标桩。做好“四通一清”。确保施工现场水通、电通、道路通、通信顺畅和场地清理；应按消防要求，设置足够数量的消火栓。园林工程建设中的场地平整要因地制宜，合理利用竖向条件，既要便于施工，减少土方搬运量，又要保留良好的地势景观，创造立体景观效果。

**2. 实践操作**

（1）*准备施工房屋设施*。应结合施工现场具体情况，统筹安排，合理布置。施工房屋设施包括生产性设施、物资储存设施和生活用房设施。

（2）*准备施工供水设施*。园林绿化建设工程施工用水包括现场施工用水、施工机械用水、生活用水、灌溉用水、水景工程造景用水和消防用水。建设工地附近没有现成的给水管道，或现有管道无法利用时，才宜另选天然水源。天然水源的种类有：地面水，如江水、湖水、水库蓄水等；地下水，如泉水、井水等。选择水源必须考虑下列因素：①水量充沛可靠；②生活饮用水、生产用水的水质要求，应符合有关标准；③与农业、水资源综合利用；④取水、输水、净水设施要安全经济；⑤施工、运转、管理、维护方便。

（3）*准备施工供电设施*。园林绿化建设工程工地临时供电，包括动力用电与照明用电两种。

①选择工地临时供电电源时须考虑的因素。A. 施工现场周围电力网供电情况；B. 现有电气设备的容量、负荷等级，用电设备在工地上的分布情况；C. 园林建设工程中各分项工程及设备安装工程及设备安装工程的工程量和施工进度；D. 施工现场规模和各个施工阶段的电力需要量。

②临时供电电源的几种方案。A. 完全由工地附近的电力系统供电；B. 供电附近的电力系统只能供给一部分，尚须增设临时供电系统以补其不足；C. 利用附近高压电力网，申请临时变压器。

（4）*施工机械与材料进场*。

①组织施工机具进场。根据施工机具需要量计划，按施工平面图要求，组织施工机械、设备和工具进场，按规定地点和方式存放，并应进行相应的保养和试运转等准备工作。

②组织施工材料进场。根据各项材料需要量计划，组织其有序进场，按规定地点和方式存货堆放；植物材料一般应随到随栽，不需提前进场，若进场后不能立即栽植的，要选择好假植地点，严格按假植技术要求，做好假植工作，认真落实雨期施工和季节施工项目的施工设施和技术组织措施。

## ◆ 工作任务五　与外部单位的联系与协作

**1. 任务分析**　园林工程项目的施工不仅涉及施工总承包企业内部的方方面面，而且还涉及社会许多部门。因此，施工企业必须与他们保持密切的联系、沟通与协作，才能将项目施工顺利完成。

**2. 实践操作**

（1）*与业主和业主代表的协调*。施工准备前期，施工企业应向业主和业主代表通报施工准备工作情况，并与之协调与施工开展有关的事项，商定议事规则和程序，确立工地例会制度等。同时，落实现场施工条件，并与业主商定临时占道、占地及外租临时场地，以解决临时生产以及生活用地、临时周转库房场地、大宗材料堆场和加工运输方案，以及植物的临时假植地等。

（2）与社会有关部门的协调。施工准备前期，施工单位应主动与当地建设、园林、市政、城市管理、公安、交通、环卫、造价、供水、供电、供热、通信等部门联系，了解当地建设和城市绿化等行政主管部门的新规定和信息，按照有关要求办理施工报建手续、施工备案手续；制定相应的管理制度，使施工行为符合当地政府和主管部门的管理规定，以取得他们的信任与支持。

（3）施工环境的协调。首先要做好施工现场周围环境的调查研究工作，掌握情况，增强环境保护工作的预见性、针对性与及时性，尽可能减少自然或人为不利因素对正常施工的影响。

（4）与供应商、专业分包商的协调。在施工前期准备时，施工企业应根据材料的情况与材料供应商洽谈有关材料的供应计划，对大宗材料的采购与供应做好安排。同时，应选定专业分包商。与业主一起和各专业分包商、大宗材料供应商召开协调会，明确要求各分包商、材料供应商要密切配合总包单位的施工工作。

（5）与设计单位的协调。与勘探、设计单位协调的目的是落实施工图纸供应计划，研究处理地基基础施工、降水、基坑支护、结构安全、新技术应用、新工艺试验等有关问题。与他们保持密切的协作，从而加快施工中设计变更的处理，提高施工质量，实现施工工期目标。

## ◆理论知识　施工准备阶段管理工作分类

**1. 按照施工准备工作范围分类**　施工准备工作按照范围不同，可以分成全场性施工准备、单项（单位）工程施工准备和分部分项工程准备3种。

（1）全场性施工准备。是以一个施工工地为对象而进行的各项施工准备。其特点是施工准备工作的目的、内容都是为全场性施工服务的，而且还要兼顾单位工程施工条件的准备。

（2）单项（单位）工程施工准备。是以一个建筑物或某单项工程为对象而进行的施工条件准备。特点是施工准备工作的目的、内容都是为单项或单位工程施工服务的，在为单项、单位工程施工做好准备的同时，也为分部分项工程做好施工准备。

（3）分部分项工程准备。分部分项工程作业条件准备是以一个分部分项工程，或者冬、雨期施工项目为对象而进行的作业条件准备。

**2. 按照施工准备工作所处的施工阶段分类**　按照施工准备工作所处的施工阶段分类，可以将施工准备工作分为开工前的施工准备和各施工阶段前的施工准备两种。

（1）开工前的施工准备。开工前的施工准备是指在拟建设工程正式开工前为本工程施工所进行的施工准备工作。目的是为施工项目正式开工创造必要的施工条件。它既可能是全场性的施工准备，也可能是单项或单位工程施工条件的准备，但不会是分部分项工程的准备工作。

（2）各施工阶段前的施工准备。各施工阶段前的施工准备是指在施工项目正式开工之后，每个施工阶段正式开工前所进行的一切准备工作。目的是为施工阶段正式开工创造必要的条件。如园林绿化工程乔木种植、灌木种植或一二年生花卉种植等不同施工阶段所做的施工准备工作。

施工准备工作贯穿于整个施工过程，项目经理部要实现施工目标，不仅要做好开工前的施工准备工作，而且随着施工的进展，在各个施工阶段开始前都要做好相应的施工准备工作。各类施工准备工作之间既有阶段性，又有连贯性，因此，施工准备工作必须有计划、有步骤、分阶段地进行，贯穿整个施工阶段。

(3) 按照施工准备工作性质内容分类。施工准备工作按照施工准备工作的性质内容分类，可以分为技术准备、物资准备、劳动组织准备、施工现场准备和施工现场外准备5种。

## 复习题

1. 按照编制工程项目对象不同，施工组织设计分为哪几种？
2. 施工组织总设计一般包括哪些内容？
3. 施工组织总设计中工程概况包括哪些内容？
4. 评价建设项目施工组织设计方案优劣的技术经济指标有哪些？
5. 编制单项（单位）工程施工组织设计的依据有哪些？
6. 如何编制施工进度计划？
7. 施工资源计划包括哪些内容？
8. 施工准备工作一般包括哪些内容？
9. 审查施工图一般要经过哪几个阶段，分别如何组织？
10. 园林绿化工程物资准备工作包括哪些内容？
11. 劳动力准备工作包括哪些内容？
12. 施工准备工作分为哪几类？

# 项目三

# 施工现场管理

施工现场管理是指对施工现场内各作业的协调、临时设施的维修、施工现场与第三者的协调及现场内的清理整顿等管理工作。现场管理的工作主要包括劳动力、材料、机械设备、资金和技术等生产要素的管理，是对施工项目的生产要素进行优化配置和动态管理。

**教学目标**

1. 掌握园林绿化建设工程施工人力资源管理的特点；
2. 掌握材料管理体系中各管理层的任务；
3. 掌握机械设备管理的内容。

**技能目标**

1. 能进行劳动定额管理；
2. 能进行施工现场材料管理；
3. 能进行机械设备使用管理。

## 模块一　人力资源管理

### ◆ 工作任务　劳动定员

**1. 任务分析**　园林工程劳动定员是在一定的生产技术组织条件下，为保证园林建设工程正常进行，按一定素质要求，对各类施工人员所预先规定的限额。合理的劳动定员是人力资源计划的基础，是企业内部各类员工调配的主要依据，有利于提高施工队伍的素质。

**2. 实践操作**

（1）制定企业劳动定额。劳动定额是指在正常生产条件下，为完成单位工作所规定的劳动消耗的数量标准。其表现形式有两种：时间定额和产量定额。时间定额指完成合格工程（工件）所必需的时间。产量定额指单位时间内应完成合格工程（工件）的数量。两者在数值上互为倒数。

劳动定额是编制施工项目人力资源计划、作业计划、工资计划等各项计划的依据；劳动定额是项目经理部合理定编、定岗、定员及科学地组织生产劳动推行经济责任制的依据；劳动定额是衡量考评工人劳动效率的标准，是按劳分配的依据；劳动定额是施工项目实施成本

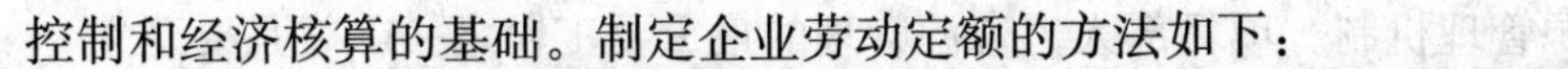
控制和经济核算的基础。制定企业劳动定额的方法如下：

①估工法。根据劳动者历来劳动的实践经验，结合生产条件和自然条件的变化情况，经过领导、技术人员和生产工人三方结合的讨论制定定额的方法。这种方法简便易行，易为群众接受，但准确性较差，特别是较复杂的综合性定额更不易估计。

②试工法。就是通过劳动者实地操作实验来确定定额的方法。对参加试工的劳动者，使用的生产工具等劳动条件都应有一定的代表性。同时，试工应分几次，分几组同时进行，才能总结出适当标准作为定额。这种方法也简便易行，比较切合实际。

③技术测定法。就是对一种机械作业过程所消耗的时间进行仔细观察记录，并对影响工作数量和质量的各个因素进行分析研究，然后再确定定额。

④修订劳动定额。分为定期和不定期修订两种。定期修订是全面系统的修订，为了保持定额的相对稳定性，修订不宜过于频繁，一般以 1 年修订 1 次为宜。不定期修订是当生产条件如操作工艺、技术装备、生产组织、劳动结构发生重大变化时，对定额进行局部修订或重新制定。

（2）劳动定员。劳动定员是指根据施工项目的规模和技术特点，为保证施工的顺利进行，在一定时期内（或施工阶段内）项目必须配备的各类人员的数量和比例。劳动定员是建立各种经济责任制的前提；劳动定员是组织均衡生产，合理用人，实施动态管理的依据；劳动定员是提高劳动生产率的重要措施之一。劳动定员的方法：

①按劳动效率定员。根据劳动定额计算每人可以承担的工作量，计算出完成工作总量所需要的人员数。

②机器设备定员。根据机器设备的数量和工人的看管定额，确定需要人员数。

③按岗位定员。根据工作岗位数确定人员数。

④按比例定员。按职工总数或某一类人员总数的比例，计算某些人员的定额。

⑤按照业务分工定员。在一定机构条件下，根据职责范围和业务分工来确定人员数。这种方法主要适用于管理人员和工程技术人员的定员。

## ◆ 理论知识　园林工程人力资源管理

人力资源管理是园林绿化建设施工管理的重要方面。通过好的管理，使人的潜能得到充分发挥，从而使施工企业的经济效益得以提高。

**1. 人力资源管理的概念与任务**

（1）概念。施工项目的人力资源是指参与项目施工的所有人员所具有的劳动力。包括项目部施工管理人员、施工一线的工人以及项目部其他后勤辅助人员。

（2）人力资源管理的主要任务。

①组织和编制人力资源规划。项目部首先应当根据项目的规模、施工进度计划、特点来确定对人员的需要，建立项目组织架构，组建项目管理队伍，并确定管理人员的分工与职责；编制人力资源规划，根据规划组织人力资源。

②组织人力资源。主要包括员工的招聘与解聘、人员甄选、员工的定向等工作。

③人员的培训与教育。包括对人员的安全施工，进项目部、进施工队以及进班组三级教育，相关技术培训以及施工过程中每个施工过程开始前的技术交底等。

④建立健全人力资源管理机制。项目部人力资源管理的最重要工作之一，就是要建立一套有利于充分调动人力资源积极性、创造性的机制，做到人尽其才。

⑤人员绩效评估。人员的绩效评估直接关系到人员的切身利益，要形成一套科学的绩效评估机制，使人员各得其所。

**2. 劳动力的来源与管理方式**

（1）全部来源于外部。工程所需要人力资源全部来自公司之外。项目经理通过与劳务分包单位签订外包、分包劳务合同进行管理，或通过在劳务市场招聘，自行管理。

（2）全部来源于内部。工程所需人力资源（个人、班组、施工队）全部来自公司内部，项目经理部在公司内直接选择或供需双向选择。其管理方式是由项目经理部提出要求、标准，并负责检查、考核。方式分为以下3种：对提供的人力资源以个人、班组、施工队为单位直接管理；与劳务原属组织部门共同管理；由劳务原属组织部门直接管理。

（3）混合来源。工程中所使用人力资源部分来自公司内，部分是在外部劳务市场招聘的临时工，或部分劳务分包。这是目前大部分园林施工企业人力资源的现状。

**3. 园林绿化建设工程施工人力资源管理的特点**

（1）园林绿化建设工程施工的主要劳动对象之一是园林植物，由于园林植物的种植有一定的季节性，所以人力资源的需求具有较强的季节性。

（2）园林绿化建设工程施工后要获得较好的园林景观效果，需要的周期长，在实行人力资源管理与考核劳动生产率的时候，要注意阶段考核，又要从全过程考核。

（3）园林绿化建设工程施工工种繁多，且性质差异性大，所以员工的差异也大。

（4）园林绿化建设工程施工基本都是露天操作，对人力资源的安排和评价，要注意客观因素的影响。

（5）园林绿化建设工程施工以手工操作为主。在安排人力资源技术培训中，应该注意这个特点。

**4. 项目经理的职责**　施工企业项目经理（简称项目经理），是指受企业法定代表人委托对工程项目施工过程全面负责的项目管理者，是建筑施工企业法定代表人在工程项目上的代表。

（1）施工项目经理的地位。

①从合同关系上看，项目经理是项目合法的最高当事人。对外，项目经理作为企业法人委派在项目管理上的代表，按合同履约是他一切行动的最高准则。对内，施工项目经理是施工项目全过程所有工作的总负责人，是项目承包责任者。

②从组织关系上看，项目经理是项目有关各方协调配合的桥梁和纽带。

③从组织运行过程看，项目经理是项目信息的集散中心和项目实施过程的控制者。项目实施过程中，各种重要信息、目标、计划、方案、措施、制度都由项目经理决策后发出；来自项目外部（如业主、政府、上级公司、国内外市场和当地社会环境等）的有关重要信息、指令也要通过项目经理汇总、沟通。

④从责、权、利关系上，项目经理是施工项目责、权、利的主体。责任是实现项目经理负责制的核心，它构成了项目经理工作的压力，是确定项目经理权力和利益的依据。权力是确保项目经理能够履行职责的条件与手段，没有必要的权力，项目经理就无法对工作负责。

（2）项目经理应具备的基本条件。

①政治素质。项目经理是企业的重要管理者，应具备较高的政治素质。项目经理必须热爱党、热爱祖国、热爱本职工作。在项目管理工作中，能认真执行党和国家的方针、政策，遵守国家的法律和地方法规，能顾全大局、自觉地维护国家利益，正确处理国家、集体、个人三者的利益关系。

②专业及管理知识。项目经理必须具有本专业的技术知识和项目管理方面的知识。精通项目主要专业技术，其余的技术知识也要有较深的了解。对项目的工艺设计、施工方案及设备造型、安装调试能进行选择与鉴别。项目经理应受过项目管理的专门训练，具备广泛的经营管理知识和法律知识，才能对项目实施高效率的管理。

③领导艺术及组织协调能力。要求项目经理是多谋善断、灵活应变、知人善任、敢于负责、求同存异、以身作则、大公无私、赏罚分明、善于调动职工积极性的人。要求项目经理具备敏锐的观察力、良好的思维能力和创新能力。

④实践经验。只有具备丰富的实践经验，项目经理才会处理各种可能遇到的实际问题。所以应把项目经理的经验放在重要的地位。

⑤好的身体素质。项目经理要求具有健康的体魄和充沛的精力，这是由于项目施工现场性强、流动性大、工作条件差、任务繁忙所决定的。

（3）项目经理的职责。

①确定项目的总目标和阶段性目标并制度项目总体控制计划。

②建立精干的项目经理部。应抓好组织设计、人员选配、制定各种规章制度、明确有关人员职责并授权、建立利益机制和项目内外部的沟通渠道等。

③与业主保持密切联系，弄清其要求和愿望。

④履行合同义务，监督合同执行，处理合同变更。项目经理在履行合同中的最高准则是信守合同。对合同的变更、合同条款的修正都有监督和处理的权力和责任。

⑤协调项目组织内外的各种关系。在项目实施阶段，项目经理日常的职责就是协调本项目组织机构与各协作单位之间的协作配合及经济、技术关系，与有关的职能部门负责人联系，确定工作中相互配合的问题以及有关职能部门需要提供的资料。

⑥项目经理具体的内部职责。

A. 向有关人员解释和说明项目重要文件，包括项目合同、项目设计文件、项目进度计划及配套计划、协调程序等，使项目班子对项目目标、约束条件、实施方案、进度要求、权利与义务等有明确认识，以保证项目组织内部步调统一，并以此作为今后检查、控制的依据。

B. 审查批准与工程有关的采购活动。

C. 组织编制工程费用估算，提请公司及业主认可。

D. 组织编制详细的工程进度计划，提请业主认可。

E. 通过不断监测工程费用实际支出的情况并和预算相比较的方法，控制工程费用。

F. 应用不断监测和关键线路法，控制工程进度。

G. 组织编制工作程序，并监督组织成员遵守公司的政策和工作程序。

H. 检查项目建设条件、施工准备落实情况，并组织好开工前情况介绍会等关键性会议。

I. 建立高效的通讯指挥系统。

J. 向业主提出完工通知，取得业主对工程的正式接受文件。

K. 对工程不再需要的人员进行遣散。

（4）施工现场经济承包责任制与激励机制。建立经济承包责任制是巩固人力资源组织、加强劳动力管理、提高劳动生产率的基础工作，是园林建设工程施工单位加强管理的一项重要制度。建立经济承包责任制就是把工程建设施工中的各项任务，以及对这些任务的数量、质量、时间要求，分别交给所属部门、专业施工队、施工班组乃至个人。承包人按照规定的要求保证完成任务，要求人力资源对自己所应负担的任务全面负责，并建立相应的考核制度和奖惩制度。建立责任制，可以把单位内错综复杂的各种任务，按照分工协作的要求落实到基层，使人力资源明确自己的工作任务和工作目标，保证全面、及时地完成各项任务。建立现场经济承包责任制的内容：

①确定承包主体。施工现场承包主体可以是施工专业队、作业班组或者个人。一般施工个人承包主要是对某一施工过程进行承包；而施工专业队或作业班组则可对分部分项工程进行承包。

②确定承包指标。人力资源和物资消耗指标，是承担责任的单位和个人完成工程任务的重要条件，劳动消耗指标规定了劳动用工数量。确定承包指标主要是要确定完成工作的数量与质量、其他资源的消耗量。

③确定奖惩制度。奖惩制度是贯彻责任制的重要措施，有利于承担任务的单位和个人，从物质利益上关心工程建设成果。

以上三方面内容体现了责、权、利的结合，承担工程任务、规定责任的单位或个人，在规定活劳动和物化劳动消耗指标内，有权支配劳动力，因地制宜、因时制宜地安排施工。奖惩制度使劳动与劳动成果联系起来，体现职工的物质利益原则。所以生产责任制中“责、权、利”三项内容是互为条件的。缺少任何一个内容，就不能充分发挥责任制的作用。

# 模块二 材料管理

## ◆ 工作任务 施工现场材料管理

**1. 任务分析** 园林绿化建设工程施工材料管理是项目经理部为顺利完成工程项目施工任务与目标，合理使用和节约材料，努力降低成本，所进行的材料计划、采购、运输、库存保管、供应、加工、使用、回收等一系列的组织和管理工作。

**2. 实践操作**

（1）材料消耗定额管理。

①应以材料施工定额为基础，向基层队、班组发放材料，进行材料核算。

②经常考核和分析材料消耗定额的情况，注重定额与实际用料的差异，非工艺损耗的构成等，及时反馈定额达到的水平和节约用料的进行情况，不断提高定额管理水平。

③根据实际执行情况积累和提高修订和补充材料定额的数据。

(2) 材料进场验收管理。

①根据现场平面布置图，认真做好材料的堆放和临时仓库的搭设，存放地要求做到方便，避免或减少场内二次运输。

②植物材料要随到随栽，必要时要挖假植沟，应注意植物材料的成活率。

③在材料进场时，根据进料计划、送料凭证、质量保证书或产品合格证，进行验单据、验品种、验规格、验质量、验数量的"五验"制度。

④对不符合计划要求或质量不合格的材料，应拒绝验收。

⑤验收时要做好记录，办理验收手续。

(3) 材料储存与保管。

①进库的材料需验收后入库，并建立台账。

②现场堆放的材料，必须有相应的防火、防盗、防雨、防变质、防损坏措施。

③现场材料要按平面布置图定位放置、保管处理得当、遵守堆放保管制度。

④对材料要做到日清、月结、定期盘点、账物相符。

(4) 材料领发。

①严格限额领发料制度，坚持节约预扣，余料退库原则。收发料具要及时入账上卡，手续齐全。

②施工设施用料，以设施用料计划进行总监控，实行限额发料。

③超限额用料，须事先办理手续，填限额领料单，注明超耗原因，经批准后，方可领发材料。

④建立发料台账，记录领发状况和节约超支状况。

(5) 材料使用监督。

①组织原材料集中加工。

②部分工程进行材料使用分析核算，以便及时发现问题，防止材料超额领用。

③现场材料管理责任者应对现场材料使用进行分工监督、检查。

④是否认真执行领发料手续，记录好材料使用台账。

⑤是否严格执行材料配合比，合理用料。

⑥每次检查都要做到情况有记录，原因有分析，明确责任，及时处理。

(6) 材料回收。

①回收和利用废旧材料，要求实行交旧（废）领新、包装回收、修旧得废。

②设施用料、包装物及容器等，在使用周期结束后组织回收。

③建立回收台账。

(7) 材料周转现场管理。

①各种周转材料均应按规格分别整齐码放，垛间留有通道。

②露天堆放的周转材料应有限制高度，并有防水等防护措施。

(8) 园林建设工程施工现场材料管理注意点。

①对于需要加工定做的材料，包括按照设计的图案制作的各类石材、雕刻材料等，应在中标后，根据材料计划立即组织订购。

②各类根据设计图案制作的材料，如果是批量材料应先将加工的样品与业主、设计、监

理确认后，再按照样品生产；如果是单件材料，则应在制作的过程中进行查看，以便修改、调整。

③所有装饰材料均应先与业主、设计、监理确认样板后，才能确认订购。

④植物材料的进场要与施工现场充分协调，做到随到随种，以确保成活率。

⑤施工时的剩余材料要及时退库，并做好退库登记以及退库单。

⑥材料管理员要及时做好记账、算账、报账工作。月末、季末、年末要对库存物资进行全面清点。清点结果，如有多余或缺少情况，要查明原因，报告领导，要根据领导批准的处理决定，进行调查账目，使账物相符。

⑦材料管理员每月要根据领料单或料账，按施工队分类汇总，公布领用物资报表，同时要抄送核算部门。

⑧财务核算部门与料务要密切配合，要根据计划预算和采购、收料、领发单等凭证以及购销合同，核查材料账目。要做到账物相符，账卡相符，账表相符。

⑨材料管理员要按照规定向上级物资部门报送报表，报表要保质、保量、及时正确。报表要经财务审核、领导签名或盖章。

## ◆ 理论知识　施工材料分类和材料管理体系

**1. 施工项目材料分类**

（1）按照对工程质量和对成本的影响程度分类。

①主要材料和大宗材料。主要材料和大宗材料也称为A类材料，这类材料对工程质量有直接影响，占工程成本较大，通常由施工企业物资部门订货或市场采购，按照计划供应给项目经理部。

②特殊材料。特殊材料也称为B类材料，对工程质量有间接影响，是工程实体消耗性材料。

③零星材料。这类材料为施工辅助材料，也称为C类材料。

B、C类材料一般由施工单位授权项目经理部负责采购。

（2）按照是否为生物材料分类。可以分成生物材料与非生物材料。生物材料包括绿化种植材料和部分动物材料，如乔木、灌木、地被、一二年生花卉以及草坪植物、观赏鱼类、观赏动物等。非生物材料主要是用于园林建筑、园路、假山、土方工程等的材料。

**2. 材料管理体系**　施工材料的管理从施工企业至劳务层形成不同层次的管理体系。不同的管理层次有不同的管理任务。

（1）管理层的材料管理任务。管理层即企业的主管领导和总部有关各部门。管理层的主要任务是确定并考核施工项目的材料管理目标，承办材料资源开发、订购、储运等业务；负责报价、定价及价格核算；制定材料管理制度，掌握供求信息，形成监督网络和验收体系，并组织实施。具体任务有以下几个方面：

①建立稳定的供货关系和资源基地。在广泛搜集信息的基础上，发展多种形式的横向联合，建立长远的、稳定的、多渠道可供选择的货源，以便获取优质低价的物质资源，为提高工程质量、缩短工期、降低工程成本打下了牢固的物质基础。

②建立材料管理制度。随着市场竞争机制的引进及项目施工的推广，必须相应的建立一

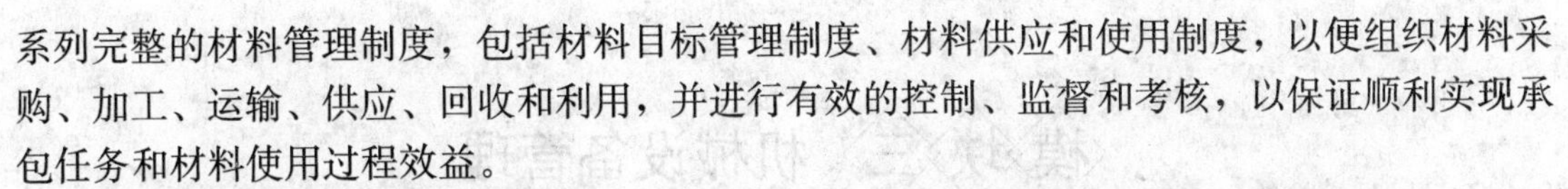

系列完整的材料管理制度，包括材料目标管理制度、材料供应和使用制度，以便组织材料采购、加工、运输、供应、回收和利用，并进行有效的控制、监督和考核，以保证顺利实现承包任务和材料使用过程效益。

③负责材料供应的监督与协调。深入施工现场检查并监督材料的使用情况和材料管理制度的执行情况，使之不断完善。

④建立材料价格信息体系。建立高效、灵敏的价格信息体系，有利于施工企业在投标中报出合理的价格。

（2）*执行层材料管理任务*。执行层是指施工单位材料职能管理部门和项目有关职能部门，其主要管理任务如下：

①编制材料进场计划并组织实施。根据管理层制定的材料管理制度和施工进度计划，编制材料进场计划，选择材料供应商，并组织按照施工进度顺利进场。

②编制企业材料消耗定额。根据材料定额以及本公司实际操作的经验，编制本公司企业材料消耗定额，并按照定额监督施工消耗。

③材料消耗统计与成本核算。及时准确地对已经完工的工程，进行材料消耗统计与成本核算。

④剩余物资的管理。对剩余物资进行回收、统计入册，以便其他工地使用。

（3）*劳务层材料管理的任务*。劳务层即各类材料的直接使用者，主要任务是管理好领料、用料及核算工作，具体任务如下：

①属于限额领用时，要在限定用料范围内，合理使用材料，对领出的料具要负责保管，在使用过程中遵守操作规程；任务完成后，办理料具的领用或租用，节约归己，超耗自付。

②接受项目管理人员的指导、监督和考核。

**3. 材料管理的要求**

（1）按照材料供应计划，保质、保量及时供应所有材料。

（2）材料需要量计划应包括材料需要量总计划、年计划、季计划、月计划和日计划。

（3）材料仓库的选址应有利于材料的进出和存放，符合防火、防雨、防盗、防风、防变质的要求。

（4）进场的材料应进行数量验收和质量认证，做好相应的验收记录和标识。不合格的材料应更换、退货或让步接受（降级使用），严禁使用不合格的材料。

（5）材料的计量设备必须经过有资格的机构定期检验，确保计量所需要的精确度。检验不合格的设备不允许使用。

（6）进入现场的材料应有生产厂家的材质证明（包括厂名、品种、出厂日期、出厂编号、试验数据）和出厂合格证。要求复检的材料要有取样送检证明报告。新材料未经过试验鉴定，不得用于工程中。现场配制的材料应经过试配，使用前应经认证。

（7）材料存储应满足下列要求：①入库的材料应按照型号、品种分区堆放，并编号、标识；②易燃易爆的材料应专门存放、专人负责保管，并有严格的防火、防爆措施；③有防湿、防潮要求的材料，应采取防潮、防湿措施，并做好标识；④有保质期的库存材料应定期检查，防止过期，并做好标识；⑤易损坏的材料应保护好外包装，防止损坏。

# 模块三　机械设备管理

## ◆ 工作任务　机械设备使用管理

**1. 任务分析**　园林绿化建设工程施工企业机械设备管理的任务是：科学地做好机械设备的选择、管理、保养与维修等工作，使设备在使用期限或寿命周期内，提高设备完好率与使用率，以及设备的劳动生产率，充分发挥设备的效能，达到稳定提高工程质量、取得良好经济效益的作用。

**2. 实践操作**

（1）建立机械设备使用管理制度。

①机械设备操作人员持证上岗，并实现岗位责任制，严格按照操作规程作业。岗位责任制是从组织上、制度上规定基层机具队或班组每个成员的工作岗位及其所负的职责，以明确分工，各负其责。对驾驶员、机械操作员、修理工等生产人员，要分别规定他们的职责范围和工作要求，建立维修保养制度、交接班制度和安全生产制度，并且把责任落实到个人。

②制定机械定额，实现定额管理。要因地制宜地制定各种不同型号、不同机具的定额。例如，各项作业的班次工作量定额、油料消耗定额、保养修理定额等。并通过日常的统计资料和经验总结，及时地对不合理的定额加以修订，以保持定额的准确和合理。

③制定考核与奖惩管理制度。在制定各种施工定额、油耗定额、维修定额的基础上，建立相应的考核制度，对施工的质量和数量、油料消耗、维修费用、技术保养质量、安全生产等指标进行考核。对完成和超额完成任务的，按照多劳多得的原则，给予一定的奖励。对违章作业、造成事故、损坏机械设备的要给予处罚。实行责任制，可以使机械设备人员明确自己的工作任务，有利于调动职工的积极性和主动性；合理使用机械设备、发挥机械设备效能、保证各项工程按时按质完成，有利于达到精打细算，降低成本的要求。

（2）机械设备安全管理。

①建立安全管理岗位责任制。必须建立机械设备安全使用岗位责任制，明确机械使用与维修、保养过程中的安全责任人与责任，并签订相关的责任书。

②建立健全安全检查、监督制度，并定期和不定期进行设备安全检查。

③制定设备的安全操作规程，并对操作人员进行岗前培训。

④设备操作和维护人员必须严格遵守机械设备的安全操作规程操作或维护保养。

⑤对于国家规定需要持证上岗的，操作人员必须获得相应上岗证才能上岗。

⑥各种机械设备必须按照国家标准安装安全保险装置。

⑦需要取得由具有相应资质单位检测、调试的机械设备，应当按照国家规定执行。

⑧机械设备的使用，应确定专人负责，未经许可，不得任意操作、驾驶，不得任意拆改机械设备。

（3）机械设备的检查维护与修理管理。

①建立健全机械设备的检查与维护保养制度，实行例行保养、定期检修、强制保养，小修、中修、大修与专项修理相结合的保养维修制度。

②对于大型机械、成套设备，要实行每日检查与定期检查相结合的方式。

③本身的修理力量与社会修理力量相结合的方式进行维修与保养。

④应建立设备修竣检查验收制度。

(4) 机械设备报废管理。

①做好机械设备定期报废时间表，并与机械设备添置时间表对应。机械设备报废宜与设备更新改造相结合。

②机械设备是否报废，应考虑是否已经达到报废时间、修理是否合算、是否存在无法修复的安全隐患、是否已经不适用且无法改造升级等。

③报废设备的残值率应为3%～5%。

④已经报废的汽车、起重机等，不得继续使用，也不得转让他人。

⑤机械设备如需报废，必须由单位组织有关人员进行鉴定，并办理报废手续，报上级审批。

⑥机械设备的报废应当按照法定程序进行，并做好财务上的账目调整。

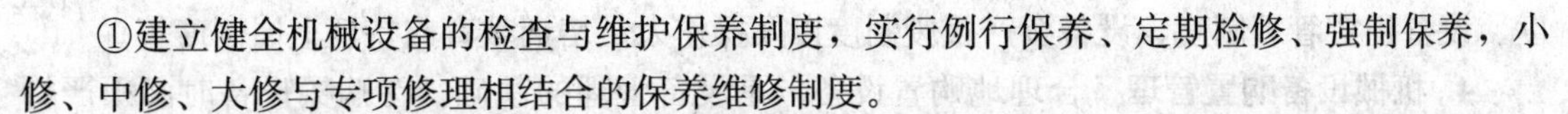

## ◆ 理论知识　机械设备管理内容

**1. 机械设备管理的概念**　园林绿化建设工程施工离不开施工机械、机具之类的生产工具，通常称为施工机械设备。园林绿化建设工程施工机械设备管理，就是对机械设备的选购、验收、保管、使用、维修、更新、改造和设备的处理等；以及机械设备的最初投资、维修费用支出，折旧、更新改造资金的筹措与支出等进行的管理活动。施工机械设备管理是园林绿化建设工程施工管理的组成部分。机械设备管理水平高低，直接影响施工质量和经济效益。

目前，园林绿化建设工程施工行业的装备比较落后，机械化程度不高，实行机械化施工，是园林绿化建设工程施工的努力方向。广泛地使用机械操作，才能逐步改变传统的操作方式，减少人力操作，降低劳动强度，提高劳动生产率，提高工程质量和服务质量。

**2. 机械设备管理的内容**

(1) 施工单位机械设备管理的内容包括：建立健全机械设备管理的机构、建立健全机械设备管理的制度、机械设备的装备管理以及机械设备的使用管理等。

(2) 项目经理部机械管理的内容包括：编制机械设备使用计划并报企业批准、进行机械设备的租赁以及施工现场的机械设备管理工作。

**3. 机械设备管理体系**

(1) 建立管理组织机构。大型的园林绿化建设工程施工企业应当建立专门的机械设备管理机构或部门，负责公司施工机械、机具的计划、选购以及管理制度的建立与健全，并进行施工机械管理效果的评估、监督施工现场施工机械设备的管理等。组织机构中要配备机械管理、机械维修等方面的专业技术人员。

(2) 建立机械设备管理制度。这些相关的管理制度包括：设备购置招标管理制度、设备配置计划管理制度、设备资产管理制度、设备使用、保养与维修管理制度、设备安全管理制度、设备租赁管理制度、设备资产报废制度以及操作人员培训教育与持证上岗制度等。

**4. 机械设备购置管理** 合理地购置设备，是设备管理的基础。在购买设备时必须严格把关，不购置质量不过关、品种不适用的机械设备，根据技术的全面评价，确定机具设备的选择，是机械设备管理的第一个环节。选择机械设备应考虑的主要因素如下：

（1）考虑机械设备的适应性。一般来说，机械设备的生产效率越高，产量越大，劳动生产率越高，经济效益就越好。但是，必须切合实际，不能脱离园林绿化建设工程施工的特点，离开自身的需要与片面追求先进的机械设备。

（2）考虑机械设备的可靠性。要考虑设备本身的质量是否经久耐用，使用寿命的长短，同时要考虑设备对工程质量的保证程度如何，不能因设备的质量问题而导致施工不能正常运行，甚至不能连续作业一定的时期，影响施工进度与施工质量。

（3）考虑机械设备的安全性。主要是指机械设备预防事故的能力。

（4）考虑机械设备的能耗。是指机械设备节省能源消耗的性能，尽量选择能耗低的设备，减少水、电、气、油的用量，降低施工成本。

（5）考虑机械设备易维修。选择结构简单，零部件组合标准合理，易检修、易拆卸，备件互换性好，零部件市场容易采购，供方技术服务好的机械设备。

（6）考虑机械设备的环保。这一点在园林绿化工程建设方面尤其重要。它是指机械设备的噪声和排放的有害物质对环境污染的程度，应选择各项指标在环境保护标准允许范围以内的设备。

**5. 机械设备装备原则**

（1）机械化与半机械化组合。应根据园林绿化建设工程施工的特点，在施工的不同过程中实行机械化或半机械化施工的要求以及部分施工过程只能人工操作的特点，来选择机械设备。

（2）减轻劳动强度。主要减轻土方工程、部分木工加工工序、装卸、打桩、混凝土搅拌、灌溉、磨制、场内装运等方面的劳动强度。

（3）充分挖掘企业现有机械的设备能力。

（4）充分利用社会机械设备租赁资源。

## 复习题

1. 如何制定企业劳动定额？
2. 劳动定员的方法有哪些？
3. 园林绿化建设工程施工人力资源管理的特点是什么？
4. 如何进行材料进场验收管理？
5. 材料储存与保管要求是什么？
6. 按照对工程质量和对成本的影响程度，施工材料分为哪几类？
7. 购置机械设备要注意哪些问题？

# 项目四

# 竣工验收

整个建设项目已按设计要求全部建设完成，符合规定的建设项目竣工验收标准，可由发包人组织设计、施工、监理等单位进行建设项目竣工验收，中间竣工并已办理移交手续的单项工程，不再重复进行竣工验收。工程交付竣工验收一般按三种情况分别进行：

单位工程竣工验收。以单位工程或某专业工程内容为对象，独立签订建设工程施工合同的，达到竣工条件后，承包人可单独进行交工，发包人根据竣工验收的依据和标准，按施工合同约定的工程内容组织竣工验收，比较灵活地适应了目前工程承包的普遍性。按照现行建设工程项目划分标准，单位工程是单项工程的组成部分，有独立的施工图纸，承包人施工完毕，征得发包人同意，或原施工合同已有约定的，可进行分阶段验收。这种验收方式，在一些较大型的、群体式的、技术较复杂的建设工程中比较普遍地存在。

单项工程竣工验收。对于投标竞争承包的单项工程施工项目，根据施工合同的约定，由承包人向发包人发出交工通知书请予组织验收。竣工验收前，承包人要按照国家规定，整理好全部竣工资料并完成现场竣工验收的准备工作，明确提出交工要求，发包人应按约定的程序及时组织正式验收。

全部工程竣工验收。指整个建设项目已按设计要求全部建设完成，并已符合竣工验收标准，应由发包人组织设计、施工、监理等单位和档案部门进行全部工程的竣工验收。全部工程的竣工验收，一般是在单位工程、单项工程竣工验收的基础上进行。对已经交付竣工验收的单位工程（中间交工）或单项工程并已办理了移交手续的，原则上不再重复办理验收手续，但应将单位工程或单项工程竣工验收报告作为全部工程竣工验收的附件加以说明。对一个建设项目的全部工程竣工验收而言，大量的竣工验收基础工作已在单位工程和单项工程竣工验收中完成。实际上，全部工程竣工验收的组织工作，大多由发包人负责，承包人主要是为竣工验收创造必要的条件。

**教学目标**

1. 掌握竣工验收的程序；
2. 了解竣工验收前施工单位的工作内容；
3. 掌握施工结算编制方式；
4. 掌握施工验收备案的程序。

**技能目标**

1. 能整理园林工程竣工资料；
2. 能编写施工总结。

# 模块一　竣工资料

## ◆ 工作任务一　整理和移交竣工资料

**1. 任务分析**　竣工资料是园林建设工程项目竣工验收的重要依据之一。实体工程完成以后，竣工资料的准备，就变成了竣工验收的前提。竣工资料不仅是企业与业主的档案材料，也是城市基础建设工程的档案收集材料。档案资料通常是由业主在竣工验收后，收集、整理再交给城市建设档案管理机构。

**2. 实践操作**

（1）整理竣工资料。

①施工技术资料的整理应始于工程开工，终于工程竣工，真实记录施工全过程，可按形成规律收集，采取表格方式分卷组卷。

②工程质量保证资料的整理应按照专业特点，根据工程内在要求进行分类组卷。

③工程检验评定资料的整理应按照单位工程、分部工程、分项工程划分的顺序，进行分类组卷。

④竣工图的整理应区别情况，按照竣工验收的要求组卷。

（2）移交技术资料。整个工程档案的归整、装订在竣工验收结束后，由建设单位、施工单位和监理机构来共同完成。在整理工程技术档案时，通常是由施工单位来完成，最后交给监理工程师校对审阅，确认符合要求后，再由承接施工单位档案部门按要求装订成册，统一验收保存，并按照要求将需要提交城建档案部门的竣工资料交建设单位，由建设单位向城建档案部门提交一份。此外，在整理档案时一定要注意份数备足，移交技术资料内容（表4－1）。

**表4－1　移交技术资料内容一览表**

| 工程阶段 | 移交档案资料内容 |
| --- | --- |
| 项目准备及施工准备 | ①申请报告，批准文件<br>②有关建设项目的决议、批示及会议记录<br>③可行性研究、方案论证资料、土地使用证、规划许可证、施工许可证<br>④征用土地、拆迁、补偿等文件<br>⑤工程地质（含水文、气象）勘察报告<br>⑥概（预）算。<br>⑦承包合同、协议书、招投标文件<br>⑧企业执照及规划、园林、消防、环保、劳动等部门审核文件 |

（续）

| 工程阶段 | 移交档案资料内容 |
| --- | --- |
| 项目施工 | ①开工报告<br>②工程测量定位报告<br>③图纸会审、技术交底<br>④施工组织设计等<br>⑤基础处理、基础工程施工文件；隐蔽工程验收记录<br>⑥施工成本管理的有关资料<br>⑦工程变更通知单、技术核定单及材料代用单<br>⑧建筑材料、构件、设备质量保证单及进场试验记录<br>⑨栽植的植物材料名录、栽植地点及数量清单<br>⑩各类植物材料已采取的养护措施及方法<br>⑪假山等工程的养护措施及方法<br>⑫古树名木的栽植地点、数量、已采取的保护措施等<br>⑬水、电、暖气等管线及设备安装施工记录和检验记录<br>⑭工程质量事故的调查报告及所采取处理措施的记录<br>⑮分项、单项工程质量评定记录<br>⑯项目工程质量检验评定及当地工程质量监督站核定的记录<br>⑰其他（如施工日志）<br>⑱竣工验收申请报告 |
| 竣工验收 | ①竣工项目的验收报告<br>②竣工决算及审核文件<br>③竣工验收的会议文件、会议决定<br>④竣工验收质量评定<br>⑤工程建设的总结报告<br>⑥工程建设中的照片、录像以及领导、名人的题词等<br>⑦竣工图（含土建、设备、水、电、暖、绿化种植等） |

## ◆ 工作任务二　编写施工总结

**1. 任务分析**　园林建设工程全部竣工后，施工企业应该认真进行总结，目的是积累经验和吸取教训，以提高经营管理水平。施工总结的中心内容是工期、质量和成本3个方面。

**2. 实践操作**

（1）工期总结。主要根据工程合同和施工总进度计划，从以下几个方面总结分析：

①对工程项目建设总工期、单位工程工期、分部工程工期和分项工程工期，以计划工期同实际完成工期进行分析对比，并对各主要施工阶段工期控制进行分析。

②检查施工方案及进度控制方案是否先进、合理、经济，并能有效地保证工期。

③检查分析工程间的均衡施工情况、各分项工程的协作以及各主要工种工序的搭接情况。

④劳动力组织和工种结构、各种施工机械的配置是否合理，是否达到定额要求。

⑤各项技术措施和安全措施的实施情况，是否满足施工的需要。

⑥各种原材料、预制构件、设备设施、各类管线和加工订货的实际供应情况。

⑦关于新工艺、新技术、新结构、新材料和新设备的应用情况及效果评价。

（2）质量总结。主要根据设计要求和国家规定的质量检验标准，从以下几方面进行总结分析：①按国家有关规定的标准，评定工程质量达到的等级；②对各分项工程进行质量评定分析；③对重大质量事故进行总结分析；④各项质量保证措施的实施情况及质量责任制的执行情况。

（3）工程成本总结。主要根据承包合同、国家和企业有关成本核算及管理方法，从以下几方面进行对比分析：①总收入和总支出的对比分析；②计划成本和实际成本的对比分析；③人工成本和劳动生产率，材料、物质耗用量和定额预算的对比分析；④施工机械利用率及其他种类费用的收支情况。

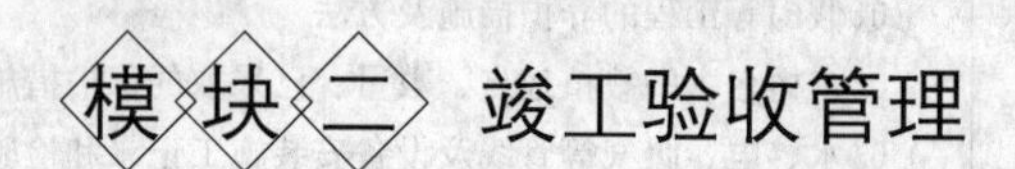

# 模块二　竣工验收管理

## ◆工作任务一　竣工预验收

**1. 任务分析**　竣工预验收要邀请建设单位、设计单位等单位人员参加，施工单位应积极配合竣工预验收工作。竣工预验收的时间较长，又多是各方面派出的专业技术人员，因此对验收中发现的问题多在此时解决，为正式验收创造条件。

园林建设工程的竣工预验收，从某种意义上说，它比正式验收更为重要。因为正式验收时间短促，不可能详细、全面地对工程项目一一查看，而主要依靠对工程项目的预验收来完成。因此所有参加预验收的人员均要以高度的责任感，并在可能的检查范围内，对工程数量、质量进行全面确认，特别对那些重要部位、易于遗忘部位都应分别登记造册，作为预验收的成果资料，提供给正式验收中的验收委员会参考和承接施工单位进行整改。

**2. 实践操作**

（1）竣工验收资料的审查（即前述表4－1的内容）。

（2）竣工预验收。

①组织与准备。参加预验收的监理工程师和其他人员，应按专业或区段分组，并指定负责人。验收检查前，先组织预验收人员熟悉有关验收资料，制定检查方案，并将检查项目的各子项目及重点检查项目部位以表或图列示出来。同时准备好工具、记录、表格，以供检查中使用。

②预验收。检查中，分成若干专业小组进行，按天数定出各自工作范围，以提高效率并避免相互干扰。园林建设工程的预验收，全面检查各分项工程的检查方法有以下几种：

A. 外观检查。外观检查是一种定性的、客观的检查方法，采用手摸眼看的方式，需要有丰富经验和熟练掌握标准的人员才能胜任此工作。

B. 测量检查。对上述能实测实量的工程部位都应通过实测实量获得真实数据。

C. 数量统计。对各种设施、器具、配件、栽植苗木都应一一点算、查清、记录，如有遗缺不足的或质量不符合要求的，都应通知承接施工单位补齐或更换。

D. 操作检查。实际操作是对功能和性能检查的好办法，对一些水电设备、游乐设施等应进行启动检查。

上述检查之后，各专业组长应向总监理工程师报告检查验收结果。如果查出的问题较多、较大，则应指令施工单位限期整改，并再次进行复验。如果存在的问题属于一般性的，除通知承接施工单位抓紧整修外，总监理工程师还应编写预验收报告一式三份，其中一份交施工单位自存。这份报告除文字论述外，还应附上全部预验收检查数据。与此同时，总监理工程师应填写竣工验收申请报告送项目建设单位申请验收。

## ◆ 工作任务二　竣工正式验收

**1. 任务分析**　单独签订施工合同的单位工程，竣工后可单独进行竣工验收。在一单位工程中满足竣工验收的专业工程，在征得发包人同意后，分阶段进行竣工验收。单项工程符合设计文件要求、满足开放需要或具备使用条件，并符合其他竣工条件，便可按照合同规定进行竣工验收。整个项目按照设计要求全部完成施工任务并符合验收标准，可按照合同规定进行竣工验收。中间已经竣工已办理移交手续的单项工程，可不再进行竣工验收。

正式竣工验收是由建设单位、勘察与设计单位、监理单位、质量监督单位与施工单位领导和专家参加的最终整体验收。大中型园林建设项目的正式验收，一般由竣工验收委员会（或验收小组）的主任（组长）主持，具体的事务性工作可由监理工程师来组织实施。

**2. 实践操作**

（1）验收前建设单位先做好准备工作：①向各验收委员单位发出请柬，并书面通知设计、施工及质量监督等有关单位；②拟定竣工验收的工作议程，报验收委员会主任审定；③选定会议地点；④准备完整的竣工验收报告及有关技术资料。

（2）园林工程竣工验收程序：

①建设、勘察、设计、施工、监理单位分别向验收组汇报工程合同履约情况和在工程建设各个环节执行法律、法规和工程建设强制性标准情况；

②验收组审阅建设、勘察、设计、施工、监理单位的工程档案资料；

③实地查验工程质量；

④对工程勘察、设计、施工、监理质量作出全面评价，形成经验收组成员签署的工程竣工验收意见，由建设单位提出工程竣工验收报告。参与工程竣工验收的建设、勘察、设计、施工、监理等各方不能达成一致意见时，应当协商提出解决的办法，待意见一致后，重新组织工程竣工验收；

⑤列入城建档案管理部门接收范围的工程，建设单位应当在工程竣工验收备案后6个月内，向城建档案管理部门报送一套符合规定的工程建设档案。

（3）召开验收会议。

①由验收委员会主任（组长）主持验收委员会会议。会议首先宣布委员名单，介绍验收工作议程及时间安排，简要介绍工程概况，说明此次竣工验收工作的目的、要求及做法。

②由设计单位汇报设计施工情况及对设计的自检情况。

③由施工单位汇报施工情况以及自检自验的结果。

④由监理工程师汇报工程监理的工作情况和预验收结果。

⑤在实施验收中，验收人员可先后对竣工验收技术资料及工程实物进行验收检查；也可分为两组，分别对竣工验收的技术资料及工程实物进行验收检查，在检查中可吸收监理单位、设计单位、质量监督人员参与。在广泛听取意见、认真讨论的基础上，统一提出竣工验收的结论意见，如无异议，则予以办理竣工验收证书和工程验收鉴定书。

⑥验收委员会主任宣布验收委员会的验收意见，举行竣工验收证书和鉴定书的签字仪式。

⑦建设单位代表发言。

⑧验收委员会会议结束。

## ◆ 理论知识一　竣工验收前各参建单位的准备工作

竣工验收前的准备工作，是竣工验收工作顺利进行的基础，承包单位、建设单位、设计单位和监理单位等均应尽早做好准备工作，其中以承包单位和监理机构的准备工作尤为重要。

**1. 施工单位**

（1）施工单位自验。工程竣工后，施工单位应按照国家现行的有关验收规范、评定标准全面检查所承建工程的质量，自评工程质量等级，填写工程竣工验收申请表，经该工程项目负责人、施工单位法定代表人和技术负责人签字并加盖单位公章后，提交监理单位核查，监理单位在5个工作日内审核完毕，经总监理工程师签署意见后，报送建设单位。

施工自验是施工单位资料准备完成后在项目经理组织领导下，由生产、技术、质量、预算、合同和有关的队（班）长或施工员组成预验小组。根据国家或地区主管部门规定室外竣工标准、施工图和设计要求，对竣工项目分段、分层、分项地逐一进行全面检查。预验小组成员按照自己所主管的内容进行自检，并做好记录，对不符合要求的部位和项目，要制定修补处理措施和标准，并限期修补好。施工单位在自检的基础上，对已查出的不足全部修补处理完毕后，项目经理应报请上级再进行复检，为正式验收做好充分准备。园林建设工程中的竣工验收检查主要有以下内容：①对园林建设用地内进行全面检查；②对场区内外邻接道路、管线（特别是排水系统）进行全面检查；③临时设施工程；④整地工程；⑤管理设施工程；⑥服务设施工程；⑦园路铺装；⑧运动设施工程；⑨游乐工程；⑩绿化工程（主要检查乔木栽植作业、灌木栽植、移植工程、地被植物栽植等）包括以下具体内容：对照施工图纸，是否按设计要求施工，检查植株数有无出入，种类（品种）是否正确；支撑是否牢靠与符合设计要求，外观是否美观；有无枯死的植株；栽植地周围的整地状况是否良好；草坪的栽植是否符合规定，草坪的纯度、平整度、覆盖率是否达到要求；草皮和其他植物或设施的接合是否美观；地形的造型是否符合设计要求，灌溉设施是否符合规范及设计要求。

（2）编制竣工图。竣工图是如实反映施工后园林绿化建设工程现状的图纸，这是工程竣工验收的主要技术文件。园林施工项目在竣工前，应及时组织有关人员进行测定和绘制竣工图，以保证工程档案的完备和满足维修、管理养护、改造或扩建的需要。

竣工图编制的依据：施工中未变更的原施工图、设计变更通知书、工程联系单、施工洽

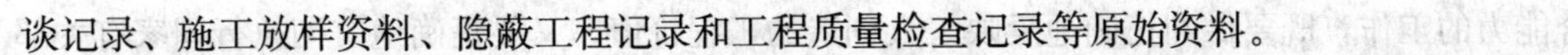

谈记录、施工放样资料、隐蔽工程记录和工程质量检查记录等原始资料。

竣工图编制的要求：

①施工中未发生设计变更，按图施工的施工项目，应由施工单位负责在原施工图纸加盖“竣工图”标志，可作为竣工图使用。

②施工过程中如有一般性的设计变更，即没有较大结构性的或重要管线等方面的设计变更，而且可以在原施工图上进行修改和补充，可不再绘制新图纸的，由施工单位在原施工图纸上注明修改和补充后的实际情况，并附以设计变更通知书、设计变更记录和施工说明。然后加盖“竣工图”标志，亦可作为竣工图使用。

③施工过程中凡有重大变更或全部修改的，如结构形式改变、标高改变、平面布置改变等，不宜在原施工图上进行补充时，应重新实测、绘制竣工图，施工单位负责人在新图上加盖“竣工图”标志，并附上记录和说明作为竣工图。

竣工图必须做到与竣工的工程实际情况完全吻合，不论是原施工图还是新绘制的竣工图，都必须是新图纸，必须保证绘图质量，完全符合技术档案的要求，坚持竣工图的校对、审核制度，重新绘制的竣工图，一定要经过施工单位技术负责人的审核签字。

（3）*工程与设备的试运转和试验的准备工作*。工程与设备的试运转和试验的准备工作一般包括：安排各种设施、设备的试运转和考核计划；各种游乐设施尤其关系到人身安全的设施，如缆车等的安全运行应是试运行和试验的重点；编制各运转系统的操作规程；对各种设备、电气、仪表和设施做全面的检查和校验；进行电气工程的全面负责试验，管网工程的试水、试压试验，喷泉工程试运行等。

**2. 监理单位的工作**　监理单位应具备完整的监理资料，并对监理的工程质量进行评估，提出工程质量评估报告，经总监理工程师和法人代表审核签名并加盖公章后，提交各参建单位。

**3. 勘察、设计单位的工作**　勘察、设计单位对勘察、设计文件及施工过程中由设计单位签署的设计变更通知书进行检查，并向建设单位提出质量检查报告。质量检查报告应经该项目勘察、设计单位负责人审核签名并加盖公章，提交各参建单位。

**4. 建设单位的工作**　建设单位在组织工程竣工验收前必须按国家有关规定，提请规划、公安消防、环保等部门进行专项验收，取得合格文件或准许使用文件。

工程验收组制定验收方案，并在计划竣工验收 15 个工作日前将验收组成员名单、验收方案连同工程技术资料和工程竣工验收条件审核表提交质监机构检查，质监机构应在 7 个工作日内审查完毕，对不符合验收条件的，发出整改通知书，待整改完毕后，再行验收；对符合验收条件的，可按原计划如期进行验收。

## ◆ 理论知识二　竣工结算

工程竣工结算是指项目或单项工程完成并达到验收标准，取得竣工验收合格签证后，园林施工企业与建设单位（业主）之间办理的工程财务结算。属于中央和地方财政投资的园林建设工程的结算，需经财政主管部门委托的造价中介机构或造价管理部门审查，有的工程还需经过审计部门审计。

**1. 工程竣工结算编制依据**　工程竣工结算的编制是一项政策性较强，反映技术经济综合能力的工作，既要做到正确地反映工人创造的工程价值，又要正确地贯彻执行国家有关部门的各项规定，因此，编制工程竣工结算必须提供如下依据：①施工合同；②中标投标书的报价单；③施工图以及设计变更通知书，施工现场工程变更洽商记录、签证；④有关施工资料；⑤工程竣工验收报告；⑥工程质量保修书；⑦工程预算定额、取费定额以及调价规定；⑧经过批准的施工组织设计；⑨其他有关资料。

**2. 工程竣工结算方式**　竣工验收报告书完成后，承包人应立即在合同规定的时间内向发包人递交工程竣工结算报告以及完整的竣工资料。结算周期与结算方式通常在合同中有明确规定，按照合同条款规定办理结算。如无规定，当年开工、当年竣工的工程，一般实行竣工后一次结算；跨年度工程可分阶段结算；工程实行总承包的，总包人统一向分包人按照合同办理结算。合同竣工结算方式通常有以下几种：

（1）“固定总价”合同结算方式。这种合同的结算价以固定总价为依据，如果施工期间的施工任务没有增减，则按照合同价执行，如果有增减则需要做出调整。结算价分为合同价与变更增减调整部分。

①合同价。经过建设单位、园林施工企业、招投标主管部门对标底和投标报价进行综合评定后确定的中标价，以固定总价的合同形式确定的标的价。

②变更增减调整。

A. 合同以外增加的施工任务而发生的结算增加部分。结算时其单价的计算方法按照合同的规定执行；如合同中无明确规定，则可按照当地的定额执行。

B. 合同内的施工任务减少，则按照合同价执行，或者按照调价条款调增清单子目的单价计算。

（2）“固定单价”合同结算方式。

①按照合同单价结算。这种结算方式一般是大型园林绿化建设工程竣工后，以投标时的单价作为结算依据，工程量则按照实际发生的施工工程量结算。

②变更增减调整。

A. 投标价中没有的子目，结算价按照合同规定执行，或按照定额执行。

B. 工程量减少过多，达到调价条款规定的，结算单价按照调价后的执行。

（3）“成本＋酬金”合同结算方式。这种方式一般是，业主提供所有建设施工所需要的材料、设备、构配件等，施工单位按照合同规定计算酬金部分。

**3. 结算的编制要求**

（1）编制原则。

①以单位工程或合同约定的专业项目为基础，对原报价单的主要内容进行检查核对；

②对漏算、多算、误算及时进行调整；

③汇总单位工程结算编制单项工程综合结算书；

④汇总综合结算书编制建设项目总结算书；

⑤按照合同的调价内容对工程结算进行调价处理。

（2）编制步骤。

①逐项核对工程结算书，检查设计变更签证，核对工程数量，检查计价水平是否合理。

②项目经理部编制的工程结算报告要经过企业主管部门审定后，加盖公章，在竣工验收报告认可后，在规定的期限内送发包人审查。

③项目经理部按照“项目管理责任书”的规定配合企业主管部门及时办理竣工结算手续。

④竣工报告及竣工结算资料应作为竣工资料及时归档保存。

⑤竣工结算要预防价格和支付风险，利用合同、保险和担保等手段防止拖欠工程款。

## ◆ 理论知识三　园林建设工程竣工验收

**1. 园林绿化建设工程竣工验收的依据**

(1) 建设方面的法律、行政法规、地方法规、部门规章。

(2) 工程所在地建设行政主管部门、行业行政主管部门发布的规范性文件。园林绿化工程质量标准、技术规范。

(3) 经审查批准的工程设计（含设计变更）、概（预）算文件。

(4) 竣工图纸和说明、设备技术说明书、图纸会审记录、设计变更签证和技术核定单。

(5) 有关施工记录及工程所用材料、构建、设备质量合格文件及检验报告单。

(6) 招投标文件和工程合同。

(7) 承接施工单位提供的有关质量保修书等文件。

(8) 国家颁布的有关竣工验收的文件。

**2. 竣工验收的标准**　园林绿化建设项目涉及多种门类、多种专业，要求的标准各异，其艺术性较强，故很难形成国家统一标准，因此对工程项目或一个单位工程的竣工验收，可采取分解成若干部分，再选用相应或相近工种的标准进行。一般园林绿化建设工程要分解为园林建筑工程、园林工程和绿化工程三个部分，但在实践操作中往往把它简单分为土建工程与绿化工程两部分。

(1) 土建的验收标准。凡园林绿化建设工程的游憩、服务设施及娱乐设施等建筑应按照设计图纸、技术说明书、验收规范及建筑工程质量检验评定标准验收，并应符合合同所规定的工程内容及合格的工程质量标准，不论是游憩建筑还是娱乐、生活设施建设，不仅建筑物室内工程要全部完工，而且室外工程的明沟、踏步斜道、散水以及应平整建筑物周围场地，都要清除障碍物，并达到水通、电通、道路通。

(2) 绿化工程的验收标准。施工项目内容、技术质量要求及验收规范和质量应达到设计要求、验收标准的规定及各工序质量的合格要求，如园林植物的成活率和品种、数量，园林植物配置方式，草坪铺设的质量等。

**3. 园林绿化工程竣工验收的必备条件**

①完成工程设计和合同约定的各项内容。

②工程竣工验收申请表。

③工程质量评估报告。

④勘察、设计文件质量检查报告。

⑤完整的技术档案和施工管理资料。

⑥建设单位已按合同约定支付工程款。

⑦施工单位签署的工程质量保修书。

⑧规划部门出具的规划验收合格证。

⑨公安消防、环保部门分别出具的认可文件或者准许使用文件。

⑩建设行政主管部门、行业行政主管部门及其委托的工程质量监督机构等有关部门责令整改的问题全部整改完毕。

**4. 竣工验收备案**　竣工验收备案是指工程竣工验收后，建设单位向工程所在地的县级以上地方人民政府建设行政主管部门（以下称“备案机关”）报送国家规定的有关文件，接受监督检查并取得备案机关收讫确认。竣工验收备案是一种程序性的备案检查制度，是对建设工程参与各方质量行为进行规范化、制度化约束的强制性控制手段，竣工验收备案不免除参建各方的质量责任。建设单位应当自工程竣工验收之日起15个工作日内，向备案机关办理备案手续。

单位工程质量验收合格后，建设单位应在规定时间内将工程竣工验收报告和有关文件，报建设行政管理部门备案。竣工验收报告的内容主要包括：工程概况，建设单位执行基本建设程序情况，对工程勘察、设计、施工、监理等方面的评价，工程竣工验收时间、程序、内容和组织形式，工程竣工验收意见等内容。

（1）建设单位向备案机关提交的备案文件包括以下内容：①工程竣工验收备案表；②竣工验收报告；③施工许可证；④施工图设计文件审查意见；⑤工程竣工验收申请表；⑥工程质量评估报告；⑦勘察、设计质量检查报告；⑧规划部门出具的规划验收合格证；⑨公安、消防、环保部门分别出具的认可文件或者准许使用文件；⑩施工单位签署的工程质量保修书；⑪验收组成员签署的工程竣工验收意见书；⑫法规、规章规定的其他有关文件。

（2）竣工验收备案程序。

①建设单位向备案机关领取工程竣工验收备案表。

②建设单位持有由建设、勘察、设计、施工、监理单位负责人、项目负责人签名并加盖单位公章的工程竣工验收备案表一式四份及其他备案文件一并向备案机关申报备案。

③备案机关在收齐、验证备案文件后，根据工程质量监督报告及检查情况，15个工作日内在工程竣工验收备案表上签署备案意见。工程竣工验收备案表由建设单位、城建档案部门、质量监督机构和备案机关各存一份。

**5. 竣工验收的监督管理**

（1）国务院建设行政主管部门负责全国工程竣工验收的监督管理工作。

（2）县级以上地方人民政府建设行政主管部门负责本行政区域内工程竣工验收的监督管理工作。

（3）县级以上地方人民政府建设行政主管部门应当委托工程质量监督机构对工程竣工验收实施监督。工程质量监督机构对工程竣工验收的有关资料、组织形式、验收程序、执行验收标准等情况实施现场监督。发现工程竣工验收有违反国家法律、法规和强制性技术标准行为或工程存在影响结构安全和严重影响使用功能隐患的，责令整改，并将对工程竣工验收的监督情况作为工程质量监督报告的主要内容。工程质量监督机构应当在工程竣工验收之日起5个工作日内，向备案机关提交工程质量监督报告。

**6. 回访、养护及保修、保活**　园林绿化建设工程项目交付使用后，在一定期限内施工单位应与建设单位进行回访，对该项目工程的相关内容实行养护管理和维修。对由于施工责任造成的使用故障应由施工单位负责修理，直至达到能正常使用为止。

回访、养护及维修，体现了承包者对工程项目负责的态度和优质服务的作风。通过回访听取用户意见与建议，提高服务质量，改进服务方式。在回访、养护及保修的同时，进一步发现施工中的薄弱环节，以便总结经验、提高施工技术质量管理水平。

（1）回访的组织与安排。回访要纳入施工企业或项目经理部的工作计划、服务控制程序和质量体系文件，并编制回访工作计划。回访工作计划应包括以下工作内容：主管回访保修业务的部门；回访保修执行单位；回访对象及工程名称；回访时间安排和主要内容；回访工程的保修期限。

在项目经理领导下，由生产、技术、质量及有关方面人员组成回访小组，必要时，邀请科研人员参加。回访时，由建设单位组织座谈会，听取各方面的使用意见，认真记录存在的问题并查看现场，落实情况，写出回访记录，全部回访结束后，应编写“回访服务报告”。主管部门依据回访记录对回访服务的实际效果进行验证。通常采用下面3种方式进行回访。

①季节性回访。一般是雨季回访屋面、墙面的防水情况，自然地面、铺装地面的排水组织情况，植物的生长情况；冬季回访植物材料的防寒措施搭建效果，池壁驳岸工程有无冻裂现象等。

②技术性回访。主要了解园林施工中所采用的新材料、新技术、新工艺、新设备的技术性能和使用后的效果；新引进的植物材料的生长状况等。

③保修期满前的回访。主要是保修期将结束，提醒建设单位注意各设计的维护、使用和管理，并对遗留问题进行处理。

④绿化工程的日常管理养护。保修期内对植物材料的浇水、修剪、施肥、打药、除虫、搭建风障、间苗、补植等日常养护工作，应按施工规范，经常性地进行。

（2）保修、保活的范围和时间。保修、保活范围。一般来讲，凡是园林施工单位的责任或者由于施工质量不良而造成的问题，都应该实行保修。

养护、保修、保活时间。自竣工验收完毕次日起，绿化工程一般为一年。由于竣工当时不一定能看出栽植的植物材料的成活，需要经过一个完整的生长周期考验，因而一年是最短的期限。土建工程和水、电、卫生、通风等工程，一般保修期为1年，采暖工程为一个采暖期。保修期长短也可依据承包合同为准。

园林绿化建设工程一般比较复杂，修理项目往往由多种原因造成，所以，经济责任必须根据修理项目的性质、内容和修理原因诸多因素，由建设单位、施工单位和监理工程师共同协商处理。经济责任一般分为以下几种：

①养护、修剪项目确实由于施工单位施工责任或施工质量不良遗留的隐患，应由施工单位承担全部检修费用。

②养护、修理项目是由建设单位和施工单位双方的责任造成的，双方应实事求是地共同商定各自承担的修理费用。

③养护、修理项目是由于建设单位的设备、材料、成品、半成品等不良原因造成的，应由建设单位承担全部修理费用。

④养护、修理项目是由于用户管理使用不当，造成建筑物、构筑物等功能不良或苗木损伤死亡时，应由建设单位承担全部修理费用。

⑤养护、修理项目是由于设计造成的质量缺陷，应由设计人承担经济责任。

（3）养护、保修、保活期施工企业的管理工作。

①定期检查。当园林建设项目投入使用后，项目经理部派出专门人员进行检查与巡查。

开始时的检查频率可高一些，如3个月后未发现异常情况，则可每3个月检查1次，如有异常情况出现时则缩短检查的间隔时间。但绿化工程的巡视工作必须每天坚持进行，特别是当经受暴雨、台风、地震、严寒来临前，应做好防护措施；之后，应及时赶赴现场进行观察和检查。

②绿化日常管理工作。绿化的日常管理工作主要抓住的管理环节有：水分管理、施肥、病虫害防治、补种，以及异常气候的防御。

③保修管理。按照合同规定，及时进行责任保修。

## 复习题

1. 正式竣工验收由谁组织？参加单位有哪些？
2. 简述园林工程竣工验收程序。
3. 竣工图编制的要求是什么？
4. 竣工结算编制依据有哪些？合同竣工结算方式通常有几种？
5. 园林绿化建设工程竣工验收的依据有哪些？
6. 园林绿化工程竣工验收的必备条件有哪些？
7. 园林绿化工程竣工验收备案文件包括哪些基本内容？
8. 简述竣工验收备案程序。

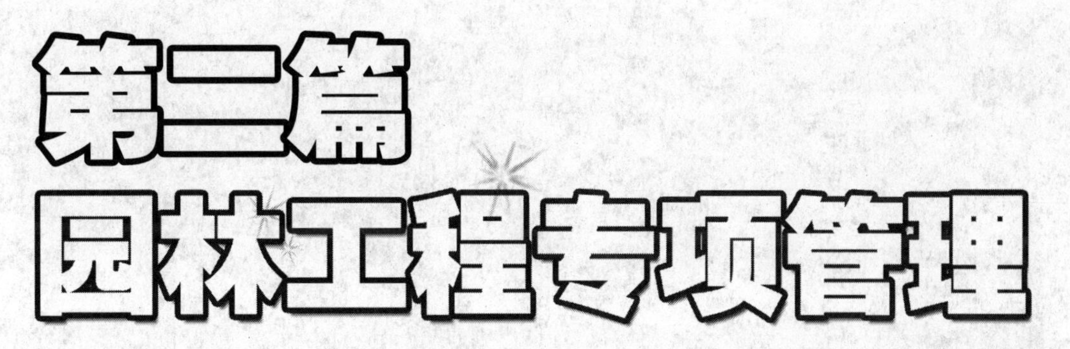

# 第二篇
# 园林工程专项管理

YUANLIN GONGCHENG ZHUANXIANG GUANLI

# 项目五

## 成本控制

施工项目成本控制是项目经理部在项目施工的全过程中，为控制人工、材料、机械和其他费用支出，降低工程成本，达到预期的项目成本目标，所进行的成本预测、计划、实施、检查、核算、分析、考评等一系列活动（表5-1）。

**表5-1　施工项目成本控制工作内容**

| 项目施工阶段 | 内　容 |
| --- | --- |
| 投标承包阶段 | 对项目工程成本进行预测、决策<br>中标后组建与项目规模相适应的项目经理部，以减少管理费用<br>园林施工企业以承包合同价格为依据，向项目经理部下达成本目标 |
| 施工准备阶段 | 审核图纸，选择经济合理、切实可行的施工方案<br>制订降低成本的技术组织措施<br>项目经理部确定自己的项目成本目标并进行目标分解<br>反复测算平衡后编制正式施工项目计划成本 |
| 施工阶段 | 制订落实检查各部门、各级成本责任制<br>执行检查成本计划，控制成本费用<br>加强材料、机械管理，保证质量，杜绝浪费<br>搞好合同索赔工作，避免经济损失<br>加强经常性的分部分项工程成本核算分析以及月度（季、年度）成本核算分析，及时反馈，以纠正成本的不利偏差 |
| 竣工阶段<br>保修期间 | 尽量缩短收尾工作时间，合理精简人员<br>及时办理工程结算，不得遗漏<br>控制竣工验收费用<br>控制保修期费用<br>总结成本控制经验 |

### 教学目标

1. 掌握成本预测的方法；
2. 掌握成本控制的特点、内容、程序、范围和职责；
3. 掌握成本的构成和分类。

**技能目标**

1. 能进行成本预测；
2. 能进行质量成本分析和控制。

# 模块一　成本预测

成本预测是指通过取得的历史数字资料，采用经验总结、统计分析及数学模型的方法对成本进行判断和推测，通过园林绿化施工项目成本预测，可以为园林施工企业经营决策和项目管理部编制成本计划等提供数据，是实行园林施工项目科学管理的一项重要工具。

## ◆ 工作任务一　专家会议法成本预测

**1. 任务分析**　某园林绿化公司承接上海外滩绿化工程，建设内容有花架、地坪、挡土墙、栏杆等建筑工程，也有土方、绿化种植工程。绿化面积 10 000m²，工期为 3 个月。公司在施工前进行工程成本预测。

**2. 实践操作**　该公司召开本公司七位专业人员参加预测会议，预测工程成本，各位专业人员的意见每平方米造价分别为 52 元、55 元、58 元、60 元、65 元、70 元、78 元。

由于结果相差较大，经反复意见集中在 58 元为 2 人，60 元为 3 人，65 元为 2 人。采用上述方法确定预测成本（$y$）为：

$$y=（58\times2+60\times3+65\times2）/7=60.86\ 元/m^2$$

## ◆ 工作任务二　一元线性回归法成本预测

**1. 任务分析**　某园林绿化施工企业投标承建 5 000m² 绿化工程，在投标前公司将对该施工项目进行成本预测（表 5－2）。

**表 5－2　历年资料**

| 年度 | 施工面积 $x$（m²） | 单位成本 $y$（元） | 总成本 $Y$（元） |
|---|---|---|---|
| 1994 | 2 000 | 15 | 30 000 |
| 1995 | 4 000 | 18 | 72 000 |
| 1996 | 7 000 | 22 | 154 000 |
| 1997 | 3 000 | 20 | 60 000 |
| 1998 | 6 000 | 30 | 180 000 |

**2. 实践操作**　用一元线性回归法预测成本。一元线性回归法用于物价波动不大时期内的成本预测，对于价格波动较大的，要进行价格口径换算，其基本公式是

$$Y=a+bx$$

式中 $Y$——施工项目总成本；

$x$——施工项目建筑面积；

$a$、$b$——回归系数。

对上述施工面积和成本数据加工，整理出资料。根据整理的资料计算 a 值、b 值（表 5-3）。

表 5-3 整理资料

| 年度 | 施工面积 $x$（$m^2$） | 总成本 $Y$（元） | $xy$（元） | $x^2$ |
|---|---|---|---|---|
| 1994 | 2 000 | 30 000 | 60 000 000 | 4 000 000 |
| 1995 | 4 000 | 72 000 | 288 000 000 | 16 000 000 |
| 1996 | 7 000 | 154 000 | 1 078 000 000 | 49 000 000 |
| 1997 | 3 000 | 60 000 | 180 000 000 | 9 000 000 |
| 1998 | 6 000 | 180 000 | 1 080 000 000 | 36 000 000 |
| 合计 | 22 000 | 496 000 | 2 686 000 000 | 114 000 000 |

根据公式

$$b=\frac{n\sum xy-\sum x\sum y}{n\sum x^2-\sum (x)^2}$$

$$\frac{5\times 2\ 686\ 000\ 000-22\ 000\times 496\ 000}{5\times 114\ 000\ 000-(22\ 000)^2}=\frac{2\ 518}{86}=29.28$$

$$a=\frac{\sum y-b\sum x}{n}=\frac{496\ 000-29.28\times 22\ 000}{5}=-29\ 632$$

有了 a、$b$ 的值，就可以根据公式 $Y=a+bx$ 来预测该绿化项目的成本额。

$$Y=-29\ 632+29.28\times 5\ 000m^2=116\ 768\text{元}$$

$$y=116\ 768/5\ 000m^2=23.26\text{元}/m^2$$

## ◆工作任务三 量本利分析法成本预测

**1. 任务分析** 某园林工程队，施工项目固定成本（$C_1$）=30 000 元，施工项目单位平方米变动成本（$C_2$）=20 元/$m^2$，施工项目单位平方米造价（$P$）=40 元/$m^2$，求保本面积及保本合同价。

**2. 实践操作** 根据公式

$$Y=PS$$

保本面积：$S_0=C_1/(P-C_2)=30\ 000/(40-20)=1\ 500m^2$

保本合同价：$Y_0=P\times C_1/(P-C_2)=40\times 30\ 000/(40-20)=60\ 000$ 元

根据计算得出，施工队在承接项目中的施工面积应大于 1 500$m^2$，合同价不能低于 60 000元，否则不宜承接，如果承接就会亏本。

## ◆理论知识一 成本预测作用、步骤和方法

**1. 园林建设工程成本预测的作用**

（1）投标决策的依据。首先要对成本进行预测，通过预测以了解工程成本情况和盈亏情况，然后作出是否投标的决策。

（2）编制成本计划的基础。对施工项目成本作出科学预测，才能保证施工项目成本计划不脱离实际，切实起到控制施工项目成本的作用。

（3）成本管理的重要环节。因为通过成本预测，有利于及时发现问题，找出施工项目成本管理中的薄弱环节以及采取措施，控制成本。

**2. 成本预测步骤**

（1）制订预测计划。制订预测计划是预测工作顺利进行的保证。预测计划的内容主要包括：组织领导及工作布置，配合的部门，时间进度，搜集材料范围等。如果在预测过程中发现新情况或发现计划有缺陷，则可修订预测计划，以保证预测工作顺利进行并获得较好的预测质量。

（2）搜集和整理预测资料。根据预测计划，搜集预测资料是进行预测的重要条件。预测资料一般有纵向和横向两方面数据：纵向资料是施工单位各类材料的消耗及价格的历史数据，据此分析其发展趋势；横向资料是指同类施工项目的成本资料，据此分析所预测项目与同类项目的差异，并作出估计。

预测资料的真实与正确，决定预测工作的质量，因此对搜集的资料进行细致的检查和整理是很有必要的。如各项指标的口径、单位、价格等是否一致；核算、汇集的时间资料是否完整，如有残缺，应采用估算、换算、查阅等方法进行补充；有无可比性或重复的资料，要去伪存真，进行筛选，以保证预测资料的完整性、连续性和真实性。

（3）选择预测方法。预测方法一般分为定性和定量两类。定性方法有专家会议法、主观概率法和特尔菲法等，主要是根据各方面的信息、情报或意见，进行推断预测；定量方法主要有移动平均法、指数平滑法和回归分析法等。

（4）成本初步预测。主要是根据定性预测的方法及一些横向成本资料的定量预测，对施工项目成本进行初步估计。这一步的结果往往比较粗糙，需要结合现在的成本水平进行修正，才能保证预测成本结果的质量。

（5）影响成本水平的因素预测。影响工程成本水平因素主要有：物价变化，劳动生产率，物料消耗指标，项目管理办公费用开支等。可根据近期内其他工程实施情况、本企业职工及当地分包企业情况、市场行情等，推测未来哪些因素会对本施工项目的成本水平产生影响及其结果如何。

（6）成本预测。根据初步的成本预测以及对成本水平变化因素预测结果，确定该施工项目的成本情况，包括人工费、材料费、机械使用费和其他直接费等。

（7）分析预测误差。成本预测是对施工项目实施之前的成本预计和推断，这往往与实施过程中及其后的实际成本有出入，而产生预测误差。预测误差大小，反映预测的准确程度，如果误差较大，就分析产生误差的原因，并积累经验。

**3. 成本预测方法**

（1）定性预测方法。定性预测是根据已掌握的信息资料和直观材料，依靠具有丰富经验

的内行和专家，运用主观经验，对施工项目的消耗、市场行情及成本等，做出性质上和程度上的推断和估计，然后把各方面的意见进行综合，作为预测成本变化的主要依据。

①专家会议法。专家会议法又称为集合意见法，是将有关人员集中起来，针对预测对象，交换意见，预测工程成本。参加会议人员一般选择具有丰富经验，对经营和管理熟悉，并有一定专长的各方面专家。这个方法避免依靠个人的经验进行预测而产生的片面性。采用专家会议法进行预测，预测经常出现较大差异，在这种情况下，一般采用预测值的平均值或加权平均值作为预测结果。

②专家调查法（特尔菲法）。首先草拟调查提纲，提供背景资料，广泛征询不同专家预测意见，最后再汇总调查结果。对于调查结果，要整理出书面意见和报表，这种方法具有匿名性，费用不高，节省时间。采用特尔菲法要比一个专家的判断预测或一组专家开会讨论得出的预测结果准确一些，一般用于较长期的预测。

(2) 定量预测方法。定量预测也称统计预测，它是根据已掌握的比较完备的历史统计数据，运用一定的数学方法进行科学的加工整理，借以揭示有关变量之间的规律性联系，是用于预测和推测未来发展变化情况的一类预测方法。

定量预测的优点是：偏重于数量方面的分析，重视预测对象的变化程度，能做出变化程度在数量上的准确描述；将历史统计数据和客观实际资料作为预测的依据，运用数学方法进行处理分析，受主观因素的影响较少；利用现代化的计算方法，进行大量计算工作和数据处理，求出适应工作进展的最佳数据曲线。缺点是比较机械，不易灵活掌握，对信息资料质量要求较高。

①一元线性回归法。一元线性回归法用于物价波动不大时期内的成本预测，对于价格波动较大的，要进行价格换算，其基本公式是

$$Y=a+bx$$

式中　$Y$——施工项目总成本；

$x$——施工项目建筑面积；

$a$、$b$——回归系数。

②量本利分析法。量本利分析，全称为产量成本利润分析，用于研究价格、单位变动成本和固定成本总额等因素之间的关系，这是一个简单而适用的管理技术，用于施工项目成本管理中，可以分析项目的合同价格、工程量、单位成本及总成本相互关系，为工程决策阶段提供依据。量本利分析法的基本公式是

$$Y=PS$$

$$S_0=C_1/(P-C_2)$$

$$Y_0=P\times C_1/(P-C_2)$$

式中　$S$——施工项目的建筑面积（或体积）；

$S_0$——施工项目保本的建筑面积（或体积）；

$Y$——施工项目合同总价；

$Y_0$——施工项目保本合同价；

$C_1$——施工项目的固定成本；

$C_2$——施工项目的单位平方变动成本；

$P$——施工项目合同单位平方造价。

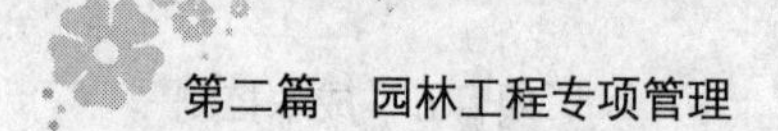


量本利分析的因素特征：

A. 量。施工项目成本管理中量本利分析的量不是一般意义上单件工业产品的生产数量或销售数量，而是指一个施工项目的建筑面积或建筑体积（以 $S$ 表示）。对于特定的施工项目，其生产量即是销售量，且固定不变。

B. 成本。量本利分析是在成本划分为固定成本和变动成本的基础上发展起来的，所以进行量本利分析首先应从成本形态入手，即把成本按其产销量的关系分解为固定成本和变动成本。在施工项目成本管理中，就是把成本按是否随工程规模大小而变化划分为固定成本（以 $C_1$ 表示）和变动成本（以 $C_2$ 表示，这里指单位平方建筑面积变动成本）。但是，由于变动成本变化幅度较大，而且历史资料的计算口径不同，确定 $C_1$ 和 $C_2$ 往往很困难。一个简便而适用的方法，是建立以 $S$ 为自变量，$C$（总成本）为因变量的回归方程（$C=C_1+C_2S$）。通过历史工程成本数据资料（以计算期价格指数为基础）计算回归系数 $C_1$ 和 $C_2$。

C. 价格。不同的工程项目其单位平方价格是不相同的，但在相同的施工期间内，同结构类型项目的单位平方价格是基本接近的。某种结构类型项目的单方价格可按实际历史数据资料计算并按物价上涨指数修正，或者和计算成本一样建立回归方程求解。

## ◆ 理论知识二　成本计划

园林绿化施工项目的目标成本计划工作，主要是由项目经理在成本预测的基础上进行的。目标成本计划编制的关键问题是确定目标成本，即明确成本管理所要达到的目标。在实际工作中，成本目标通常以项目成本总降低额和降低率来定量地表示。目标成本的计算方法有定额估算法、施工预算法、成本习性法等。

**1. 定额估算法**

(1) 根据已有的投标、预算资料确定中标合同价与施工图预算的总价格差。

(2) 根据技术组织措施计划确定技术组织措施带来的项目节约数。

(3) 对施工预算未能包括的项目，参照定额加以估算。

(4) 对实际成本可能明显超出或低于定额的主要子项，按实际支出水平估算出其实际与定额水平之差。

(5) 充分考虑不可预见因素，工期制约因素以及风险因素，市场价格波动因素加以试算调整，得出一个综合影响系数。

目标成本降低额＝[(1)＋(2)－(3)±(4)]×[1＋(5)]；

目标成本降低率＝目标成本降低额/项目的预算成本×100％。

**2. 施工预算法**　施工预算法，是指主要以施工图中的工程实物量，套以施工工料消耗定额，计算工料消耗量，并进行工料汇总，然后统一以货币形式反映其施工生产消耗水平，以施工工料消耗定额所计算施工消耗水平，基本是1个不变的常数。1个施工项目要实现较高的经济效益（即提高降低成本水平），就必须在这个常数基础上采取技术节约措施，来达到目标成本水平。因此，采用施工预算法编制成本计划时，必须考虑结合技术节约措施，以进一步降低施工生产耗费水平。用公式表示为：

计划成本（目标成本）＝施工预算施工生产耗费水平（工料消耗费用）－技术节约措施

(计划节约额)

**3. 成本习性法**　成本习性法，是固定成本和变动成本在编制成本计划中的应用，主要按照成本习性，将成本分成固定成本和变动成本两类，以此作为计划成本。具体划分可采用费用分解法。

(1) 材料费。与产量有直接联系，属于变动成本。

(2) 人工费。在计时工资形式下，生产工人工资属于固定成本。如果采用计件超额工资形式，其计件工资部分属于变动成本。奖金、效益工资和浮动工资部分，也应计入变动成本。

(3) 机械使用费。其中有些费用随产量增减而变动，如燃料、动力费，属变动成本。有些费用不随产量变动，如机械折旧费、大修理费、机修工、操作工的工资等，属于固定成本。另外还有机械的场外运输费和机械组装拆卸、替换配件、润滑擦拭等经常修理费，由于不直接用于生产，也不随产量增减成正比例变动，而是在生产能力得到充分利用，产量增长时，所分摊的费用就要少些，在产量下降时，所分摊的费用就要大一些，所以这部分费用为介于固定成本和变动成本之间的半变动成本，可按一定比例划归固定成本与变动成本。

(4) 其他直接费。水、电、汽等费用以及现场发生的材料二次搬运费，死亡材料补植费属于变动成本。

(5) 施工管理费。其中大部分在一定产量范围内与产量的增减没有直接关系，如工作人员工资、生产工人辅助工资、工资附加费、办公费、差旅费、固定资产使用费、职工教育费、上级管理费等基本上属于固定成本。检验试验费、外单位管理费与产量增减有直接联系，则属于变动成本范围。此外，劳动保护费中的劳保服装费、防寒用品费，劳动部门都有规定的使用标准和使用年限，基本上属于固定成本范围。技术安全措施、保健费，大部分与产量有关，属于变动成本范围。工具用具使用费中，行政使用的家具属固定成本，工人领用工具，按规定使用年限，定期以旧换新属于固定成本。

在成本按习性划分为固定成本和变动成本后，可用下列公式计算项目计划成本：

施工项目计划成本＝施工项目变动成本总额＋施工项目固定成本总额

## 模块二　成本分析

施工项目的成本分析，是指对项目成本的形成过程和影响成本升降的因素进行分析，以求进一步降低成本的途径。通过成本分析，可从账簿、报表反映的成本现象看清成本的实质，从而增强项目成本的透明度和可控性，为加强成本控制，实现项目成本目标创造条件。因此，施工项目成本分析，也是降低成本，提高项目经济效益的重要手段之一。

### ◆ 工作任务一　质量成本分析

**1. 任务分析**　某园林绿化工程项目××年上半年完成预算 50 万元，发生实际成本 47 万元。质量成本 14 684 元。在质量成本分析的基础上，进行质量成本控制。控制质量成本，首先要从质量成本核算开始，而后是质量成本分析和质量成本控制。

（1）质量成本核算。将施工过程中发生的质量成本费用，按照预防成本、鉴定成本、内部故障成本和外部故障成本的明细科目归类，然后计算各个时期各项质量成本的发生情况。质量成本的明细科目，可根据实际支付的具体内容来确定。

预防成本下设置：质量管理工作费、质量情报费、质量培训费、质量技术宣传费、质量管理活动费等子目；

鉴定成本下设置：材料检验试验费、工序监测和计量费、质量评审活动费等子目；

内部故障成本下设置：返工损失、返修损失、停工损失、质量过剩损失、技术超前支出和事故分析处理等子目；

外部故障成本下设置：保修费、赔偿费、诉讼费和因违反环境保护法而发生的罚款子目。

（2）质量成本分析。根据质量成本核算的资料进行归纳、比较和分析。包括四个内容：质量成本总额的构成内容分析；质量成本总额的构成比例分析；质量成本各要素之间的比例关系分析；质量成本占预算成本的分析。

**2. 实践操作**　某园林绿化工程项目质量成本分析（表5-4）。

**表5-4　质量成本分析**

| 质量成本项目 | | 金额（元） | 质量成本率（%） | | 对比分析（%） |
|---|---|---|---|---|---|
| | | | 占本项 | 占总额 | |
| 预防成本 | 质量管理工作费 | 138.5 | 10.40 | 0.95 | 预算成本500 000元<br>实际成本470 000元<br>降低成本30 000元<br>成本降低率6% |
| | 质量情报费 | 85.6 | 6.43 | 0.58 | |
| | 质量培训费 | 187.5 | 14.08 | 1.28 | |
| | 质量技术宣传费 | — | — | — | |
| | 质量管理活动费 | 919.8 | 69.09 | 6.25 | |
| | 小　计 | 1 331.4 | 100 | 9.06 | |
| 鉴定成本 | 材料检验费计 | 115 | 12.78 | 0.78 | |
| | 工序质量检查费 | 785 | 87.22 | 5.35 | |
| | 小　计 | 900 | 100 | 6.13 | |
| 内部故障成本 | 返工损失 | 5 382 | 49.79 | 36.65 | |
| | 返修损失 | 2 800 | 25.91 | 19.07 | |
| | 事故分析处理费 | 195.6 | 1.81 | 1.33 | |
| | 停工损失 | 248.8 | 2.30 | 1.69 | |
| | 质量过剩损失 | 2 182 | 20.19 | 14.86 | |
| | 技术超前支出费 | — | | | |
| | 小　计 | 10 808.4 | 100 | 73.6 | |
| 外部故障成本 | 回访修理部 | 443 | 26.95 | 3.02 | |
| | 劣质材料支出费 | 1 201 | 73.05 | 8.18 | |
| | 小　计 | 1 644 | 100 | 11.2 | |
| 质量成本支出总额 | | 14 683.8 | 100 | 100 | |

从上述分析资料看，质量成本总额（14 683.8）占预算成本（500 000）2.94%，比一般工程高，特别是内部故障成本（10 808.4）的比例（占预算成本2.16%，占质量成本总额73.6%）更为突出。但是，预防成本（1 331.4）只占预算成本0.27%，占质量成本总额也只有9.07%，说明在质量管理上没有采取有效的预防措施，以致返工损失、返修损失以及由此而发生的停工损失明显增加。

根据以上分析，对影响质量较大的关键因素，采取有效措施进行质量成本控制（表5-5）。

**表5-5 质量成本控制措施**

| 关键因素 | 措 施 | 检查人 |
| --- | --- | --- |
| 降低返工、停工损失，将其控制在占预算成本的1%内 | (1) 对每道工序事先进行技术质量交底<br>(2) 加强班组技术培训<br>(3) 设置班组质量干事，把好第一关<br>(4) 设置施工队技监点，负责对每道工序进行质量复检和验收<br>(5) 建立严格的质量奖罚制度，调动班组积极性 | |
| 减少质量支出 | (1) 施工人员要严格掌握定额标准，力求在保证质量的前提下，使人工和材料消耗不超过定额水平<br>(2) 施工人员和材料员要根据设计要求和质量标准，合理使用人工和材料。 | |
| 健全材料验收制度，控制劣质材料和额外支出 | (1) 材料员在对现场绿化材料进行验收发现有病虫害，或规格不符合要求时要拒收、退货，并向供应单位索赔<br>(2) 根据材料质量不同，合理加以利用以减少损失 | |
| 增加预防成本，强化质量意识 | (1) 建立从班组到施工队的质量攻关小组<br>(2) 定期进行质量培训<br>(3) 合理地增加质量奖励，调动职工积极性 | |

## ◆ 工作任务二 技术成本分析

**1. 任务分析** 某土方工程，原准备用挖土机挖土，汽车运输，推土机配合卸土，工期10d，工程成本6 351元。通过研究，经理部认为除上述方法外，还可用另外几种方案，需要通过分析选择一种合适的施工方案。

**2. 实践操作** 经五种方案分析比较，为了既经济又确保工地安全，建议采用第五种方案。该方案比原方案缩短工期3d，降低成本2 628元（6 351－3 723）（表5-6）。

**表5-6 土方工程五种方案的比较**

| 施工方案 | 施工方法 | 施工机械 | 工程量（m²） | 主要施工方法 | 台班产量（m²） | 工期（d） | 工程造价（元） | 施工方案的优点和缺点 |
| --- | --- | --- | --- | --- | --- | --- | --- | --- |
| 原方案 | 挖铲 | 挖土机1台，汽车4辆，推土机 | 4 376 | 挖土机挖土装汽车，推土机配合卸土 | 437.5 | 10 | 6 531 | 1. 质量安全较有把握<br>2. 常规管理比较省事<br>3. 土方外运增加造价，回填时运距远、费用大 |

（续）

| 施工方案 | 施工方法 | 施工机械 | 工程量（$m^2$） | 主要施工方法 | 台班产量（$m^2$） | 工期（d） | 工程造价（元） | 施工方案的优点和缺点 |
|---|---|---|---|---|---|---|---|---|
| 方案二 | 甩土 | 挖土机1台<br>推土机2台 | 4 376 | 挖土机挖甩，推土机配合将土推至存土场 | 397.82 | 11 | 3 200 | 1. 经济省钱<br>2. 现场乱，推土配合困难，现场堆不下全部土方<br>3. 不能保证施工安全 |
| 方案三 | 挖运及甩土 | 挖土机1台<br>推土机2台<br>汽车3辆 | 4 376 | 挖运和甩土相结合，淘边用边甩，推土机配合 | 486.22 | 9 | 4 200 | 1. 质量较好<br>2. 仍有土方外运，造价较高 |
| 方案四 | 推土 | 推土机2台 | 4 376 | 使用推土机推土 | 243.11 | 18 | 3 799 | 1. 放坡较大，破坏了基槽的边坡<br>2. 效率低，工期长，死角多 |
| 方案五 | 推土 | 铲运机2台（双绞盘的可推土又可拉） | 4376 | 推土机开坡边配合，用铲运机将土运出基槽存放 | 625.14 | 7 | 3 723 | 1. 造价低<br>2. 充分利用场地推土<br>3. 槽底平整，边坡好，工程质量高 |

## ◆ 理论知识一　成本分析内容和方法

**1. 成本分析的内容**　成本分析应从生产经营服务的角度出发，施工项目成本分析的内容应与核算对象的划分同步。如果一个施工项目包括若干个单位工程，并以单位工程为成本核算对象，就应对单位工程进行成本分析，与此同时，还要在单位工程成本分析的基础上，进行施工项目的成本分析，施工项目成本分析的内容包括以下3个方面：

（1）随着项目施工的进展而进行的成本分析。①分部分项工程成本分析；②月（季）度成本分析；③年度成本分析；④竣工成本分析。

（2）按成本项目进行的成本分析。①人工费分析；②材料费分析；③机械使用费分析；④其他直接费分析；⑤间接成本分析。

（3）针对特定问题和与成本有关事项的分析。①成本盈亏异常分析；②工期成本分析；③资金成本分析；④技术组织措施节约效果分析；⑤其他有利因素和不利因素对成本影响的分析。

**2. 成本分析方法**

（1）比较法。比较法，又称“指标对比分析法”。就是通过技术经济指标的对比，检查计划的完成情况，分析产生差异的原因，进而挖掘内部潜力的方法。这种方法，具有通俗易懂、简单易行便于掌握的特点，故采用最为广泛。比较分析时，可按以下顺序：

①比项目预算成本、实际成本、降低额、降低率与计划对应项目的增减变动额。

②比分项和总成本降低率与同类工程或企业先进水平的差额。

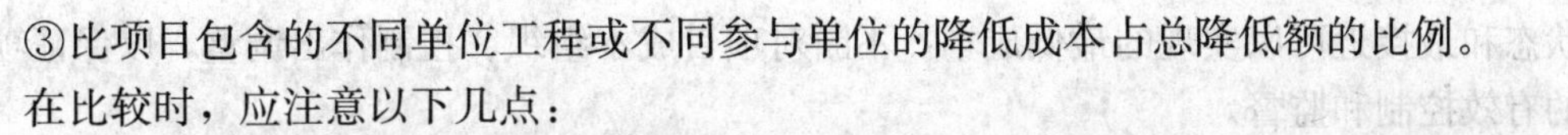

③比项目包含的不同单位工程或不同参与单位的降低成本占总降低额的比例。

在比较时，应注意以下几点：

A. 要坚持可比口径，当客观因素影响到可比性时，应剔除、换算或加以说明。

B. 要对分项成本有关实物量，如材料用量、工日、机械台班等，结合计划或定额用量加以比较。

C. 要注意所依据资料的真实性，防止出现成本虚假升降。在工程进行中分析时，尤其要注意已完工程与未完施工成本的确定。

（2）因素分析法。又称连环替代法。这种方法，可用来分析各种因素对成本形成的影响程度。在进行分析时，首先要假定众多因素中的一个因素发生了变化，而其他因素则不变，然后逐个替换，并分别比较其计算结果，以确定各个因素的变化对成本的影响程度。因素分析法的计算步骤如下：

①确定分析对象（即所分析的技术经济指标），并计算出实际与计划（预算）的不同；

②确定该指标是由哪几个因素组成的，并按其相互关系进行排序；

③以计划（预算）数为基础，将各因素的计划（预算）数相乘，作为分析替代的基数；

④将各个因素的实际数按照上面的排列顺序进行替换计算，并将替换后的实际数保留下来；

⑤将每次替换计算所得的结果，与前一次的计算结果相比较，两者的差异即为该因素对成本的影响程度；

⑥各个因素的影响程度之和，应与分析对象的总差异相等。

必须说明，在应用因素分析法时，各个因素的排列顺序应该固定不变。否则，就会得出不同的计算结果，也会产生不同的结论。

## ◆ 理论知识二　成本控制程序和方法

**1. 成本控制的程序**　施工项目成本控制的程序是指从成本估算开始，编制成本计划，采取降低成本的措施，进行成本控制，直到成本核算与分析为止的一系列管理工作步骤。一般程序如下：施工项目成本估算→投标、承包→施工组织设计及施工预算的编制→成本计划→成本预测→施工安排、资源供应→成本控制→施工→施工原始资料记录整理→成本计算→进度控制→质量控制→成本分析→成本核算→对预算差异分析原因→工程决算预测→改善成本对策。

**2. 园林建设工程成本控制的特点**

（1）园林建设工程的对象是有生命的植物材料，因此每个园林工作者必须掌握有关植物材料的不同栽植季节，植物的生态习性、植物与土壤的相互关系，以及栽植成活的其他相关原理与技术，才能完成园林施工项目。只有提高植物材料的成活率，才能有效控制成本。

（2）园林施工项目成本控制是一个动态管理过程，任何一个工程项目，都有一定的建设周期，由于内外部环境不断变化，造成项目成本也随之变化，例如工期对成本产生的影响，若工期紧急需要加大施工力量的投放，采用一定的赶工措施，如高价进料、高价雇用劳务和租用设备，势必加大成本。进度安排少于必要工期时成本将明显增加，反过来，进度安排时间长于最佳安排时成本也要增加。所以，在计算最低成本时，一定要确定出实际的持续时间分布状态和最接近可以实现的最低成本，不断对项目成本组织、控制作出调整，以保证项目成本的有效控制和监督。

(3) 成本控制的综合性。成本控制是工程项目建设要达到的目标之一，但不是唯一的，成本控制的目标是建立在工程项目达到预定工程功能和工期要求的基础上的。因此，成本目标不是孤立的，它只有与工程项目的功能目标、质量目标、进度目标、效率、工作量要求、消耗资源情况等相结合才有它的价值。

(4) 施工项目成本控制的主体是项目经理部。项目经理部对工程项目从开工到竣工全过程的一次性管理，决定了工程项目的成本。

**3. 成本控制工作人员的职责** 从事园林绿化施工项目成本控制工作人员是项目经理部的成员之一，从投标报价开始，直到工程合同终止的全过程中，在项目经理的领导下，对施工项目成本控制的工作负责，其主要工作职责是：

(1) 确定项目目标成本，为编制标书、确定投标价格提供依据，为中标创造条件。

(2) 参与工程投标，在中标价格的基础上编制施工项目成本计划。

(3) 参与建立施工项目目标成本保证体系，协调项目经理部的各有关人员的关系，互相协作，解决项目目标成本在实施过程中出现的各种问题。

(4) 开展项目目标成本管理活动。使项目成本总目标落到实处，包括目标的分解、提出阶段性目标、目标的检查、目标的考核、目标的控制等。

(5) 向项目经理部各有关部门提供成本控制所需要的成本信息。

(6) 对成本进行预测。按项目经理要求，定期提出项目的成本预测报告，监视项目成本变化情况并及时将影响成本的重大因素向项目经理报告。

(7) 计算出成本超支额，调查引起超支的原因并提出应采取的纠正措施的建议和方法。

(8) 对施工项目的变更情况做出完整的记录，对变更后的设计方案，快速、准确的进行成本估算，并与索赔工程师商定索赔方案。

(9) 对项目经理部各个部门的成本目标进行考核。

**4. 成本控制方法**

(1) *偏差控制法*。在制定出计划成本的基础上，通过采用成本分析方法找出计划成本与实际成本之间的偏差和分析产生偏差的原因与变化发展趋势，进而采取措施以减少或消除不利偏差而实现目标成本的一种科学管理方法。

项目施工中的偏差有 3 种：其一是实际偏差，即项目的预算成本与实际成本之间的差异；其二是计划偏差，即项目的计划成本与预算成本之间的差异；其三是目标偏差，即项目计划成本与实际成本之间的差异。它们的计算公式如下：

实际偏差＝实际成本－预算成本

计划偏差＝预算成本－计划成本

目标偏差＝实际成本－计划成本

施工项目成本控制的目的是尽量减少目标偏差。目标偏差越小，说明控制效果越好。由于目标偏差＝实际偏差＋计划偏差，为此需采取措施减少施工中发生的实际偏差。因为，计划偏差一经制定一般在执行过程中是不再改变的。

偏差控制法的程序如下：

①找出偏差。运用偏差控制法要求在项目施工过程中定期地（每日或每周）不断地寻找

和计算三种偏差，并以目标偏差为主要对象进行控制。通常寻找偏差，可用成本对比方法进行。通过在施工过程中不断记录实际发生的成本费用，然后将记录的实际成本与计划成本进行对比，从而发现目标偏差。

②分析偏差产生的原因。分析成本偏差产生的原因的方法常用的有因素分析法。因素分析法是将成本偏差的原因归纳为几个相互关联的因素，然后用一定的计算方法从数值上测定各种因素对成本产生偏差程度的影响，据此得出偏差产生于何种成本费用。可归纳如下：

项目成本偏差原因
- 直接费用偏差
  - 材料成本偏差＝（实际用量×实际单价）－（标准用量×标准单价）
  - 人工成本偏差＝（实际工作时数×实际工资率）－（标准工作时数×标准工资率）
  - 机械费成本偏差＝（实际台班数－计划台班数）×单价
  - 其他直接费用偏差
- 间接费用偏差

③纠正偏差。在明确成本控制目标，发现成本偏差，并经过成本分析找出产生偏差的原因后，必须针对偏差产生的原因及时采取措施，减少成本偏差，把成本控制在理想的开支范围之内，以保证目标成本的实现。

（2）成本构成控制法。在施工项目的成本控制中，可按施工图预算实行“以收定支”，或者叫“量入为出”，是最有效的方法之一。具体的处理方法如下：

①人工费的控制。假定绿化工程总计人工费为578.5元，用工为50工，平均每工为11.57元，加上每个人工补差和流动津贴为50工×4.9元＝245元，合计人工费为578.5元＋245元＝823.5元，823.5元÷50工＝16.47元/工。在这种情况下，项目经理部与施工队签订劳务合同时应该将人工费单价定在15元/工日以下，或者减少用工从50工减为25工、人工费单价定在30元/工日以下，如此安排，人工费就不会超支。

②材料费的控制。在绿化材料采购上要货比三家，选择质量优、价格合理、运输方便的苗木。如需特殊规格的大苗，可向“定额管理”部门反映，同时争取甲方按实补贴。

③施工机械使用费的控制。机械使用费＝机械耗用量（台班）×定额台班单价。由于园林建设项目施工的特殊性，实际的机械利用率不可能达到预算定额的水平；再加上预算定额所设定的施工机械原值和折旧率又有较大的滞后性，因而施工图预算的机械使用费往往小于实际发生的机械使用费，形成机械使用费超支。

由于上述原因，有些施工项目在取得甲方的谅解后，于工程合同中明确规定一定数额的机械费补贴，或按实际发生的台班数请甲方签证认可，在决算时一并决算，来控制机械费的超支。

# 模块三　成本核算

## ◆ 工作任务　成本核算

### 一、任务分析

施工项目成本核算实行统一领导、分项核算。一般是项目管理班子核算施工项目的工程成本，公司汇总核算企业生产成本。

二、实践操作

**1. 划分成本核算对象**　成本核算对象主要应根据企业生产的特点加以确定，同时还应考虑成本管理上的要求。施工项目不等于成本核算对象。有时一个施工项目包括几个单位工程，需要分别核算。单位工程是编制工程预算，制订施工项目工程成本计划和与建设单位结算工程价款的计算单位。按照分批（订单）法原则，施工项目成本一般应以每一独立编制施工图预算的单位工程为成本核算对象，但也可以按照承包工程项目的规模、工期、结构类型、施工组织和施工现场等情况，结合成本管理要求，灵活划分成本核算对象。一般来说有以下几种划分方法：

（1）一个单位工程由几个施工单位共同施工时，各施工单位都应以同一单位工程为成本核算对象，各自核算自行完成的部分。

（2）规模大、工期长的单位工程，可以将工程划分为若干部位，以分部工程作为成本核算对象。

（3）同一建设项目，由同一施工单位施工，并在同一施工地点，属同一结构类型，开竣工时间相近的若干单位工程，可以合并作为1个成本核算对象。

（4）改建、扩建的零星工程，可以将开竣工时间相接近，属于同一建设项目的各个单位工程合并作为一个成本核算对象。

（5）土石方工程、绿化工程可以根据实际情况和管理需要，以1个单项工程为成本核算对象，或将同一施工地点的若干个工程量较少的单项工程合并作为1个成本核算对象。

成本核算对象确定后，各种经济、技术资料归集必须与此统一，一般不要中途变更，以免造成项目成本核算不实，结算漏账和经济责任不清的弊端。

**2. 施工项目成本核算**　施工项目成本的核算是适应施工单位项目管理组织体制，实行统一领导，分项核算，一般是项目管理班子核算施工项目的工程成本，公司汇总核算企业生产成本。施工项目核算的具体方法是：

（1）以施工项目为核算对象，核算施工项目的全部预算成本、计划成本和实际成本，包括主体工程、辅助工程、配套工程以及管线工程等。

（2）划清各项费用开支界限，严格遵守成本开支范围。各项费用开支界限，要按照国家和主管部门规定的成本项目工程发生的生产费用进行归集，严格遵守成本开支范围。要对施工项目的成本进行控制，控制不合理的费用支出，使实际成本控制在工程项目投资之内。

（3）建立目标成本考核体系。项目成本目标确定之后，将其目标分解落实到项目班子中的各有关负责人，包括成本控制人员、进度控制人员、合同管理人员以及技术、质量管理人员等，直至生产班组和个人。在施工过程中，要建立目标成本完成考核信息，并及时反馈到项目班子中各有关人员，及时做出决策，提出措施，更好地控制成本。

（4）加强基础工作，保证成本计算资料的质量。这些基础工作，除了贯彻各项施工定额外，还应包括材料的计量、验收、领退、保管制度和各项消耗的原始记录等。

（5）坚持遵循成本核算的主要程序，正确计算成本的盈亏。其主要程序是：

①按照费用的用途和发生的地点，把本期发生的各项生产费用，汇集到有关生产费用科目中；

②月末，将归集在“辅助生产”账户的辅助生产费用，按照各受益对象的受益数量，分配并转入“工程施工”、“管理费用”等账户中；

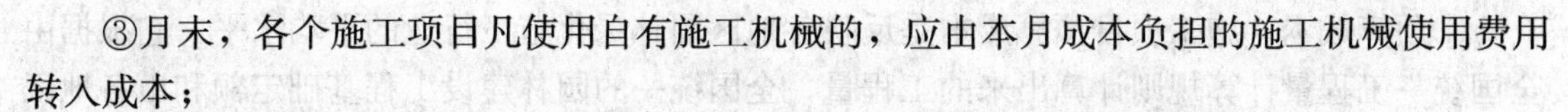

③月末，各个施工项目凡使用自有施工机械的，应由本月成本负担的施工机械使用费用转入成本；

④月末，将由本月成本负担的待摊费用和预提费用转入工程成本；

⑤月末，将归集在“管理费用”中的施工管理费用，按一定的方法分配并转入施工项目成本；

⑥工程竣工（月、季末）后，结算竣工工程（月、季末已完工程）的实际成本转入“工程结算”科目借方，以便与“工程结算”科目的贷方差额结算工程成本降低额或亏损额。

## ◆ 理论知识　成本的构成和分类

**1. 成本的构成**

（1）直接成本。

①园林建筑项目（含园林建筑、园林工程）工程直接成本是由：人工费、材料费、机械台班费以及其他直接费组成。

②园林绿化项目工程直接成本是由：种植人工费、辅助材料费、机械台班费、工程苗木费、种植土方费及其他直接费等组成。

③其他直接费是由：包括生产工具、用具使用费；检验试验费；工程定位复测；场地清理费；临时设施费等组成。

（2）间接成本。间接成本是指企业的各项目经理部为施工准备、组织和管理施工生产所发生的全部施工间接费支出。园林工程间接成本应包括：现场管理人员的工资、管理人员工资附加费、办公费、差旅费、固定资产使用费、行政工具使用费、职工教育费、劳动保险费、待业保险金和劳动保护费、工程保修费、工程排污费等。

对于施工企业所发生的经营费用，企业管理费和财务费用则按规定计入当期损益，亦即计为期间成本，不得计入施工成本。

**2. 成本的分类**

（1）从成本发生时间来划分，可分为预算成本、计划成本和实际成本（表 5 - 7）。

**表 5 - 7　成本的主要形式**

| | 预算成本 | 计划成本 | 实际成本 |
|---|---|---|---|
| 概念 | 按项目所在地区园林业平均成本水平编制的该项目成本 | 项目经理部编制的该项目计划达到的成本水平 | 项目在施工阶段实际发生的各项生产费用总和 |
| 编制依据 | 施工图纸<br>统一的工程量计算规则<br>统一的建设工程定额<br>项目所在地区的劳务价格、材料价格、机械台班价格、价差系数<br>项目所在地区的有关取费费率 | 公司下达的目标利润及成本降低率、该项目的预算成本、项目施工组织设计、成本降低措施、同行业和同类项目的成本水平等施工定额 | 成本核算 |
| 作用 | 确定工程造价的基础<br>编制计划成本的依据<br>评价实际成本的依据 | 用于建立健全项目经理部的成本控制责任制、控制生产费用，加强经济核算，降低工程成本 | 反映项目经理部的生产技术、施工条件和经营管理水平 |

①预算成本。施工项目预算成本是反映各地区园林绿化施工行业的平均水平，它根据由全国统一工程量计算规则计算出来的工程量，全国统一的园林建设工程基础定额和由各地区的市场劳务价格，材料价格信息及价差系数，并按有关取费的指导性费率进行计算的造价成本。目前，各地城市园林建设工程的预算成本，是根据园林建筑施工图或园林绿化施工图，按园林建设定额规定计算出来的工程量、人工单价、材料价格信息及价差系数，并按有关取费的指导性费率进行计算的成本。

园林定额为了适应市场竞争，增大企业的个别成本报价，按以量价分离的原则来制定的，作为企业编制投标报价的参考。市场劳务价格和材料价格信息及价差系数和机械台班费，由各省、市定额管理部门按月（或按季度）发布，进行动态调整。有关取费费率，园林定额按不同的工程类型、规模的大小、技术难易、施工场地情况，制订具有上下限幅度的指导性费率。

②计划成本。施工项目计划成本是指施工项目经理部根据计划期的有关资料（如工程的具体条件和施工企业为实施该项目的各技术组织措施），在实际成本发生前预先计算的成本，亦即施工企业考虑降低成本措施后的成本计划数，反映了企业在计划期内应达到的成本水平。它对于加强施工企业和项目经理部的经济核算，建立和健全施工项目成本管理责任制，控制施工过程中生产费用，降低施工项目成本具有十分重要的作用。

③实际成本。施工项目实际成本是施工项目在施工期内实际发生的各项生产费用的总和。把实际成本与计划成本比较，可揭示成本节约和超支，考核企业施工技术水平及技术组织措施的贯彻执行情况和企业的经营效果，实际成本与预算成本比较，可以反映工程盈亏情况。因此，计划成本和实际成本都是反映施工企业成本水平的，它受企业本身的生产技术、施工条件及生产经营管理水平所制约。

（2）按生产费用计入成本的方法来划分，可划分为直接成本和间接成本两种形式（表5-8）。

**表5-8　施工项目成本构成**

| 成本项目 | 内　容 |
| --- | --- |
| 直接成本 | 直接成本即施工过程中耗费的构成工程实体或有助于工程形成，且能直接计入成本核算对象的费用 |
| | 1. 人工费：直接从事园林施工的生产工人开支的费用<br>包括工资、奖金、工资性质的津贴、工资附加费、生产工人劳动保护费 |
| | 2. 材料费：施工过程中耗用的构成工程实体的各种材料费用<br>包括原材料、辅助材料、构配件、零件、半成品费用、周转材料摊销及租赁等费用 |
| | 3. 机械使用费：施工过程中使用机械所发生的费用<br>包括使用自有机械的台班费、外租机械的租赁费、施工机械的安装、拆卸进出场费等 |
| | 其他直接费：除1、2、3以外的直接用于施工过程的费用。包括材料二次搬运费、临时设备费、生产工具用具使用费、检验试验费、工程定位复测费、工程点交费、场地清理费等；冬雨期施工增加费、夜间施工增加费、仪器仪表使用费 |

（续）

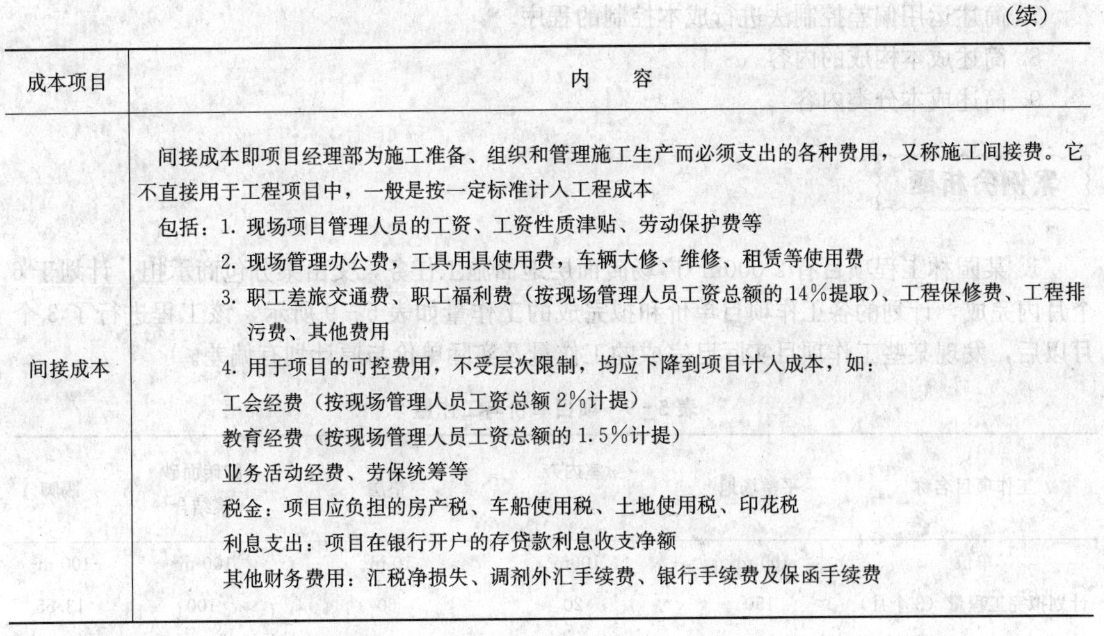

| 成本项目 | 内　容 |
| --- | --- |
| 间接成本 | 间接成本即项目经理部为施工准备、组织和管理施工生产而必须支出的各种费用，又称施工间接费。它不直接用于工程项目中，一般是按一定标准计入工程成本<br>包括：1. 现场项目管理人员的工资、工资性质津贴、劳动保护费等<br>2. 现场管理办公费，工具用具使用费，车辆大修、维修、租赁等使用费<br>3. 职工差旅交通费、职工福利费（按现场管理人员工资总额的14%提取）、工程保修费、工程排污费、其他费用<br>4. 用于项目的可控费用，不受层次限制，均应下降到项目计入成本，如：<br>工会经费（按现场管理人员工资总额2%计提）<br>教育经费（按现场管理人员工资总额的1.5%计提）<br>业务活动经费、劳保统筹等等<br>税金：项目应负担的房产税、车船使用税、土地使用税、印花税<br>利息支出：项目在银行开户的存贷款利息收支净额<br>其他财务费用：汇税净损失、调剂外汇手续费、银行手续费及保函手续费 |

①直接成本。直接成本是指直接耗用于并能直接计入工程对象的费用。

②间接成本。间接成本是指非直接用于也无法直接计入工程对象，但为进行工程施工所必须发生的费用，通常是按照直接成本比例来计算。

按上述分类方法，能正确反映工程成本的构成，考核各项生产费用的使用是否合理，便于找出降低成本的途径。

（3）按生产费用与工程量关系可将工程成本划分为固定成本和变动成本。

①固定成本。固定成本是指在一定期间和一定的工程量范围内，其发生的成本额不受工程量增减变动的影响而相对固定的成本，如折旧费、大修理费、管理人员工资、办公费、照明费等。这一成本是为了保持企业一定的生产经营条件而发生的。一般来说，对于企业的固定成本每年基本相同，但是，当工程量超过一定范围则需要增添机械设备和管理人员，此时固定成本将会发生变动，此外，所谓固定，指其总额而言，关于分配到每个项目单位工程量上的固定费用则是变动的。

②变动成本。变动成本是指发生总额随着工程量的增减变动而成正比例变动的费用，如直接用于工程的材料费、实行计量工资制的人工费等。

## 复习题

1. 园林建设工程成本预测有什么作用？
2. 成本预测的方法有哪些？
3. 如何确定目标成本？
4. 如何进行质量成本核算和分析？
5. 成本分析的内容有哪些？
6. 简述成本控制的程序。

7. 简述运用偏差控制法进行成本控制的程序。

8. 简述成本构成的内容。

9. 简述成本分类内容。

## 案例分析题

1. 某园林工程项目有 2 000m² 广场砖面层地面施工任务，交由某分包商承担，计划于 6 个月内完成，计划的各工作项目单价和拟完成的工作量如表 5－9 所示，该工程进行了 3 个月以后，发现某些工作项目实际已完成的工作量及实际单价与原计划有偏差。

表 5－9　项目单价与工作量

| 工作项目名称 | 平整场地 | 室内夯填土 | 垫层 | 缸砖面砂浆结合 | 踢脚 |
|---|---|---|---|---|---|
| 单位 | 100 m² | 100m³ | 10 m³ | 100 m² | 100 m² |
| 计划拟完工程量（3 个月） | 150 | 20 | 60 | 100 | 13.55 |
| 计划单价（元/单位） | 16 | 46 | 450 | 1 520 | 1 620 |
| 实际已完工程量（3 个月） | 150 | 18 | 48 | 70 | 9.5 |
| 实际单价（元/单位） | 16 | 46 | 450 | 1 800 | 1 650 |

试计算并用表格法列出至第 3 个月末时各工作的拟完成工程的计划投资、已完工程的计划投资、已完工程的实际投资，并分析投资局部偏差值、投资局部偏差程度、进度局部偏差值、进度局部偏差程度，以及投资累计偏差和进度累计偏差。（说明：各工作项目在 3 个月内均是以等速、等值进行的。）

## 答题要点

用表格法分析投资偏差（表 5－10）。

表 5－10　广场砖面层地面施工投资分析表

| (1) 项目编码 | | 001 | 002 | 003 | 004 | 005 | 总计 |
|---|---|---|---|---|---|---|---|
| (2) 项目名称 | 计算方法 | 平整场地 | 室内夯填土 | 垫层 | 缸砖面结合 | 踢脚 | |
| (3) 单位 | | 100 m² | 100 m³ | 10 m³ | 100 m² | 100 m² | |
| (4) 拟完工程量（3 个月） | (4) | 150 | 20 | 60 | 100 | 13.55 | |
| (5) 计划单价（元/单位） | (5) | 16 | 46 | 450 | 1 520 | 1 620 | |
| (6) 拟完工程计划投资（元） | (6) ＝ (4) × (5) | 2 400 | 920 | 27 000 | 152 000 | 21 951 | 204 271 |
| (7) 已完工程量（3 个月） | (7) | 150 | 18 | 48 | 70 | 9.5 | |
| (8) 已完工程计划投资（元） | (8) ＝ (7) × (5) | 2 400 | 828 | 21 600 | 106 400 | 15 390 | 146 618 |
| (9) 实际单价（元/单位） | (9) | 16 | 46 | 450 | 1 800 | 1 650 | |

（续）

| | | | | | | | |
|---|---|---|---|---|---|---|---|
| (10) 已完工程实际投资（元） | (10) ＝ (7) × (9) | 2 400 | 828 | 21 600 | 126 000 | 15 675 | 166 503 |
| (11) 投资局部偏差 | (11) ＝ (10) － (8) | 0 | 0 | 0 | 19 600 | 285 | |
| (12) 投资局部偏差程度 | (12) ＝ (10) ÷ (8) | 1.0 | 1.0 | 1.0 | 1.18 | 1.02 | |
| (13) 投资累计偏差 | (13) ＝ $\sum$ (11) | 19 885 | | | | | |
| (14) 进度局部偏差 | (14) ＝ (6) － (8) | 0 | 92 | 5 400 | 45 600 | 6 561 | |
| (15) 进度局部偏差程度 | (15) ＝ (6) ÷ (8) | 1.0 | 1.11 | 1.25 | 1.43 | 1.43 | |
| (16) 进度累计偏差 | (16) ＝ $\sum$ (14) | 57 653 | | | | | |
| (17) 进度累计偏差程度 | (17) ＝ $\sum$ (6) ÷ $\sum$ (8) | 1.39 | | | | | |

2. 某园林项目确定承包商后双方签订可调单价合同，承包方的工程量清单报价单如表 5－11，施工进度安排已经双方商定。

**表 5－11　费用分析数据表**

| 工序代号 | 项目编码 | 项目名称 | 计量单位 | 估算工程量 | 综合单价/元 | 备注（计划工期） |
|---|---|---|---|---|---|---|
| A | 略 | 略 | $m^3$ | 3 000 | 50 | 1～3 月 |
| B | | | $m^3$ | 5 000 | 25 | 2～6 月 |
| C | | | $m^3$ | 3 000 | 100 | 4～7 月 |
| D | | | $m^3$ | 3 000 | 40 | 6～9 月 |
| E | | | $m^3$ | 2 000 | 30 | 8～10 月 |
| F | | | $m^3$ | 1 000 | 30 | 10～12 月 |

施工过程中因外部环境因素变化根据合同规定，综合单价调整系数 5～12 月为 1.2，各单项工程实际施工时间与实际工程量如表 5－12。

**表 5－12　数据表**

| 工序 | A | B | C | D | E | F |
|---|---|---|---|---|---|---|
| 实际工作时间 | 1～3 月 | 3～7 月 | 6～9 月 | 7～11 月 | 10～12 月 | 10～12 月 |
| 实际工程量 | 3 000 | 6 000 | 4 000 | 3 000 | 2 000 | 2 000 |

问题：

(1) 计算各单项工程的计划合价、实际合价，拟定工程计划投资，已完工程实际投资。

(2) 假定各单项工程在施工过程中各月完成工程量为均等。用横道图表示拟定工程计划投资，已完成工程实际投资，已定工程计划投资。

# 项目六

## 进度控制

工程建设项目的进度控制是指对工程项目各建设阶段的工作内容、工作程序、持续时间和逻辑关系编制计划，将该计划付诸实施，在实施过程中经常检查实际进度是否按计划要求进行，对出现的偏差分析原因，采取补救措施或调整、修改原计划，直至工程竣工，交付使用。进度控制的最终目标是确保进度目标的实现。

在工程进度控制的过程中，承包商、监理工程师和业主的主要任务分别是：承包商编制进度计划；在计划执行过程中，通过实际进度与计划进度的对比，定期地检查和调整进度计划。监理工程师审批承包商编制的进度计划；在施工过程中，对计划的执行情况进行监督与控制，并督促承包商按期完成任务。业主的任务是：按照合同要求及时提供施工场地和图纸，并尽可能改善施工环境，为工程顺利进行创造条件。

进度控制的工作流程可分为两个阶段：进度计划和进度管理。

进度计划：承包商在中标函签发日之后，在专用条款规定的时间以监理工程师规定的适当格式和详细程度，向监理工程师递交一份工程进度计划，监理工程师应结合工程的具体特点、承包商的自身情况、工程所在地的环境气候条件等检查进度计划的合理性和可行性。在确定进度计划之后，为确保进度计划能够得到顺利地实施，承包商应编制年、季、月度实施分项工程施工计划，劳动力、机械设备和材料的进场计划、租赁计划和采购计划。

进度管理：监理工程师通过承包商的自检报告、工地会议、现场巡视、驻地监理工程师的记录和报告等途径来充分掌握工程进展的实际情况。通过实际进度与计划进度的对比，分析两者产生差别的原因和对后续工作、项目工期的影响程度。基于分析结果，监理工程师提出建设性意见，并通知承包商采取相应措施并且修订进度计划。修订后的进度计划必须仍以原定工期为限制目标。如果在修订计划之前已经获得延期的批准，则可以在批准之后的工期的基础上修订进度计划。

### 教学目标

1. 掌握进度控制的工作内容；
2. 掌握依次、平行、流水施工方式的特点；
3. 掌握网络进度计划的编制、计算、优化、调整的方法；
4. 掌握实际进度与计划进度的比较方法。

### 技能目标

1. 能进行流水施工工期的计算和横道图的绘制；
2. 能进行双代号和单代号网络图的绘制和时间参数的计算；

3. 能进行双代号时标网络计划的绘制和计算；

4. 能进行网络计划的工期优化；

5. 能利用前锋线比较法预测进度偏差对工期的影响。

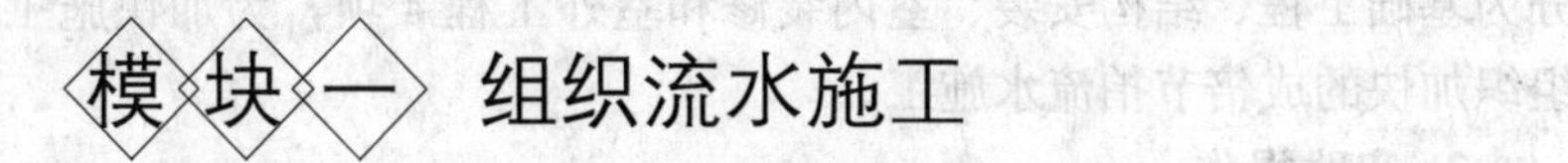

# 模块一　组织流水施工

施工组织方式对工程进度影响很大，常用的施工组织方式有依次施工、平行施工、流水施工三种，这三种方式各有利弊，可根据工程实际情况选择。其中流水施工方式是一种先进、科学的施工方式。由于在工艺过程划分、时间安排和空间布置上进行统筹安排，将会体现出优越的技术经济效果。具体可归纳为以下几点：

（1）施工工期较短，可以尽早发挥投资效益。

（2）便于改善劳动组织，改进操作方法和施工机具，有利于提高劳动生产率。

（3）专业化的生产可提高工人的技术水平，使工程质量相应提高。

（4）工人技术水平和劳动生产率的提高，可以减少用工量和施工临时设施的建造量，降低工程成本，提高利润水平。

（5）可以保证施工机械和劳动力得到充分、合理的利用。

（6）降低工程成本，可以提高承包单位的经济效益。

## ◆ 工作任务一　固定节拍流水施工

**1. 任务分析**　某园路工程需在某一路段修建 4 个结构形式与规模完全相同的涵洞，施工过程包括基础开挖、预制涵管、安装涵管和回填压实。合同规定，工期不超过 50d，使用固定节拍流水施工，确定流水节拍和流水步距，绘制流水施工进度计划。

**2. 实践操作**　本工程为无间歇时间的固定节拍流水施工。

（1）施工过程 $n=4$，施工段数 $m=4$，规定工期 $Tr=50$（d）。

（2）流水步距＝流水节拍，即：$K=t$。

（3）由于流水工期 $T=(m+n-1)\times K$，则：$K=50\div(4+4-1)=7$，流水工期 $T=49$（d）。

（4）绘制流水施工进度计划（表 6－1）：

**表 6－1　固定节拍流水施工进度横道图**

| 施工过程 | 施工进度（d） | | | | | | |
|---|---|---|---|---|---|---|---|
| | 7 | 14 | 21 | 28 | 35 | 42 | 49 |
| 基础开挖 | | | | | | | |
| 预制涵管 | | | | | | | |
| 安装涵管 | | | | | | | |
| 回填上 | | | | | | | |

## ◆ 工作任务二 成倍节拍流水施工

**1. 任务分析** 某园林建筑工程由四幢楼房组成，每幢楼房为1个施工段，施工过程划分为基础工程、结构安装、室内装修和室外工程4项，为加快施工进度，增加专业工作队，组织加快的成倍节拍流水施工。

**2. 实践操作**

（1）计算流水步距。流水步距等于流水节拍的最大公约数，即

$$K=\min[5, 10, 10, 5]=5$$

（2）确定专业工作队数目。每个施工过程成立的专业工作队数目可按下式计算

$$b_j=\frac{t_j}{K}$$

式中 $b_j$——第 $j$ 个施工过程的专业工作队数目；

$t_j$——第 $j$ 个施工过程的流水节拍；

$K$——流水步距。

在本例中，各施工过程的专业工作队数目分别为：

Ⅰ——基础工程：$b_{\text{Ⅰ}}=t_{\text{Ⅰ}}/K=5/5=1$

Ⅱ——结构安装：$b_{\text{Ⅱ}}=t_{\text{Ⅱ}}/K=10/5=2$

Ⅲ——室内装修：$b_{\text{Ⅲ}}=t_{\text{Ⅲ}}/K=10/5=2$

Ⅳ——室外工程：$b_{\text{Ⅳ}}=t_{\text{Ⅳ}}/K=5/5=1$

参与该工程流水施工的专业工作队总数 $n'$ 为

$$n'=\sum b_j=(1+2+2+1)=6。$$

（3）绘制加快的成倍节拍流水施工进度计划图。

**表6-2 加快的成倍节拍流水施工计划**

| 施工过程 | 专业工作队编号 | 施工进度（周） | | | | | | | | |
|---|---|---|---|---|---|---|---|---|---|---|
| | | 5 | 10 | 15 | 20 | 25 | 30 | 35 | 40 | 45 |
| 基础工程 | Ⅰ | ① | ② | ③ | ④ | | | | | |
| 结构安装 | Ⅱ-1 | K | ① | | ③ | | | | | |
| | Ⅱ-2 | | K | ② | | ④ | | | | |
| 室内装修 | Ⅲ-1 | | | K | ① | | ③ | | | |
| | Ⅲ-2 | | | | K | ② | | ④ | | |
| 室外工程 | Ⅳ | | | | | K | ① | ② | ③ | ④ |
| | | $(n'-1)K=(6-1)\times 5$ | | | | | $mK=4\times 5$ | | | |

在加快的成倍节拍流水施工进度计划图中，除表明施工过程的编号或名称外，还应表明专业工作队的编号。在表明各施工段的编号时，一定要注意有多个专业工作队的施工过程。各专业工作队连续作业的施工段编号不应该是连续的，否则，无法组织合理的流水施工（表6-2）。

(4) 确定流水施工工期。流水施工工期：

$$T=(n'-1)K+\sum G+\sum Z-\sum C+mK=(6-1)\times 5+4\times 5=45\text{（周）}$$

## ◆ 工作任务三　非节奏流水施工

**1. 任务分析**　某工程有3个施工过程组成，分为4个施工段进行流水施工，试确定流水步距（表6-3）。

**表6-3　某工程流水节拍表**

| 施工过程 | 施工段 | | | |
|---|---|---|---|---|
| | ① | ② | ③ | ④ |
| Ⅰ | 2 | 3 | 2 | 1 |
| Ⅱ | 3 | 2 | 4 | 2 |
| Ⅲ | 3 | 4 | 2 | 2 |

**2. 实践操作**

(1) 求各施工过程流水节拍的累加数列：

施工过程Ⅰ：2，5，7，8；

施工过程Ⅱ：3，5，9，11；

施工过程Ⅲ：3，7，9，11。

(2) 错位相减求得差数列：

$$\begin{array}{lrrrrr}
\text{Ⅰ与Ⅱ：} & 2, & 5, & 7, & 8 & \\
\quad -) & & 3, & 5, & 9, & 11 \\
\hline
 & 2, & 2, & 2, & -1, & -11 \\
\text{Ⅱ与Ⅲ：} & 3, & 5, & 9, & 11 & \\
\quad -) & & 3, & 7, & 9, & 11 \\
\hline
 & 3, & 2, & 2, & 2, & -11
\end{array}$$

(3) 在差数列中取最大值求得流水步距：

施工过程Ⅰ与Ⅱ之间的流水步距：

$$K_{1,2}=\max[2,2,2,-1,-11]=2\text{d}$$

施工过程Ⅱ与Ⅲ之间的流水步距：

$$K_{2,3}=\max[3,2,2,2,-11]=3\text{d}$$

(4) 流水施工工期可按下式计算：

$$T=\sum K+\sum t_n+\sum Z+\sum G-\sum C$$

式中 $T$——流水施工工期；

$\sum K$——各施工过程（或专业工作队）之间流水步距之和；

$\sum t_n$——最后 1 个施工过程（或专业工作队）在各施工段流水节拍之和；

$\sum Z$——组织间歇时间之和；

$\sum G$——工艺间歇时间之和；

$\sum C$——提前插入时间之和。

例中 $T=(2+3)+(3+4+2+2)=16$（d）

**3. 巩固训练** 某公园建设工程拟建 3 个结构形式与规模完全相同的售货亭，施工过程主要包括：挖基槽、浇筑混凝土基础、墙板与屋面板吊装和防水。根据施工工艺要求，浇筑混凝土基础 1 周后才能进行墙板与屋面板吊装。各施工过程的流水节拍见表 6-4，试分别绘制组织四个专业工作队和增加相应专业工作队的流水施工进度计划。

**表 6-4 流水节拍表**

| 施工过程 | 流水节拍（周） | 施工过程 | 流水节拍（周） |
|---|---|---|---|
| 挖基槽 | 2 | 吊装 | 6 |
| 浇基础 | 4 | 防水 | 2 |

解：本工程为有工艺间歇时间的成倍节拍流水施工，施工过程 $n=4$，施工段数 $m=3$。

（1）每个施工过程由 1 个专业队完成进行工期计算（非节奏流水工程）。

①采用累加数列错位相减取大差法求流水步距，则：$K_{1,2}=2$，$K_{2,3}=4$，$K_{3,4}=14$。

②步距之和为 20（周），最后 1 个施工过程（专业队）完成所需的时间为：$2\times3=6$（周），计算由 4 个专业队完成的工期：$T=20+6+1=27$（周）（表 6-5）。

**表 6-5 施工进度计划表一**

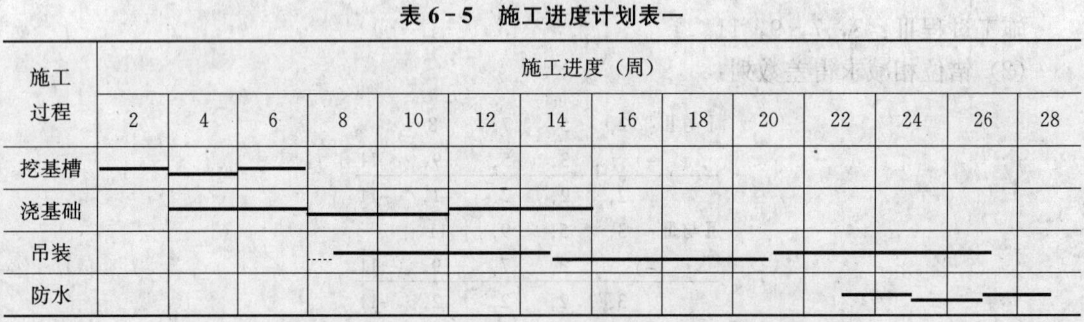

| 施工过程 | 施工进度（周） | | | | | | | | | | | | | |
|---|---|---|---|---|---|---|---|---|---|---|---|---|---|---|
| | 2 | 4 | 6 | 8 | 10 | 12 | 14 | 16 | 18 | 20 | 22 | 24 | 26 | 28 |
| 挖基槽 | | | | | | | | | | | | | | |
| 浇基础 | | | | | | | | | | | | | | |
| 吊装 | | | | | | | | | | | | | | |
| 防水 | | | | | | | | | | | | | | |

（2）增加某些施工过程的专业队进行计算（成倍节拍流水施工）

①求流水步距：$K=\min(2, 4, 6, 2)=2$。

②确定专业工作队数：$b_1=2/2=1$；$b_2=4/2=2$；$b_3=6/2=3$；$b_4=2/2=1$；专业工作队总数 $n'=7$。

③确定流水工期：$T=(7-1)\times2+1+3\times2=19$（周）。绘制施工进度计划如表 6-6。

**表 6－6　施工进度计划表二**

| 施工过程 | 专业队 | 施工进度（周） | | | | | | | | | |
|---|---|---|---|---|---|---|---|---|---|---|---|
| | | 2 | 4 | 6 | 8 | 10 | 12 | 14 | 16 | 18 | 20 |
| 挖基槽 | 1－1 | | | | | | | | | | |
| 浇基础 | 2－1 | | | | | | | | | | |
| | 2－2 | | | | | | | | | | |
| 吊装 | 3－1 | | | | | | | | | | |
| | 3－2 | | | | | | | | | | |
| | 3－3 | | | | | | | | | | |
| 防水 | 4－1 | | | | | | | | | | |

## ◆ 理论知识　流水施工

**1. 施工组织方式**　施工组织方式一般有依次、平行、流水 3 种。为说明 3 种施工方式及其特点，现设某住宅区拟建三幢结构相同的建筑物，其编号分别为Ⅰ、Ⅱ、Ⅲ，各建筑物的基础工程均可分解为挖土方、浇混凝土基础和回填土 3 个施工过程，分别由相应的专业队按施工工艺要求依次完成，每个专业队在每幢建筑物的施工时间均为 5 周，各专业队的人数分别为 10 人、16 人和 8 人（表 6－7）。

**表 6－7　施工方式比较图**

| 编号 | 施工过程 | 人数 | 施工周期 | 进度计划（周） | | | | | | | | | 进度计划（周） | | | 进度计划（周） | | | | |
|---|---|---|---|---|---|---|---|---|---|---|---|---|---|---|---|---|---|---|---|---|
| | | | | 5 | 10 | 15 | 20 | 25 | 30 | 35 | 40 | 45 | 5 | 10 | 15 | 5 | 10 | 15 | 20 | 25 |
| Ⅰ | 挖土方 | 10 | 5 | | | | | | | | | | | | | | | | | |
| | 浇基础 | 16 | 5 | | | | | | | | | | | | | | | | | |
| | 回填土 | 8 | 5 | | | | | | | | | | | | | | | | | |
| Ⅱ | 挖土方 | 10 | 5 | | | | | | | | | | | | | | | | | |
| | 浇基础 | 16 | 5 | | | | | | | | | | | | | | | | | |
| | 回填土 | 8 | 5 | | | | | | | | | | | | | | | | | |
| Ⅲ | 挖土方 | 10 | 5 | | | | | | | | | | | | | | | | | |
| | 浇基础 | 16 | 5 | | | | | | | | | | | | | | | | | |
| | 回填土 | 8 | 5 | | | | | | | | | | | | | | | | | |
| 施工组织设计 | | | | 依次施工 | | | | | | | | | 平行施工 | | | 流水施工 | | | | |
| 工期（周） | | | | $T=3\times(3\times5)=45$ | | | | | | | | | $T=3\times5$ | | | $T=(3-1)\times5+3\times5=25$ | | | | |

三种施工组织方式特点如下：

（1）依次施工。依次施工方式是将拟建工程项目中的每 1 个施工对象分解为若干个施工过程，按施工工艺要求依次完成每一个施工过程；当1个施工对象完成后，再按同样的顺序完成下1个施工对象，以此类推，直至完成所有施工对象。这种方式的施工进度安排、总工期及劳动力需求曲线如表6-7依次施工栏所示。依次施工方式具有以下特点：

①没有充分地利用工作面进行施工，工期长。

②如果按专业成立工作队，则各专业队不能连续作业，有时间间歇，劳动力及施工机具等资源无法均衡使用。

③如果由1个工作队完成全部施工任务，则不能实现专业化施工，不利于提高劳动生产率和工程质量。

④单位时间内投入劳动力、施工机具、材料等资源量较少，有利于资源供应的组织。

⑤施工现场的组织、管理比较简单。

（2）平行施工。平行施工方式是组织几个劳动组织相同的工作队，在同一时间、不同的空间，按施工工艺要求完成各施工对象。这种方式的施工进度安排、总工期及劳动力需求曲线如表6-7平行施工栏所示。平行施工方式具有以下特点：

①充分利用工作面进行施工，工期短。

②如果每1个施工对象均按专业成立工作队，则各专业队不能连续作业，劳动力及施工机具等资源无法均衡使用。

③如果由一个工作队完成1个施工对象的全部施工任务，则不能实现专业化施工，不利于提高劳动生产率和工程质量。

④单位时间内投入的劳动力、施工机具、材料等资源量成倍地增加，不利于资源供应的组织。施工现场的组织、管理比较复杂。

（3）流水施工。流水施工方式是将拟建工程项目中的每1个施工对象分解为若干个施工过程，并按照施工过程成立相应的专业工作队，各专业队按照施工顺序依次完成各个施工对象的施工过程，同时保证施工在时间和空间上连续、均衡和有节奏地进行，使相邻两专业队能最大限度地搭接作业（表6-8）。流水施工方式具有以下特点：

①尽可能地利用工作面进行施工，工期比较短。

②各工作队实现了专业化施工，有利于提高技术水平和劳动生产率，也有利于提高工程质量。

**表6-8　流水施工横道图表示法**

| 施工过程 | 施工进度（d） | | | | | | |
|---|---|---|---|---|---|---|---|
| | 2 | 4 | 6 | 8 | 10 | 12 | 14 |
| 挖基槽 | ① | ② | ③ | ④ | | | |
| 作垫层 | | ① | ② | ③ | ④ | | |
| 砌基础 | | | ① | ② | ③ | ④ | |
| 回填土 | | | | ① | ② | ③ | ④ |
| | 流水施工总工期 | | | | | | |

③专业工作队能够连续施工，同时使相邻专业队的开工时间能够最大限度地搭接。

④单位时间内投入的劳动力、施工机具、材料等资源量较为均衡，有利于资源供应的组织。为施工现场的文明施工和科学管理创造了有利条件。

**2. 流水施工的表达方式**　流水施工的表达方式主要用横道图表示。某基础工程流水施工的横道图表示法如表 6－8 所示。图中的横坐标表示流水施工的持续时间；纵坐标表示施工过程的名称或编号。$n$ 条带有编号的水平线段表示 $n$ 个施工过程或专业工作队的施工进度安排，其编号①、②、……表示不同的施工段。

横道图表示法的优点是：绘图简单，施工过程及其先后顺序表达清楚，时间和空间状况形象直观，使用方便，因而被广泛用来表达施工进度计划。

**3. 流水施工参数**

（1）工艺参数。工艺参数主要是指在组织流水施工时，用以表达流水施工在施工工艺方面进展状态的参数，通常包括施工过程和流水强度两个参数。

①施工过程。组织建设工程流水施工时，根据施工组织及计划安排需要而将计划任务划分成的子项称为施工过程。施工过程划分的粗细程度由实际需要而定。当编制控制性施工进度计划时，组织流水施工的施工过程可以划分得粗一些，施工过程可以是单位工程，也可以是分部工程。当编制实施性施工进度计划时，施工过程可以划分得细一些，施工过程可以是分项工程，甚至是将分项工程按照专业工种不同分解而成的施工工序。

施工过程的数目一般用 $n$ 表示。它是流水施工的主要参数之一。根据其性质和特点不同，施工过程一般分为 3 类，即建造类施工过程、运输类施工过程和制备类施工过程。

②流水强度。流水强度是指流水施工的某施工过程（专业工作队）在单位时间内所完成的工程量，也称为流水能力或生产能力。例如，土方开挖过程的流水强度是指每工作班开挖的土方数。流水强度可用下式计算，即

$$V_j = R_j S_j$$

式中　$V_j$——某施工过程（$j$）流水强度；

$R_j$——某施工过程的工人数或机械台数；

$S_j$——某施工过程的计划产量定额。

（2）空间参数。空间参数是指在组织流水施工时，用以表达流水施工在空间布置上开展状态的参数。通常包括工作面和施工段。

①工作面。工作面是指供某专业工种的工人或某种施工机械进行施工的活动空间。工作面的大小，表明能安排施工人数或机械台数的多少。每个作业的工人或每台施工机械所需工作面的大小，取决于单位时间内其完成的工程量和安全施工的要求。工作面确定的合理与否直接影响专业工作队的生产效率。因此，必须合理确定工作面。

②施工段。将施工对象在平面或空间上划分成若干个劳动量大致相等的施工段落，称为施工段或流水段。施工段的数目一般用 $m$ 表示，它是流水施工的主要参数之一。划分施工段的目的就是为了组织流水施工。由于建设工程体形庞大，可以将其划分成若干个施工段，从而为组织流水施工提供足够的空间，在组织流水施工时，专业工作队完成 1 个施工段上的任务后，遵循施工组织顺序又到另 1 个施工段上作业，产生连续流动施工的效果。在一般情况下，1 个施工段在同一时间内只安排 1 个专业工作队施工，各专业工作队遵循施工工艺顺序依次投入作业，同一时间内在不同的施工段上平行施工，使流水施工均衡地进行。组织流

水施工时，可以划分足够数量的施工段，充分利用工作面，避免窝工，尽可能缩短工期。划分施工段的原则：

A. 主要专业工种在各个施工段所消耗的劳动量要大致相等，其相差幅度不宜超过10%～15%。

B. 在保证专业工作队劳动组合优化的前提下，施工段大小要满足专业工种对工作面的要求。

C. 施工段数目要满足合理流水施工组织要求，即 $m \geqslant n$。

D. 施工段分界线应尽可能与结构自然界线相吻合，如温度缝、沉降缝或单元界线等处。如果必须将其设在墙体中间时，可将其设在门窗洞口处，以减少施工留槎。

E. 多层施工项目既要在平面上划分施工段，又要在竖向上划分施工层，以组织有节奏、均衡、连续的流水施工。

③施工层。在组织流水施工时，为满足专业工种对操作高度要求，通常将施工项目在竖向上划分为若干个作业层，这些作业层均称为施工层。如砌砖墙施工层高为1.2m，装饰工程施工层多以楼层为准。

（3）时间参数。

①流水节拍。流水节拍是指在组织流水施工时，某个专业工作队在1个施工段上的施工时间。第 $j$ 个专业工作队在第 $i$ 个施工段的流水节拍一般用 $t_{j,i}$ 来表示（$j$=1、2、…、$n$；$i$=1、2、…、m）。流水节拍是流水施工的主要参数之一，它表明流水施工的速度和节奏性。流水节拍小，流水速度快，节奏感强；反之则相反。流水节拍决定着单位时间的资源供应量，同时，流水节拍也是区别流水施工组织方式的特征参数。

影响流水节拍数值大小的因素主要有：项目施工时所采取的施工方案，各施工段投入的劳动力人数或施工机械台数，工作班次以及该施工段工程量的多少。为避免工作队转移时浪费工时，流水节拍在数值上最好是半个班的整倍数。其数值的确定可按以下几种方法进行：

A. 定额计算法。本算法是根据各施工段的工程量、能够投入的资源量（工人数、机械台数和材料量等）按下式进行计算，即

$$t_{ji} = Q_{ji} / S_j R_j N_j = P_{ji} / R_j N_j$$

式中　$t_{ji}$——专业工作队（$j$）在某施工段（$i$）上的流水节拍；

$Q_{ji}$——专业工作队（$j$）在某施工段（$i$）上的工程量；

$S_j$——专业工作队（$j$）的计划产量定额；

$R_j$——专业工作队（$j$）的工人数或机械台数；

$N_j$——专业工作队（$j$）的工作班次；

$P_{ji}$——专业工作队（$j$）在某施工段（$i$）上的劳动量。

B. 工期计算方法。对某些施工任务在规定日期内必须完成的工程项目，往往采用倒排进度法。其具体步骤如下：

a. 根据工期倒排进度，确定某施工过程的工作持续时间；

b. 确定某施工过程在某施工段上的流水节拍。若同一施工过程的流水节拍不等，则用估算法；若流水节拍相等，则按下式进行计算，即：

$$t = T/m$$

式中 $t$——流水节拍；

$T$——某施工过程的工作持续时间；

$m$——某施工过程划分的施工段数。

②流水步距。流水步距是指组织流水施工时，相邻两个施工过程（或专业工作队）相继开始施工的最小间隔时间。流水步距一般用 $K_{j,j+1}$ 来表示，其中 $j$（$j=1$，2，…，$n-1$）为专业工作队或施工过程的编号，它是流水施工的主要参数之一。

流水步距的数目取决于参加流水的施工过程数。如果施工过程数为 $n$ 个，则流水步距的总数为 $n-1$ 个。流水步距的大小取决于相邻两个施工过程（或专业工作队）在各个施工段上的流水节拍及流水施工的组织方式。确定流水步距时，一般应满足以下基本要求：

A. 各施工过程按各自流水速度施工，始终保持工艺先后顺序。

B. 各施工过程的专业工作队投入施工后尽可能保持连续作业。

C. 相邻两个施工过程（或专业工作队）在满足连续施工的条件下，能最大限度地实现合理搭接。

③流水施工工期。是指从第1个专业工作队投入流水施工开始，到最后1个专业工作队完成流水施工为止的整个持续时间。流水施工工期用 $T$ 表示。

**4. 流水施工的基本组织方式** 在流水施工中，由于流水节拍的规律不同，决定了流水步距、流水施工工期的计算方法等也不同，甚至影响到各个施工过程的专业工作队数目。因此，有必要按照流水节拍的特征将流水施工进行分类，其分类情况如下：

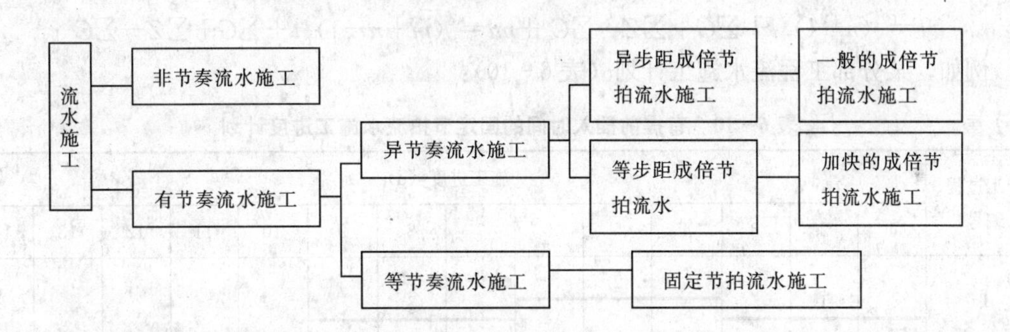


(1) 固定节拍流水施工。

①特点。A. 所有施工过程在各个施工段上的流水节拍均相等；B. 相邻施工过程的流水步距相等，且等于流水节拍；C. 专业工作队数等于施工过程数，即每1个施工过程成立1个专业工作队，由该队完成相应施工过程所有施工段上的任务；D. 各个专业工作队在各施工段上能够连续作业，施工段之间没有空闲时间。

②工期。

A. 有间歇时间的固定节拍流水施工。所谓间歇时间，是指相邻两个施工过程之间由于工艺或组织安排需要而增加的额外等待时间，包括工艺间歇时间（$G_{j,j+1}$）和组织间歇时间（$Z_{j,j+1}$）。对于有间歇时间的固定节拍流水施工，其流水施工工期可按下式计算：

$$T=(n-1)t+\sum G+\sum Z+mt$$
$$=(m+n-1)t+\sum G+\sum Z$$

例如，某分部工程流水施工计划（表6-9）。

**表 6-9　有间歇时间的固定节拍流水施工进度计划**

| 施工过程编号 | 施工进度（d） | | | | | | | | | | | | | | |
|---|---|---|---|---|---|---|---|---|---|---|---|---|---|---|---|
| | 1 | 2 | 3 | 4 | 5 | 6 | 7 | 8 | 9 | 10 | 11 | 12 | 13 | 14 | 15 |
| Ⅰ | ① | | ② | | ③ | | ④ | | | | | | | | |
| Ⅱ | | $K_{Ⅰ,Ⅱ}$ | ① | | ② | | ③ | | ④ | | | | | | |
| Ⅲ | | | | $K_{Ⅱ,Ⅲ}$ | $C_{Ⅱ,Ⅲ}$ | ① | | ② | | ③ | | ④ | | | |
| Ⅳ | | | | | | $K_{Ⅱ,Ⅲ}$ | | ① | | ② | | ③ | | ④ | |

$(n-1)t+\sum G$　　$mt$

$T$=15d

B. 有提前插入时间的固定节拍流水施工。所谓提前插入时间，是指相邻两个专业工作队在同一施工段上共同作业的时间。在工作面允许和资源有保证的前提下，专业工作队提前插入施工，可以缩短流水施工工期。对于有提前插入时间的固定节拍流水施工，其流水施工工期可按下式计算：

$$T=(n-1)t+\sum G+\sum Z-\sum C+mt=(m+n-1)t+\sum G+\sum Z-\sum C$$

例如，某分部工程流水施工计划（表 6-10）：

**表 6-10　有提前插入时间的固定节拍流水施工进度计划**

| 施工过程编号 | 施工进度（d） | | | | | | | | | | | | | |
|---|---|---|---|---|---|---|---|---|---|---|---|---|---|---|
| | 1 | 2 | 3 | 4 | 5 | 6 | 7 | 8 | 9 | 10 | 11 | 12 | 13 | 14 |
| Ⅰ | | ① | | | ② | | | ③ | | | | | | |
| Ⅱ | | $K_{Ⅰ,Ⅱ}$ | C | ① | | | ② | | | ③ | | | | |
| Ⅲ | | | $K_{Ⅱ,Ⅲ}$ | | C | ① | | | ② | | | ③ | | |
| Ⅳ | | | | | $K_{Ⅲ,Ⅳ}$ | C | ① | | | ② | | | ③ | |

$(n-1)t-\sum C$　　$mt$

$T$=14d

（2）*成倍节拍流水施工*。通常情况下，组织固定节拍的流水施工是比较困难的。因为在任一施工段上，不同的施工过程，其复杂程度不同，影响流水节拍的因素也不相同，很难使得各个施工过程的流水节拍都彼此相等。但是，如果施工段划分得合适，保持同一施工过程

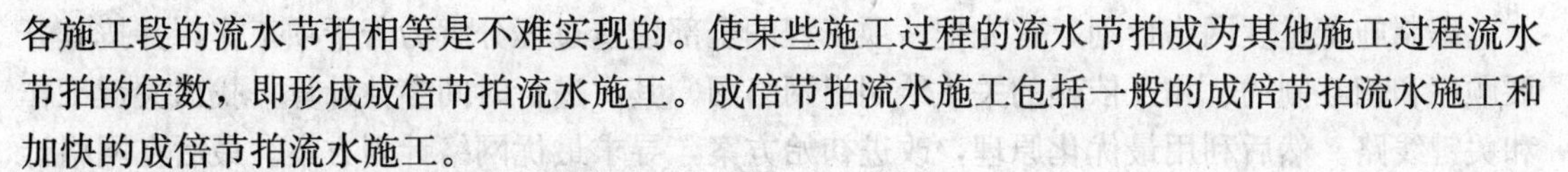


各施工段的流水节拍相等是不难实现的。使某些施工过程的流水节拍成为其他施工过程流水节拍的倍数，即形成成倍节拍流水施工。成倍节拍流水施工包括一般的成倍节拍流水施工和加快的成倍节拍流水施工。

①加快的成倍节拍流水施工的特点。

A. 同一施工过程在其各个施工段上的流水节拍均相等，不同施工过程的流水节拍不相等，但其值为倍数关系；

B. 相邻专业工作队的流水步距相等，且等于流水节拍的最大公约数（$K$）；

C. 专业工作队数大于施工过程数，即有的施工过程只成立一个专业工作队，而对于流水节拍大的施工过程，可按其倍数增加相应专业工作队数目；

D. 各个专业工作队在施工段上能够连续作业，施工段之间没有空闲时间。

②加快的成倍节拍流水施工工期可按下式计算：

$$T=(n'-1)K+\sum G+\sum Z-\sum C+mK$$
$$=(m+n'-1)K+\sum G+\sum Z-\sum C$$

式中 $n'$——专业工作队数目；

其余符号同前所述。

（3）非节奏流水施工。在组织流水施工时，经常由于工程结构形式、施工条件不同等原因，使得各施工过程在各施工段上的工程量有较大差异，或因专业工作队的生产效率相差较大，导致各施工过程的流水节拍随施工段的不同而不同，且不同施工过程之间的流水节拍有很大差异。这时，流水节拍虽无任何规律，但仍可利用流水施工原理组织流水施工，使各专业工作队在满足连续施工的条件下，实现最大搭接。这种非节奏流水施工方式是建设工程流水施工的普遍方式。

①非节奏流水施工的特点。A. 各施工过程在各施工段的流水节拍不全相等；B. 相邻施工过程的流水步距不尽相等；C. 专业工作队数等于施工过程数；D. 各专业工作队能够在施工段上连续作业，但有的施工队之间可能有空闲时间。

②流水步距的确定。在非节奏流水施工中，采用累加数列错位相减取大差法计算流水步距。基本步骤如下：

A. 对每一个施工过程在各施工段上的流水节拍依次累加，得各施工过程流水节拍的累加数列；

B. 将相邻施工过程流水节拍累加数列中的后者错后一位，相减后求得一个差数列；

C. 在差数列中取最大值，即为这两个相邻施工过程的流水步距。

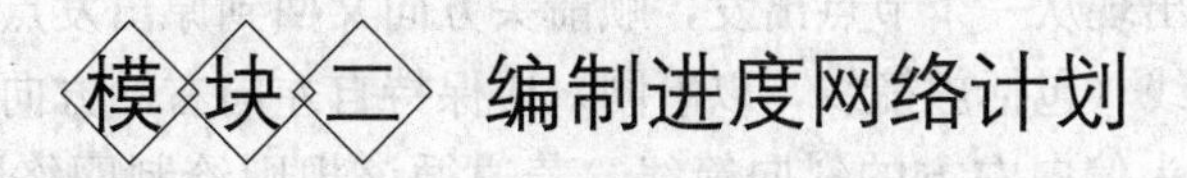

## 模块二 编制进度网络计划

在园林工程生产活动中，影响施工进度因素甚多，为保证施工的连续性，生产的均衡性，以最小的资源消耗取得最大的经济利益，必须加强园林施工的计划管理。利用网络计划技术实现这一目标无疑是一个有效方法，通过准确及时地收集大量信息数据，对施工进度实现动态管理，最终实现施工合同约定的交竣工日期的目标，达到施工进度计划控制的目的。

编制施工进度网络计划，首先把一项工程的全部建造过程分解为若干项工作，并按其开展顺序和相互制约、相互依赖的关系绘制出网络图。其次进行时间参数计算，找出关键工作和关键线路。然后利用最优化原理，改进初始方案，寻求最优网络计划方案。最后在网络计划执行过程中进行有效监督与控制，以最少的消耗获得最佳的经济效果。

## ◆ 工作任务一 绘制单、双代号网络图

**1. 任务分析** 网络图中的节点都必须有编号，其编号严禁重复，并应使每一条箭线上箭尾节点编号小于箭头节点编号。在双代号网络图中，有时存在虚箭线，虚箭线不代表实际工作，我们称之为虚工作。虚工作既不消耗时间，也不消耗资源。虚工作主要用来表示相邻两项工作之间的逻辑关系。在单代号网络图中，虚拟工作只能出现在网络图的起点节点或终点节点处。已知工作之间的逻辑关系如表 6－11、6－12、6－13 所示，试分别绘制双代号网络图和单代号网络图。

**表 6－11**

| 工作 | A | B | C | D | E | G | H |
|---|---|---|---|---|---|---|---|
| 紧前工作 | C、D | E、H | — | — | — | D、H | — |

**表 6－12**

| 工作 | A | B | C | D | E | G |
|---|---|---|---|---|---|---|
| 紧前工作 | — | — | — | — | B、C、D | A、B、C |

**表 6－13**

| 工作 | A | B | C | D | E | G | H | I | J |
|---|---|---|---|---|---|---|---|---|---|
| 紧前工作 | E | H、A | J、G | H、I、A | — | H、A | — | — | E |

**2. 实践操作**

（1）绘制双代号网络图。

①网络图必须按照已定的逻辑关系绘制。

②网络图中严禁出现从一个节点出发，顺箭头方向又回到原出发点的循环回路。

③网络图中的箭线（包括虚箭线，以下同）应保持自左向右的方向，不应出现箭头指向左方的水平箭线和箭头偏向左方的斜向箭线。若遵循该规则绘制网络图，就不会出现循环回路。

④网络图中严禁出现双向箭头和无箭头的连线。

⑤网络图中严禁出现没有箭尾节点的箭线和没有箭头节点的箭线。

⑥严禁在箭线上引入或引出箭线。但当网络图的起点节点有多条箭线引出（外向箭线）或终点节点有多条箭线引入（内向箭线）时，为使图形简洁，可用母线法绘图。即：将多条

箭线经一条共用的垂直线段从起点节点引出或将多条箭线经一条共用的垂直线段引入终点节点。

⑦应尽量避免网络图中工作箭线的交叉。

⑧网络图中应只有一个起点节点和一个终点节点（任务中部分工作需要分期完成的网络计划除外）。除网络图的起点节点和终点节点外，不允许出现没有外向箭线的节点和没有内向箭线的节点。

（2）绘制单双代号网络图　单代号网络图的绘图规则与双代号网络图的绘图规则基本相同，主要区别在于，当网络图中有多项开始工作时，应增设一项虚拟的工作（S），作为该网络图的起点节点；当网络图中有多项结束工作时，应增设一项虚拟的工作（F），作为该网络图的终点节点（图 6-1）。

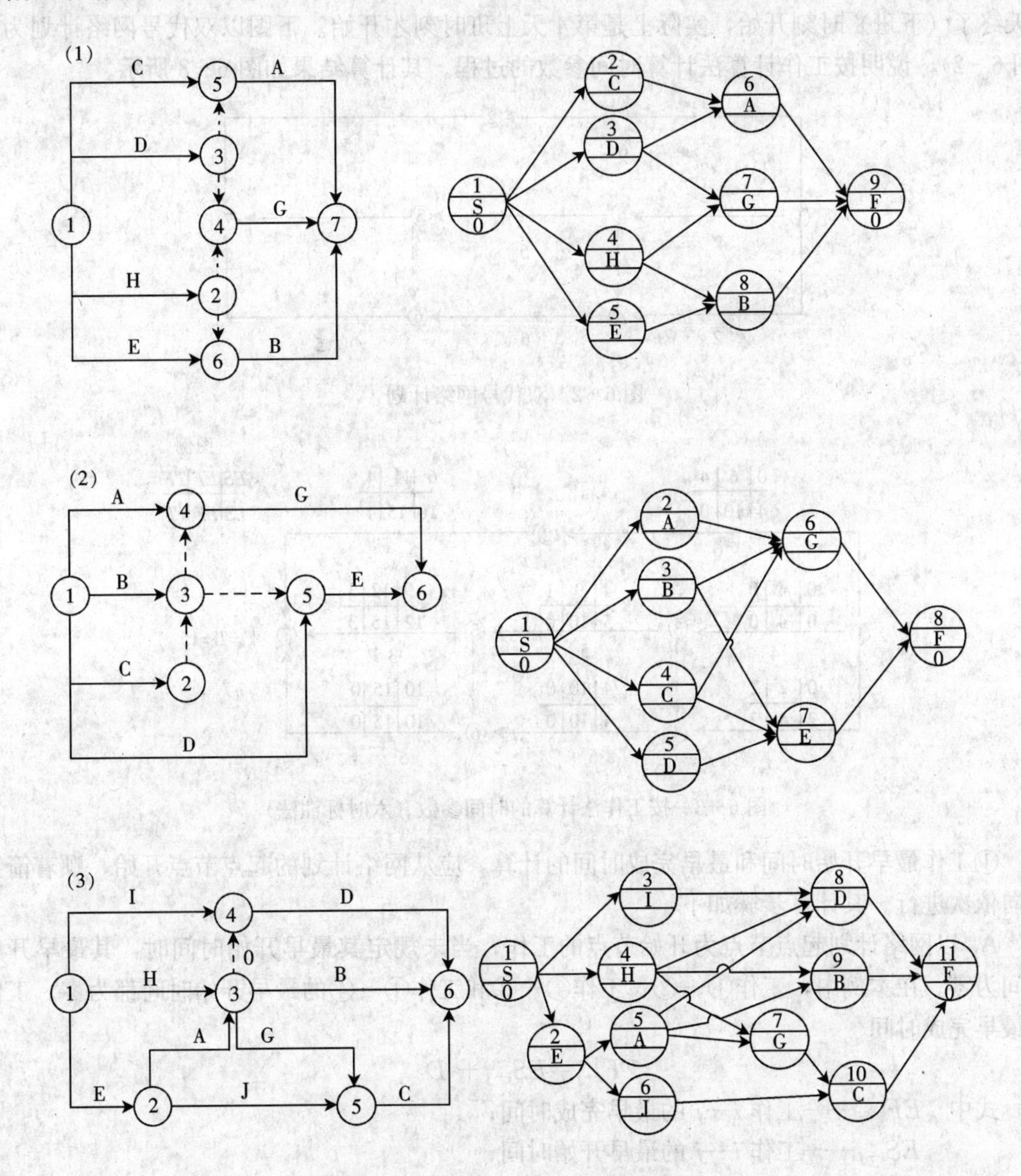


图 6-1　单双代号网络图的绘制

## ◆ 工作任务二　双代号网络计划时间参数计算

**1. 任务分析**　双代号网络计划的时间参数计算，有按工作计算法、按节点计算法及标号法，常用的是按工作计算法和标号法。

**2. 实践操作**

(1) 按工作计算。以网络计划的工作为对象，直接计算各项工作的时间参数。这些时间参数包括：工作的最早开始时间和最早完成时间、工作的最迟开始时间和最迟完成时间、工作的总时差和自由时差。此外，还应计算网络计划的计算工期。为了简化计算，网络计划时间参数中的开始时间和完成时间都应以时间单位的终了时刻为标准。如第 3 天开始即是指第 3 天终了（下班）时刻开始，实际上是第 4 天上班时刻才开始。下图以双代号网络计划为例（图 6－2），说明按工作计算法计算时间参数的过程。其计算结果如图 6－3 所示。

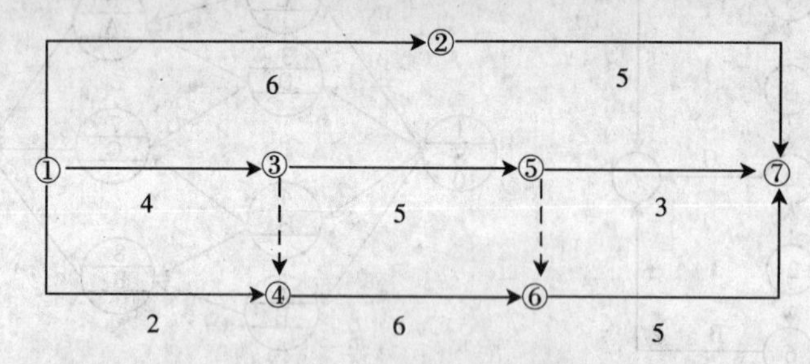

图 6－2　双代号网络计划

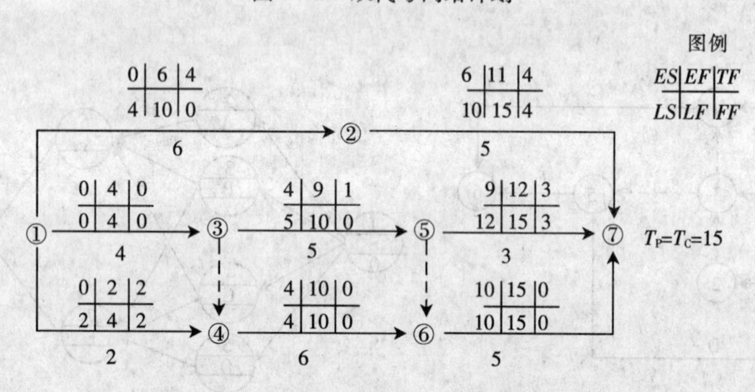


图 6－3　按工作法计算的时间参数（六时标注法）

①工作最早开始时间和最早完成时间的计算，应从网络计划的起点节点开始，顺着箭线方向依次进行。其计算步骤如下：

A. 以网络计划起点节点为开始节点的工作，当未规定其最早开始时间时，其最早开始时间为零。在本例中，工作①—②、工作①—③和工作①—④的最早开始时间都为零。工作的最早完成时间

$$EF_{i-j}=ES_{i-j}+D_{i-j}$$

式中　$EF_{i-j}$——工作 $i$—$j$ 的最早完成时间；

$ES_{i-j}$——工作 $i$—$j$ 的最早开始时间；

$D_{i-j}$——工作 $i$—$j$ 的持续时间。

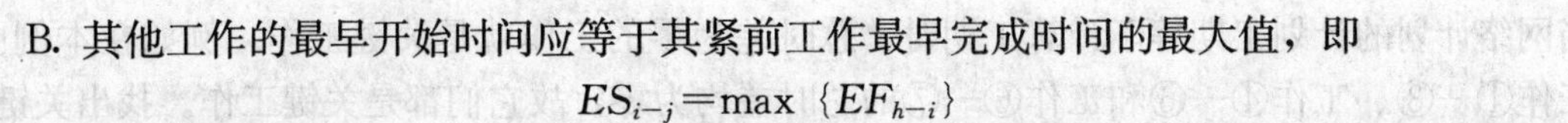

B. 其他工作的最早开始时间应等于其紧前工作最早完成时间的最大值，即

$$ES_{i-j}=\max\{EF_{h-i}\}$$

式中　$ES_{i-j}$——工作 $i$—$j$ 的紧前工作

　　　$EF_{h-i}$——（非虚工作）的最早完成时间。

C. 网络计划的计算工期应等于网络计划终点节点为完成节点的工作的最早完成时间的最大值，即

$$T_C=\max\{EF_{i-n}\}$$

式中　$T_C$——网络计划的计算工期。

　　$EF_{i-n}$——以网络计划终点节点 $n$ 为完成节点的工作的最早完成时间。

D. 确定网络计划的计划工期

网络计划的计划工期在本例中，假设没有规定要求工期，其计划工期就等于计算工期，即

$$T_P=T_C=15$$

计划工期应标注在网络计划终点节点的右上方，如图 6－3 所示。

②工作最迟完成时间和最迟开始时间的计算，应从网络计划的终点节点开始，逆着箭线方向依次进行。其计算步骤如下：

以网络计划终点节点为完成节点的工作，其最迟完成时间等于网络计划的计划工期，即

$$LF_{i-n}=T_p$$

式中　$LF_{i-n}$为以网络计划终点节点 $n$ 为完成节点的工作的最迟完成时间。

工作最迟开始时间：

$$LS_{i-j}=LF_{i-j}-D_{i-j}$$

式中　$LS_{i-j}$——工作 $i$—$j$ 的最迟开始时间；

其他工作的最迟完成时间应等于其紧后工作最迟开始时间的最小值，即

$$LF_{i-j}=\min\{LS_{j-k}\}$$

式中　$LF_{i-j}$——工作 $i$—$j$ 的紧后工作；

　　　$LS_{j-k}$——$j$—$k$（非虚工作）的最迟开始时间。

③计算工作的总时差。工作的总时差等于该工作最迟完成时间与最早完成时间之差，或该工作最迟开始时间与最早开始时间之差，即

$$TF_{i-j}=LF_{i-j}-EF_{i-j}=LS_{i-j}-ES_{i-j}$$

式中　$TF_{i-j}$——工作 $i$—$j$ 的总时差。

④计算工作的自由时差。工作自由时差的计算按以下两种情况分别考虑：对于有紧后工作的工作，其自由时差等于本工作之紧后工作最早开始时间减本工作最早完成时间所得之差的最小值，即

$$FF_{i-j}=\min\{ES_{j-k}-EF_{i-j}\}$$

式中　$FF_{i-j}$——工作 $i$—$j$ 的自由时差。

对于无紧后工作的工作，也就是以网络计划终点节点为完成节点的工作其自由时差等于计划工期与本工作最早完成时间之差，即

$$FF_{i-j}=T_P-EF_{i-n}$$

⑤确定关键工作和关键线路。在网络计划中，总时差最小的工作为关键工作。特别地，

当网络计划的计划工期等于计算工期时，总时差为零的工作就是关键工作。例如在本例中，工作①—③、工作④—⑥和工作⑥—⑦的总时差均为零，故它们都是关键工作。找出关键工作之后，将这些关键工作首尾相连，便构成一条从起点节点到终点节点的通路，通路上各项工作的持续时间总和最大的就是关键线路。在关键线路上可能有虚工作存在。

关键线路用粗箭线或双线箭线标出，也可以用彩色箭线标出。例如在本例中，线路①→③→④→⑥→⑦即为关键线路。关键线路上各项工作的持续时间总和应等于网络计划的计算工期，这一特点也是判别关键线路是否正确的准则。

在上述计算过程中，是将每项工作的 6 个时间参数均标注在图中，故称为六时标注法。

（2）用标号法计算　标号法是 1 种快速寻求网络计划计算工期和关键线路的方法。它对网络计划中的每 1 个节点进行标号，然后利用标号值确定网络计划的计算工期和关键线路。下面仍以图 6－2 所示网络计划为例，说明标号法的计算过程。其计算结果如图 6－4 所示。

①网络计划起点节点的标号值为零。例如在本例中，节点①的标号值为零，即 $b_1=0$。

②其他节点的标号值应根据公式：

$$b_j=\max\{b_i+D_{i-j}\}$$

按节点编号从小到大的顺序逐个进行计算。

式中　$b_j$——工作 $i$—$j$ 的完成节点 $j$ 的标号值；

$b_i$——工作 $i$—$j$ 的开始节点 $i$ 的标号值。

③当计算出节点的标号值后，应该用其标号值及其源节点对该节点进行双标号。所谓源节点，就是用来确定本节点标号值的节点，例如在本例中，节点④的标号值 4 是由节点③所确定，故节点④的源节点就是节点③。如果源节点有多个，应将所有源节点标出。

④网络计划的计算工期就是网络计划终点节点的标号值。例如在本例中，其计算工期就等于终点节点⑦的标号值 15。

⑤关键线路应从网络计划的终点节点开始，逆着箭线方向按源节点确定。例如在本例中，从终点节点⑦开始，逆着箭线方向按源节点可以找出关键线路为①→③→④→⑥→⑦。

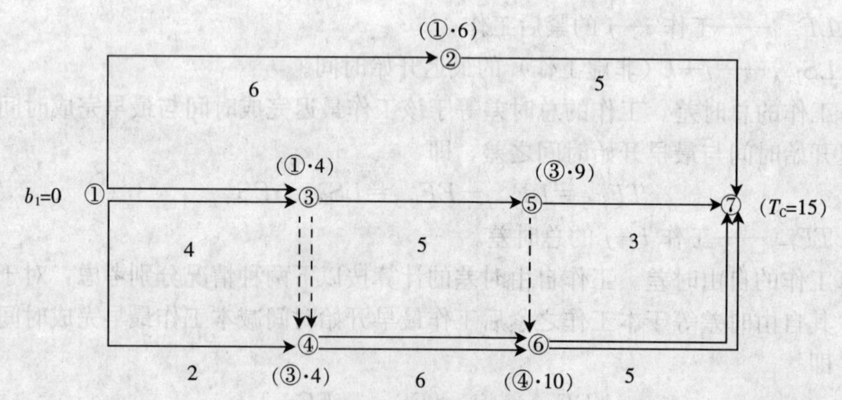


图 6－4　标号法确定网络计划关键线路、计算工期

## ◆ 工作任务三　单代号网络计划时间参数计算

**1. 任务分析**　单代号网络计划与双代号网络计划只是表现形式不同，它们所表达的内容

则完全一样。以单代号网络计划为例（图 6-5），计算时间参数，计算结果应该如图 6-6 所示。

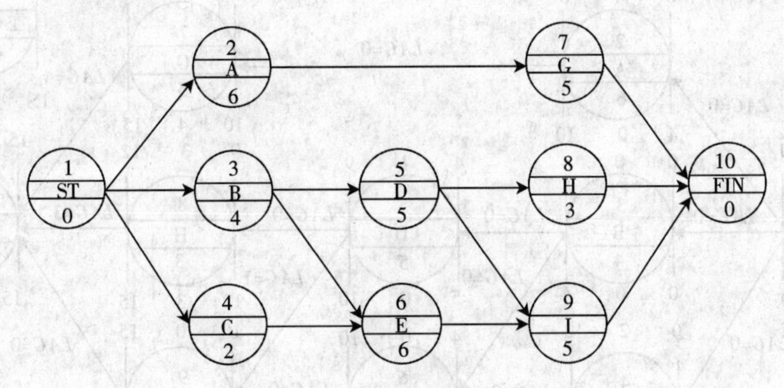


图 6-5　单代号网络计划

**2. 实践操作**

（1）计算工作的最早开始时间和最早完成时间。工作最早开始时间和最早完成时间的计算应从网络计划的起点节点开始，顺着箭线方向按节点编号从小到大的顺序依次进行。其计算步骤如下：

①网络计划起点节点所代表的工作，其最早开始时间未规定时取值为零。例如起点节点 ST 所代表的工作（虚拟工作）的最早开始时间为零，即

$$ES_1=0$$

②工作的最早完成时间应等于本工作的最早开始时间与其持续时间之和，即

$$EF_i=ES_i+D_i$$

式中　$EF_i$——工作 $i$ 的最早完成时间；

$ES_i$——工作 $i$ 的最早开始时间；

$D_i$——工作 $i$ 的持续时间。

③其他工作的最早开始时间应等于其紧前工作最早完成时间的最大值，即

$$ES_j=\max\{EF_i\}$$

式中　$ES_j$——工作 $j$ 的最早开始时间；

$EF_i$——工作 $j$ 的紧前工作 $i$ 的最早完成时间。

④网络计划的计算工期等于其终点节点所代表的工作的最早完成时间。例如在本例中，其计算工期为：

$$T_c=EF_{10}=15$$

（2）计算相邻两项工作之间的时间间隔。相邻两项工作之间的时间间隔是指其紧后工作的最早开始时间与本工作最早完成时间的差值，即

$$LAG_{i,j}=ES_j-EF_i$$

式中　$LAG_{i,j}$——工作 $i$ 与其紧后工作 $j$ 之间的时间间隔；

$ES_j$——工作 $i$ 的紧后工作 $j$ 的最早开始时间；

$EF_i$——工作 $i$ 的最早完成时间。

（3）确定网络计划的计划工期。在本例中，假设未规定要求工期，其计划工期就等于计

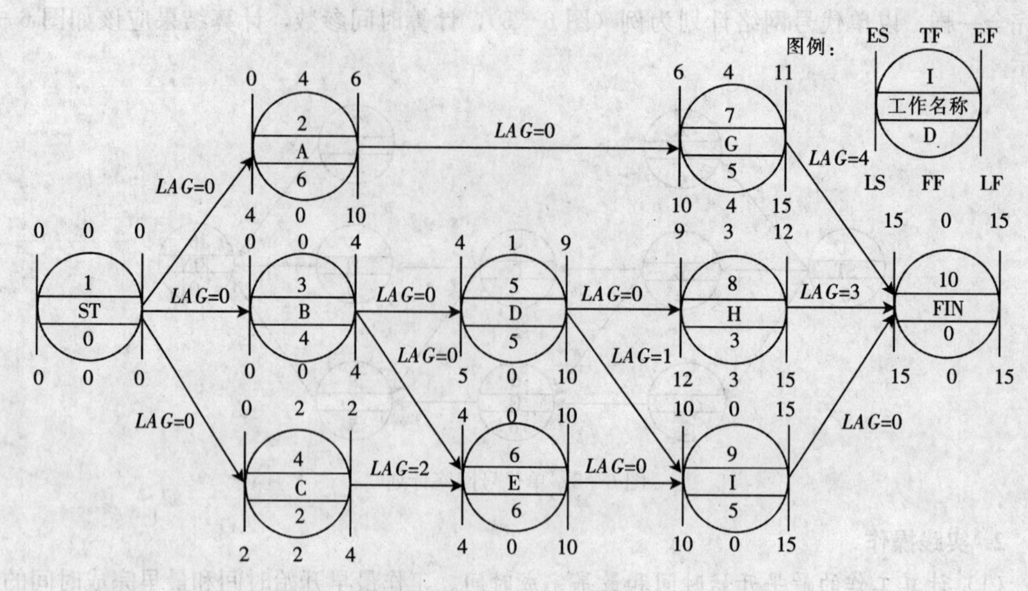


图 6-6　单代号网络计划时间参数计算结果

算工期，即：$T_P=T_C=15$。

（4）计算工作的总时差。工作总时差的计算应从网络计划的终点节点开始，逆着箭线方向按节点编号从大到小的顺序依次进行。

①网络计划终点节点 $n$ 所代表的工作的总时差应等于计划工期与计算工期之差，即：

$$TF_n=T_P-T_C$$

②其他工作的总时差应等于本工作与其各紧后工作之间的时间间隔加该紧后工作的总时差所得之和的最小值，即：

$$TF_i=\min\{LAG_{i,j}+TF_j\}$$

式中　$TF_i$——工作 $i$ 的总时差；

$LAG_{i,j}$——工作 $i$ 与其紧后工作 $j$ 之间的时间间隔；

$TF_j$——工作 $i$ 的紧后工作 $j$ 的总时差。

（5）计算工作的自由时差。

①网络计划终点节点所代表的工作的自由时差等于计划工期与本工作的最早完成时间之差，即

$$FF_n=T_P-EF_n$$

式中　$FF_n$——终点节点 $n$ 所代表的工作的自由时差；

$T_P$——网络计划的计划工期；

$EF_n$——终点节点所代表的工作的最早完成时间（即计算工期）。

②其他工作的自由时差等于本工作与其紧后工作之间时间间隔的最小值，即

$$FF_i=\min\{LAG_{i,j}\}$$

（6）计算工作的最迟完成时间和最迟开始时间。

①根据总时差计算

A. 工作的最迟完成时间等于本工作的最早完成时间与其总时差之和，即

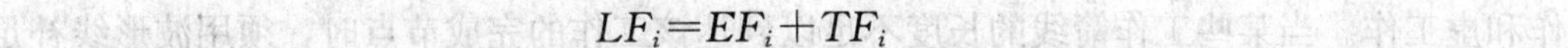

$$LF_i = EF_i + TF_i$$

B. 工作的最迟开始时间等于工作的最早开始时间与其总时差之和，即

$$LS_i = ES_i + TF_i$$

②根据计划工期计算。工作的最迟完成时间和最迟开始时间的计算应从网络计划的终点节点开始，向按节点编号从大到小的顺序依次进行。

网络计划终点节点 $n$ 所代表的工作的最迟完成时间等于该网络计划的计划工期，即

$$LF_n = T_P$$

A. 工作的最迟开始时间等于本工作的最迟完成时间与其持续时间之差，即

$$LS_i = LF_i - D_i$$

B. 其他工作的最迟完成时间等于该工作各紧后工作最迟开始时间的最小值，即

$$LF_i = \min\ \{LS_j\}$$

（7）确定网络计划的关键线路。

①利用关键工作确定关键线路。如前所述，总时差最小的工作为关键工作。将这些关键工作相连并保证工作之间的时间间隔为零而构成的线路就是关键线路。

②利用相邻两项工作之间的时间间隔确定关键线路。从网络计划的终点节点开始，逆着箭线方向依次找出相邻两项工作之间时间间隔为零的线路就是关键线路。在网络计划中，关键线路可以用双箭线标出，也可以用彩色箭线标出。

## ◆ 工作任务四　双代号时标网络计划的绘制和计算

**1. 任务分析**　双代号时标网络计划（简称时标网络计划）以水平时间坐标为尺度表示工作时间，坐标的时间单位应根据需要在编制网络计划之前确定，可以是小时、天、周、月或季度等。在时标网络计划中，以实箭线表示工作，实箭线的水平投影长度表示该工作的持续时间；以虚箭线表示虚工作，由于虚工作的持续时间为零，故虚箭线只能垂直画；以波形线表示工作与其紧后工作之间的时间间隔（以终点节点为完成节点的工作除外，当计划工期等于计算工期时，这些工作箭线中波形线的水平投影长度表示其自由时差）。时标网络计划既具有网络计划的优点，又具有横道计划直观易懂的优点。

**2. 实践操作**

（1）绘制时标网络计划。时标网络计划宜按各项工作的最早开始时间编制。为此，在编制时标网络计划时应使每一个节点和每一项工作（包括虚工作）尽量向左靠，直至不出现从右向左的逆向箭线为止。在编制时标网络计划之前，应先按已经确定的时间单位绘制时标网络计划表。时间坐标可以标注在时标网络计划表的顶部或底部。当网络计划的规模比较大，且比较复杂时，可以在时标网络计划的顶部和底部同时标注时间坐标。必要时，还可以在顶部时间坐标之上或底部时间坐标之下同时加注日历时间。时标网络计划表中部的刻度线宜为细线（表 6-14）。为使图面清晰简洁，此线也可不画或少画。编制时标网络计划应先绘制无时标的网络计划草图，然后按间接绘制法或直接绘制法进行。

①间接绘制法。所谓间接绘制法，是指先根据无时标的网络计划草图计算其时间参数并确定关键线路。然后在时标网络计划表中进行绘制。在绘制时应先将所有节点按其最早时间定位在时标网络计划表中的相应位置，然后再用规定线型（实箭线和虚箭线）按比例绘出工

作和虚工作。当某些工作箭线的长度不足以到达该工作的完成节点时，须用波形线补足，箭头应画在与该工作完成节点的连接处。

②直接绘制法。所谓直接绘制法，是指不计算时间参数而直接按无时标的网络计划草图绘制时标网络计划（图 6－7）。

表 6－14　时标网络计划表

| 日历 | | | | | | | | | | | | | | | | |
|---|---|---|---|---|---|---|---|---|---|---|---|---|---|---|---|---|
| （时间单位） | 1 | 2 | 3 | 4 | 5 | 6 | 7 | 8 | 9 | 10 | 11 | 13 | 13 | 14 | 15 | 16 |
| 网络计划 | | | | | | | | | | | | | | | | |
| （时间单位） | 1 | 2 | 3 | 4 | 5 | 6 | 7 | 8 | 9 | 10 | 11 | 13 | 13 | 14 | 15 | 16 |

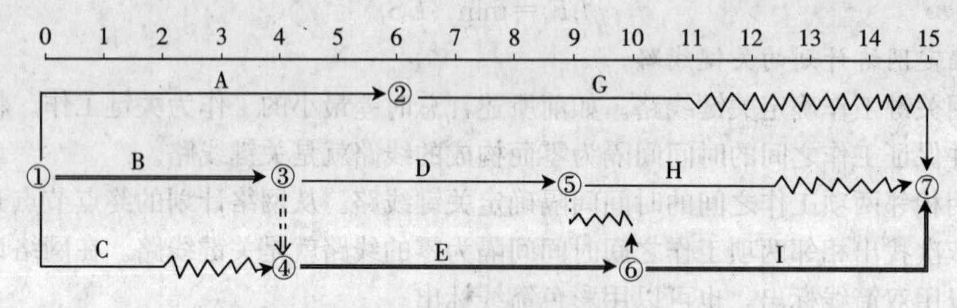


图 6－7　双代号时标网络计划

（2）判定关键线路和计算工期。

①关键线路的判定。时标网络计划中的关键线路可从网络计划的终点节点开始，逆着箭线方向进行判定。凡自始至终不出现波形线的线路即为关键线路。因为不出现波形线，就说明在这条线路上相邻两项工作之间的时间间隔全部为零，也就是在计算工期等于计划工期的前提下，这些工作的总时差和自由时差全部为零。

②计算工期的判定。网络计划的计算工期应等于终点节点所对应的时标值与起点节点所对应的时标值之差。

（3）计算相邻两项工作之间时间间隔。除以终点节点为完成节点的工作外，工作箭线中波形线的水平投影长度表示工作与其紧后工作之间的时间间隔。

（4）计算工作的六个时间参数。

①计算工作最早开始时间和最早完成时间。工作箭线左端节点中心所对应的时标值为该工作的最早开始时间。当工作箭线中不存在波形线时，其右端节点中心所对应的时标值为该工作的最早完成时间；当工作箭线中存在波形线时，工作箭线实线部分右端点所对应的时标值为该工作的最早完成时间。

②计算工作总时差。工作总时差的判定应从网络计划的终点节点开始，逆着箭线方向依次进行。以终点节点为完成节点的工作，其总时差应等于计划工期与本工作最早完成时间之差。其他工作的总时差等于其紧后工作的总时差加本工作与该紧后工作之间的时间间隔所得之和的最小值。

③计算工作自由时差。以终点节点为完成节点的工作，其自由时差等于计划工期与本工作最早完成时间之差。其他工作的自由时差就是该工作箭线中波形线的水平投影长度。

④计算工作最迟开始时间和最迟完成时间。工作最迟开始时间等于本工作最早开始时间

与其总时差之和。工作最迟完成时间等于本工作最早完成时间与其总时差之和。

## ◆ 理论知识一　网络图

**1. 网络图的概念**　网络图是由箭线和节点组成，用来表示工作流程的有向、有序网状图形。一个网络图表示一项计划任务。网络图中的工作是计划任务按需要粗细程度划分而成的、消耗时间或同时也消耗资源的1个子项目或子任务。

工作可以是单位工程也可以是分部工程、分项工程或1个施工过程。在一般情况下，完成一项工作既需要消耗时间，也需要消耗劳动力、原材料、施工机具等资源。但也有一些工作只消耗时间而不消耗资源，如混凝土浇筑后的养护过程和墙面抹灰的干燥过程等。

网络图有双代号网络图和单代号网络图两种。双代号网络图又称箭线式网络图，它是以箭线及其两端节点的编号表示工作；同时，节点表示工作的开始或结束以及工作之间的连接状态。单代号网络图又称节点式网络图，它是以节点及其编号表示工作，箭线表示工作之间的逻辑关系（图6-8、图6-9）。

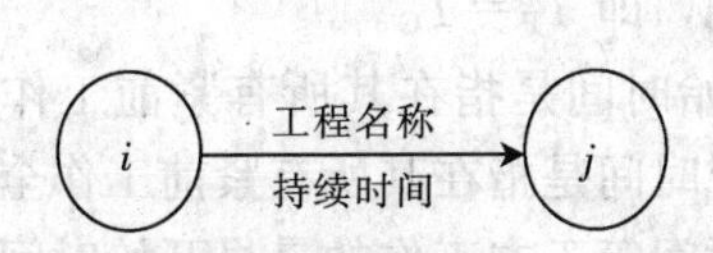


图6-8　双代号网络图中工作的表示方法

图6-9　单代号网络图中工作的表示方法

**2. 网络图中工作之间的关系**

（1）紧前工作。在网络图中，相对于某工作而言，紧排在该工作之前的工作称为该工作的紧前工作。

（2）紧后工作。在网络图中，相对于某工作而言，紧排在该工作之后的工作称为该工作的紧后工作。

（3）平行工作。在网络图中，相对于某工作而言，可以与该工作同时进行的工作即为该工作的平行工作。

（4）先行工作。相对于某工作而言，从网络图的第1个节点（起点节点）开始，顺箭头方向经过一系列箭线与节点到达该工作为止的各条通路上的所有工作，都称为该工作的先行工作。

（5）后续工作。相对于某工作而言，从该工作之后开始，顺箭头方向经过一系列箭线与节点到网络图最后1个节点（终点节点）的各条通路上的所有工作，都为该工作的后续工作。

**3. 网络图中的线路、关键线路和关键工作**

（1）线路。网络图中从起点节点开始，沿箭头方向顺序通过一系列箭线与节点，最后到达终点节点的通路称为线路。线路既可依次用该线路上的节点编号表示，也可依次用该线路上的工作名称表示。

（2）关键线路。关键线路法（CPM）中，线路上所有工作的持续时间总和称为该线路的总持续时间。总持续时间最长的线路称为关键线路，关键线路的长度就是网络计划的总工期。

（3）关键工作。关键线路上的工作称为关键工作。在网络计划的实施过程中，关键工作的实际进度提前或拖后，均会对总工期产生影响。因此，关键工作的实际进度是建设工程进度控制工作中的重点。

## ◆ 理论知识二　网络计划时间参数

所谓网络计划，是指在网络图上加注时间参数而编制的进度计划。网络计划时间参数的计算应在各项工作的持续时间确定之后进行。所谓时间参数，是指网络计划、工作及节点所具有的各种时间值。

**1. 工作持续时间**　工作持续时间是指一项工作从开始到完成的时间。在双代号网络计划中，工作 $i—j$ 的持续时间用 $D_{i-j}$ 表示；在单代号网络计划中，工作 $i$ 的持续时间用 $D_i$ 表示。

**2. 工期**　工期泛指完成一项任务所需要的时间。在网络计划中有 3 种工期。

（1）*计算工期*。根据网络计划时间参数计算得到的工期。用 $T_C$ 表示。

（2）*要求工期*。任务委托人提出的指令性工期。用 $T_r$ 表示。

（3）*计划工期*。根据要求工期和计算工期所确定的作为实施目标的工期。用 $T_P$ 表示。

当已规定了要求工期时，计划工期不应超过要求工期，即 $T_r \geqslant T_P$。

当未规定要求工期时，可令计划工期等于计算工期，即 $T_P = T_C$。

**3. 最早开始时间和最早完成时间**　工作的最早开始时间是指在其所有紧前工作全部完成后，本工作有可能开始的最早时刻。工作的最早完成时间是指在其所有紧前工作全部完成后，本工作有可能完成的最早时刻。工作的最早完成时间等于本工作的最早开始时间与其持续时间之和。

在双代号网络计划中，工作 $i—j$ 的最早开始时间和最早完成时间分别用 $ES_{i-j}$ 和 $EF_{i-j}$ 表示；在单代号网络计划中，工作 $i$ 的最早开始时间和最早完成时间用 $ES_i$ 和 $EF_i$ 表示。

**4. 最迟完成时间和最迟开始时间**　工作的最迟完成时间是指在不影响整个任务按期完成的前提下，本工作必须完成的最迟时刻。工作的最迟开始时间是指在不影响整个任务按期完成的前提下，本工作必须开始的最迟时刻。工作的最迟开始时间等于本工作的最迟完成时间与其持续时间之差。在双代号网络计划中，工作 $i—j$ 的最迟完成时间和最迟开始时间分别用 $LF_{i-j}$ 和 $LS_{i-j}$ 表示。在单代号网络计划中，工作 $i$ 的最迟完成时间和最迟开始时间分别用 $LF_i$ 和 $LS_i$ 表示。

**5. 总时差和自由时差**　工作的总时差是指在不影响总工期的前提下，本工作可以利用的机动时间。但是在网络计划的执行过程中，如果利用某项工作的总时差，则有可能使该工作后续工作的总时差减小。在双代号网络计划中，工作 $i—j$ 的总时差用 $TF_{i-j}$ 表示；在单代号网络计划中，工作 $i$ 的总时差用 $TF_i$ 表示。

工作的自由时差是指在不影响其紧后工作最早开始时间的前提下，本工作可以利用的机动时间。在网络计划的执行过程中，工作的自由时差是该工作可以自由使用的时间。在双代号网络计划中，工作 $i—j$ 的自由时差用 $FF_{i-j}$ 表示；在单代号网络计划中，工作 $i$ 的自由时差用 $FF_i$ 表示。从总时差和自由时差的定义可知，对于同一项工作而言工作的总时差为零时，其自由时差必然为零。

**6. 相邻两项工作之间的时间间隔**　相邻两项工作之间的时间间隔是指本工作的最早完成时间与其紧后工作最早开始时间之间可能存在的差值。工作 $i$ 与工作 $j$ 之间的时间间隔用

$LAG_{i-j}$表示。

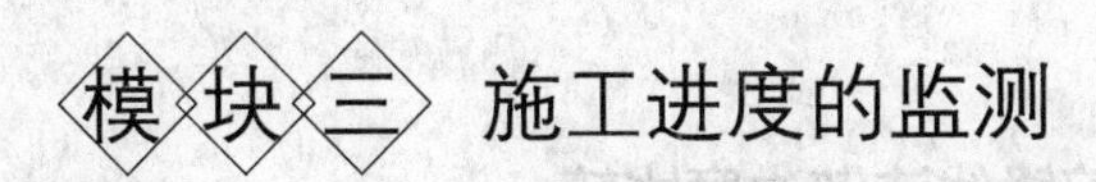

## 模块三　施工进度的监测

在工程施工过程中，进度控制工作人员要及时通过基层作业施工进度报表，亲临施工现场检查实际施工进度，召开现场施工分析会，随时了解并通报实际施工进度情况。影响施工进度的要素很多，施工条件的变化、施工技术上的失误、施工组织管理不力、经济上的纠纷、意外事件的出现等因素都会影响施工进度，要加以分析对比，找出工期偏差的原因及对总工期和后续工作的影响程度。

### ◆ 工作任务一　用横道图法做进度比较

**1. 任务分析**　实际进度与计划进度的比较是建设工程进度监测的主要环节。常用的进度比较方法有横道图、前锋线、S曲线、香蕉曲线、列表比较。横道图比较法是指将项目实施过程中检查实际进度收集到的数据，经加工整理后直接用横道线平行绘于原计划的横道线处，进行实际进度与计划进度的比较方法。采用横道图比较法，可以形象、直观地反映实际进度与计划进度的比较情况。

某工程项目基础工程的计划进度和截止到第9周末的实际进度表中的细线条表示该工程计划进度，粗实线表示实际进度（表6－15）。下面采用横道图法比较进度。

**2. 实践操作**　从图中实际进度和计划进度的比较可以看出，到第9周末进行实际进度检查时，挖土方和做垫层两项工作已经完成；支模板按计划也应该完成，但实际只完成75%，任务量拖欠25%；绑扎钢筋按计划应该完成60%，而实际只完成20%，任务量拖欠40%。

**表6－15　实际进度与计划进度横道图比较**

| 工作名称 | 持续时间 | 进度计划（周） | | | | | | | | | | | | | | | |
|---|---|---|---|---|---|---|---|---|---|---|---|---|---|---|---|---|---|
| | | 1 | 2 | 3 | 4 | 5 | 6 | 7 | 8 | 9 | 10 | 11 | 12 | 13 | 14 | 15 | 16 |
| 挖土方 | 6 | | | | | | | | | | | | | | | | |
| 做垫层 | 3 | | | | | | | | | | | | | | | | |
| 支模板 | 4 | | | | | | | | | | | | | | | | |
| 绑钢筋 | 5 | | | | | | | | | | | | | | | | |
| 混凝土 | 4 | | | | | | | | | | | | | | | | |
| 回填土 | 5 | | | | | | | | | | | | | | | | |

——计划进度　　↑检查日期

——实际进度

实际进度与计划进度的比较是建设工程进度监测的主要环节。常用的进度比较方法有横道图、前锋线、S曲线、香蕉、曲线、列表比较、横道图比较法是指将项目实施过程中检查实际进度收集到的数据，经加工整理后直接用横道线平行绘于原计划的横道线处，进行实际进度与计划进度的比较方法。采用横道图比较法，可以形象，直观地反映实际进度与计划进度的比较情况。

## ◆ 工作任务二　用前锋线法做进度比较

**1. 任务分析**　某工程项目时标网络计划如图 6－10 所示。该计划执行到第 6 周末检查实际进度时，发现工作 A 和 B 已经全部完成，工作 D、E 分别完成计划任务量的 20%和 50%，工作 C 尚需 3 周完成，试用前锋线法进行实际进度与计划进度的比较。

通过实际进度与计划进度的比较确定进度偏差后，还可根据工作的自由时差和总时差预测该进度偏差对后续工作及项目总工期的影响。前锋线比较法既适用于工作实际进度与计划进度之间的局部比较，又可用来分析和预测工程项目整体进度状况。

**2. 实践操作**

（1）根据第 6 周末实际进度的检查结果绘制前锋线（图 6－10）。

（2）比较结果分析。工作 D 实际进度拖后 2 周，将使其后续工作 F 最早开始时间推迟 2 周，并使总工期延长 1 周；工作 E 实际进度拖后 1 周，既不影响总工期，也不影响其后续工作的正常进行；工作 C 实际进度拖后 2 周，将使其后续工作 G、H、J 的最早开始时间推迟 2 周。由于工作 G、J 开始时间的推迟，从而使总工期延长 2 周。

综上所述，如果不采取措施加快进度，该工程项目的总工期将延长 2 周。

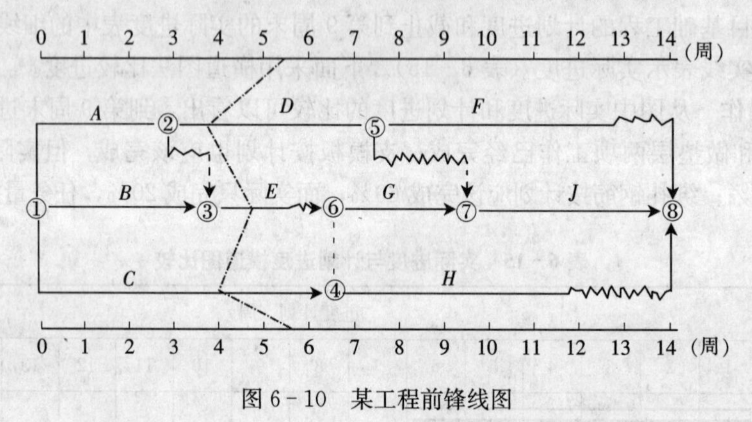


图 6－10　某工程前锋线图

## ◆ 理论知识一　前锋线比较法

**1. 前锋线比较法的概念**　前锋线比较法是通过绘制某检查时刻工程项目实际进度前锋线，进行工程实际进度与计划进度比较的方法，它主要适用于时标网络计划。所谓前锋线，是指在原时标网络计划上，从检查时刻的时标点出发，用点画线依次将各项工作实际进展位置点连接而成的折线。

**2. 前锋线比较法的步骤**　前锋线比较法就是通过实际进度前锋线与原进度计划中各工作箭线交点的位置来判断工作实际进度与计划进度的偏差，进而判定该偏差对后续工作及总工期影响程度的一种方法。采用前锋线比较法进行实际进度与计划进度的比较，其步骤如下：

（1）绘制时标网络计划图。工程项目实际进度前锋线是在时标网络计划图上标示，为清楚起见图的上方和下方各设一时间坐标。

（2）绘制实际进度前锋线。从时标网络计划图上方时间坐标的检查日期开始绘制，依次连接相邻工作的实际进展位置点，最后与时标网络计划图下方坐标的检查日期相连接。

（3）进行实际进度与计划进度的比较。前锋线可以直观地反映出检查日期有关工作实际进度与计划进度之间的关系。对某工作来说，其实际进度与计划进度之间的关系可能存在以下三种情况：

①工作实际进展位置点落在检查日期的左侧，表明该工作实际进度拖后，拖后的时间为二者之差；

②工作实际进展位置点与检查日期重合，表明该工作实际进度与计划进度一致；

③工作实际进展位置点落在检查日期的右侧，表明该工作实际进度超前，超前的时间为二者之差。

## ◆ 理论知识二　建设工程进度监测

对进度计划的执行情况进行跟踪检查是进度分析和调整的依据，也是进度控制的关键步骤。跟踪检查的主要工作是定期收集反映工程实际进度的有关数据，收集的数据应当全面、真实、可靠，不完整或不正确的进度数据将导致判断不准确或决策失误（图 6－11）。

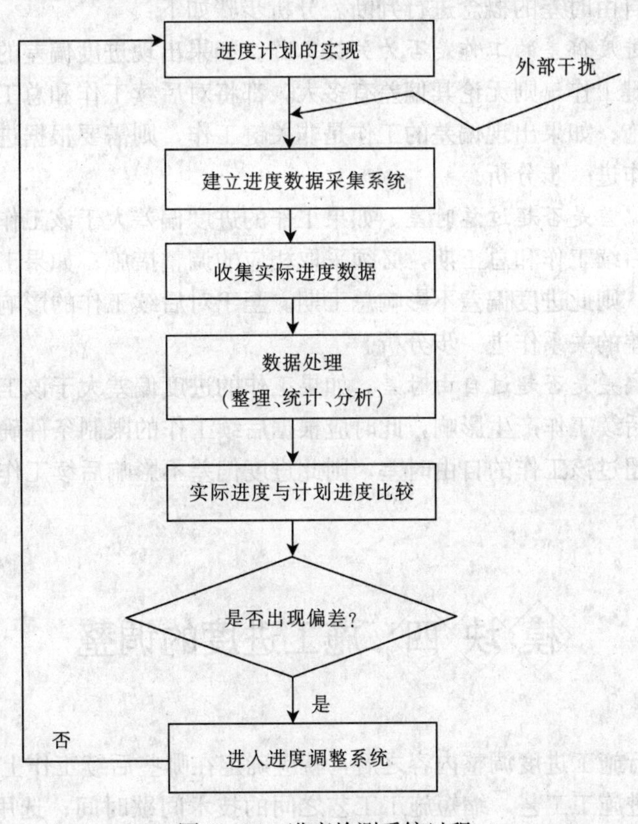


图 6－11　进度检测系统过程

**1. 进度计划执行中的跟踪检查**

(1) 定期收集进度报表资料。进度报表是反映工程实际进度的主要方式之一。进度计划执行单位应按照监理制度规定的时间和报表内容，定期填写进度报表。

(2) 现场实地检查工程进展情况。派监理人员常驻现场，随时检查进度计划的实际执行情况，这样可以加强进度监测工作掌握工程实际进度的第一手资料，使获取的数据更加及时、准确。

(3) 定期召开现场会议。定期召开现场会议，监理工程师通过与进度计划执行单位有关人员面对面交谈，既可以了解工程实际进度状况，同时也可以协调有关方面的进度关系。

**2. 实际进度数据的加工处理**　为了进行实际进度与计划进度的比较，必须对收集到的实际进度数据进行加工处理，形成与计划进度具有可比性的数据。

**3. 实际进度与计划进度的对比分析**　将实际进度数据与计划进度数据进行比较，可以确定建设工程实际执行状况与计划目标之间的差距。为了直观反映实际进度偏差，通常采用表格或图形进行实际进度与计划进度的对比分析，从而得出实际进度比计划进度超前、滞后还是一致的结论。

**4. 分析进度偏差对后续工作及总工期的影响**　在工程项目实施过程中，当通过实际进度与计划进度的比较，发现有进度偏差时，需要分析该偏差对后续工作及总工期的影响，从而采取相应的调整措施对原进度计划进行调整，以确保工期目标的顺利实现；进度偏差的大小及其所处的位置不同，对后续工作和总工期的影响程度是不同的，分析时需要利用网络计划中工作总时差和自由时差的概念进行判断。分析步骤如下：

(1) 分析出现进度偏差的工作是否为关键工作。如果出现进度偏差的工作位于关键线路上，即该工作为关键工作，则无论其偏差有多大，都将对后续工作和总工期产生影响。必须采取相应的调整措施；如果出现偏差的工作是非关键工作，则需要根据进度偏差值与总时差和自由时差的关系作进一步分析。

(2) 分析进度偏差是否超过总时差。如果工作的进度偏差大于该工作的总时差，则此进度偏差必将影响其后续工作和总工期，必须采取相应的调整措施；如果工作的进度偏差未超过该工作的总时差，则此进度偏差不影响总工期。至于对后续工作的影响程度，还需要根据偏差值与其自由时差的关系作进一步分析。

(3) 分析进度偏差是否超过自由时差。如果工作的进度偏差大于该工作的自由时差，则此进度偏差将对其后续工作产生影响，此时应根据后续工作的限制条件确定调整方法；如果工作的进度偏差未超过该工作的自由时差，则此进度偏差不影响后续工作，因此，原进度计划可以不做调整。

## 模块四　施工进度的调整

明确了必须进行施工进度调整内容之后，就应确定在哪些后续工作上采取调整措施。技术措施主要有：改进施工工艺，缩短施工工艺之间的技术间歇时间；选用先进的施工方法，缩短施工工作时间；采取先进施工机械提高劳动生产效率等。组织措施主要有：合理划分施

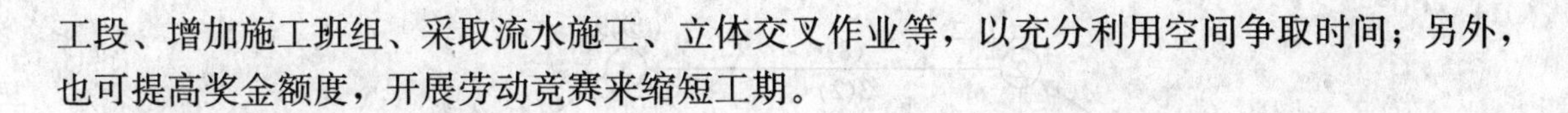

工段、增加施工班组、采取流水施工、立体交叉作业等，以充分利用空间争取时间；另外，也可提高奖金额度，开展劳动竞赛来缩短工期。

## ◆工作任务一 工期优化

**1. 任务分析** 工期优化是指网络计划的计算工期不满足要求工期时，通过压缩关键工作的时间以满足要求工期目标的过程。网络计划工期优化的基本方法是在不改变网络计划中各项工作之间逻辑关系的前提下，通过压缩关键工作的持续时间来达到优化目标。在工期优化过程中，按照经济合理的原则，不能将关键工作压缩成非关键工作。此外，当工期优化过程中出现多条关键线路时，必须将各条关键线路的总持续时间压缩相同数值，否则，不能有效地缩短工期。网络计划的工期优化可按下列步骤进行：

(1) 确定初始网络计划的计算工期和关键线路。

(2) 按要求工期计算应缩短的时间 $\Delta T$，即

$$\Delta T = T_C - T_r$$

式中 $T_C$——网络计划的计算工期；

$T_r$——要求工期。

(3) 选择应缩短持续时间的关键工作。①缩短持续时间对质量和安全影响不大的工作；②有充足备用资源的工作；③缩短持续时间所需增加的费用最少的工作。

(4) 将所选定的关键工作的持续时间压缩至最短，并重新确定计算工期和关键线路。若被压缩的工作变成非关键工作，则应延长其持续时间，使之仍为关键工作。

(5) 当计算工期仍超过要求工期时，则重复上述 (2) ～ (4)，直至计算工期满足要求工期或计算工期已不能再缩短为止。

(6) 当所有关键工作的持续时间都已达到其能缩短的极限而寻求不到继续缩短工期的方案，但网络计划的计算工期仍不能满足要求工期时，应对网络计划的原技术方案进行调整或对要求工期重新审定。

已知网络计划如图 6－12 所示，箭线下方括号外数字为工作的正常持续时间，括号内数字为工作的最短持续时间；箭线上方括号内数字为优选系数。要求工期为 12，试对其进行工期优化。

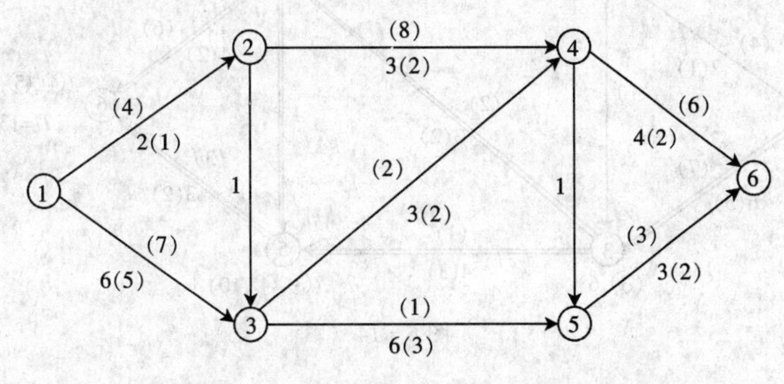


图 6－12

**2. 实践操作**

(1) 用标号法找出初始网络计划的计算工期和关键线路。如图 6－13 所示：$T_C$＝15d，

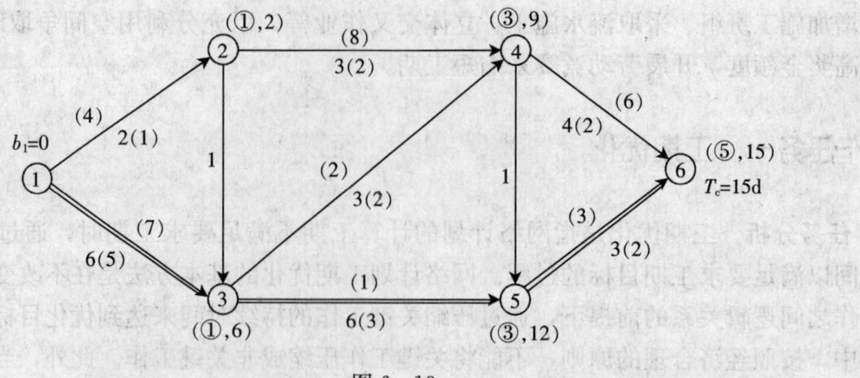


图 6-13

关键线路为：①→③→⑤→⑥。

(2) $T_r$＝12d，故应压缩的工期为 $\Delta T = T_C - T_r = 15 - 12 = 3d$。

(3) 在关键工作①—③，③—⑤，⑤—⑥当中，③—⑤工作的优选系数最小，应优先压缩。

(4) 将关键工作③—⑤的持续时间由 6d 压缩成 3d，这时的关键线路为①→③→④→⑥，不经过①→③→⑤→⑥，故关键工作③—⑤被压缩成非关键工作，这是不合理的。将③—⑤的持续时间压缩到 4d，这时关键线路有 3 条，分别为①→③→⑤→⑥，①→③→④→⑤→⑥和①→③→④→⑥，这时关键工作③—⑤仍然为关键工作，所以是可行的（图 6-14）。

(5) 第 1 次压缩后，计算工期 $T_C$＝13d，仍然大于要求工期 $T_r$，故需要继续压缩。此时，网络图中有 3 条关键线路，要想有效缩短工期，必须在每条关键线路上压缩相同数值。在上图所示网络计划中，有以下 4 种方案：①压缩工作①—③，优选系数为 7；②同时压缩工作③—④和③—⑤，组合优选系数为：2＋1＝3；③同时压缩工作③—④和⑤—⑥，组合优选系数为：2＋3＝5；④同时压缩工作④—⑥和⑤—⑥，组合优选系数为：6＋3＝9。上述四种方案中，由于同时压缩工作③—④和③—⑤，组合优选系数最小，故应选择同时压缩工作③—④和③—⑤的方案。

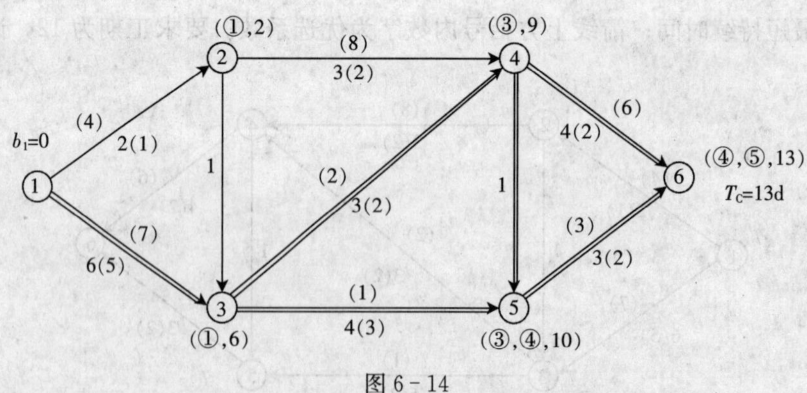


图 6-14

(6) 将工作③—④和③—⑤的持续时间同时压缩 1d，此时重新用标号法计算网络计划时间参数，关键线路仍为 3 条，即：①→③→④→⑥和①→③→④→⑤→⑥及①→③→⑤→⑥，关键工作③—④和③—⑤仍然是关键工作，所以第 2 次压缩是可行的。

(7) 经第2次压缩后，此时计算工期 $T_C=12d$，满足要求工期 $T_r$。故经过2次压缩达到了工期优化的目标（图6-15）。

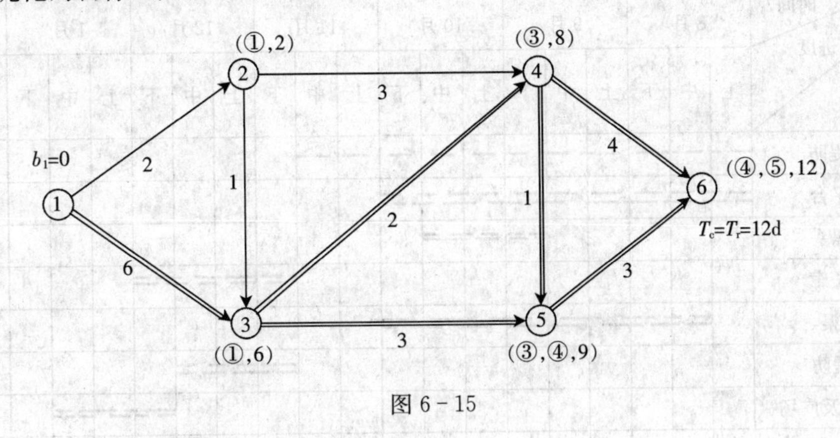


图6-15

## ◆ 工作任务二 用网络图压缩园林施工工期

**1. 任务分析** 仙游兰溪南岸公园位于仙游城区木兰溪南岸东侧，原为一块滩地，东起城关大桥西侧，西至仙游大桥东侧，南起三郊路，北至木兰溪，总面积约53 077m²。建成后的公园包括一二道堤防、龙舟码头、亲水平台、排洪沟渠、滨水长廊、音乐喷泉和其他绿化景观建筑物。工程总投资约1 200万元，由鲤南镇政府负责实施。原施工进度计划和工程项目内容本工程总工期7个月，2005年8月初动工，2006年2月底竣工。通过采用网络优化法控制兰溪南岸公园工程施工进度，工程最终提前工期45d。

**2. 实践操作**

(1) 绘制横道图和网络图。根据施工各分项目的整体性和工作要素相似性等，南岸公园工程划分如下：A一道堤防工程、B亲水平台工程、C龙舟码头工程、D滨水长廊工程、E排洪渠工程、F二道堤防工程、G绿化景观和休闲广场工程、H音乐喷泉工程、I流水台阶工程。根据施工场面布置、劳动均衡强度和项目工作顺序，利用横道图计划项目工期（考虑春节假期7d延误）（表6-16）。由于横道图不能确切地表明标段之间的工作逻辑关系，采用项目施工总体进度网络图（图6-16）代替横道图，通过计算找出影响工期的关键线路和次关键线路，以便采取控制措施，保证工程如期完成。

(2) 确定关键工作。从图6-16看，A、F、G、H、I为关键工作，总工期213d。B、C、E、D项目有较大时差，开完工时间调整幅度大，但考虑进度需要，宜尽量提前开工。A、F、G、H、I为关键线路的项目，直接制约工期，尤其A项目（一道堤防）工程量大，耗时长，且施工受洪水干扰，是先行控制项目中的首选项目。开工初期采取以下保证措施控制项目进度：

组织措施：建立业主、监理、设计、施工四位一体的施工进度保证体系。

技术措施：优化施工组织设计方案，紧凑安排各道工序；在工作面允许情况下，投入更多的人力和机械设备，提高日平均工作强度。

合同措施和经济措施：建议业主与施工队伍签订奖惩合同，即提前10d工期奖励1万元，拖延5d工期罚款1万元，以此类推。

表 6－16　公园施工横道图计划

| 时间/进度/项目 | 2005 年 8 月 | | | 2005 年 9 月 | | | 2005 年 10 月 | | | 2005 年 11 月 | | | 2005 年 12 月 | | | 2006 年 1 月 | | | 2006 年 2 月 | | |
|---|---|---|---|---|---|---|---|---|---|---|---|---|---|---|---|---|---|---|---|---|---|
| | 上 | 中 | 下 | 上 | 中 | 下 | 上 | 中 | 下 | 上 | 中 | 下 | 上 | 中 | 下 | 上 | 中 | 下 | 上 | 中 | 下 |
| A 一道堤防 | — | — | — | — | — | — | — | — | — | — | — | | | | | | | | | | |
| B 亲水平台 | = | = | = | = | = | = | = | = | = | | | | | | | | | | | | |
| C 龙舟码头 | | | | | = | = | = | = | | | | | | | | | | | | | |
| D 滨水长廊 | | | | | | | | | | | | = | = | = | = | | | | | | |
| E 排洪渠 | | = | = | = | = | = | = | = | = | | | | | | | | | | | | |
| F 二道堤防 | | | | | | | | | | | | = | = | = | | | | | | | |
| G 绿化景观及广场 | | | | | | | | | | | | | | | = | = | = | | | | |
| H 音乐喷泉 | | | | | | | | | | | | | | | | | | | | = | = |
| I 流水台阶 | | | | | | | | | | | | | | | | | | = | = | | |

(3) 网络优化压缩工期。

①绘制工程前锋线比较图。通过保证措施控制，2 个月后即 9 月底，运用前锋线比较法对工程实际进度与计划进度进行比较，发现 A 项目进度提前一个月（30d），E、B 项目按原计划进度实施，C 项目已完工，D、F、G、H、I 项目按计划尚未动工（图 6－17）。

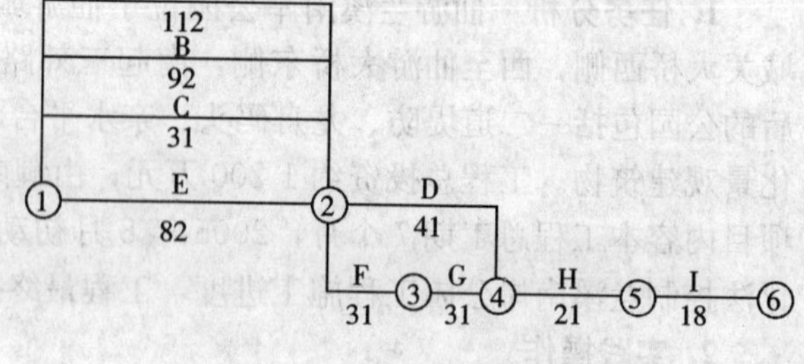


图 6－16　公园施工进度网络图

②重新核定关键线路和总工期。通过以上对比分析，2005 年 10 月起，本项目的关键工作为 B、F、G、H、I，总工期 193d，A、E 两项目总时差 10d，C 已完工，D 项目总时差 21d。由于艰巨“龙头”A 项目的超计划推进，业主决定将项目总竣工时间由 2 月 28 日提前到 1 月 15 日，保证春节前夕为居民提供观光平台。以此为倒计时核定新进度，再次将总工期压缩至 168d 以内。

③根据以下原则考虑缩短工作持续时间的关键项目：缩短时间对质量和安全影响不大；有充足备用资源；缩短持续时间后增加费用较少。

两个月后，A、E 总时差均为 10d，B 项目处于新关键线路上，施工面较长，工作相对粗放，增加劳动力及生产材料不会增加太多造价，因此选择 B 项目的后续工作作为压缩对象，将后续工期 31d 压缩至 20d，总工期可减少 11d。

H、I 项目虽然处在关键线路上，但该项目是公园的精华所在，且施工工艺细腻，属于技术操作型项目，不适合压缩时间。F、G 处在关键线路，与之并列关系的 D 项目有 21d 自由时差，缩短 F、G 项目工期可达到有效压缩工期的目的，但 F、G 项目工期短促，而且绿化广场等景观建筑物对外观质量要求较高，不允许盲目增加劳动强度。因此，通过改变 F、G 的工作逻辑关系来达到缩短工期的目的，即将 F、G 的顺序作业改为搭接作业（图 6－18），即绿化景观建筑与二道堤防建筑穿插进行，堤防修筑一半后，前半部分绿化景观着手

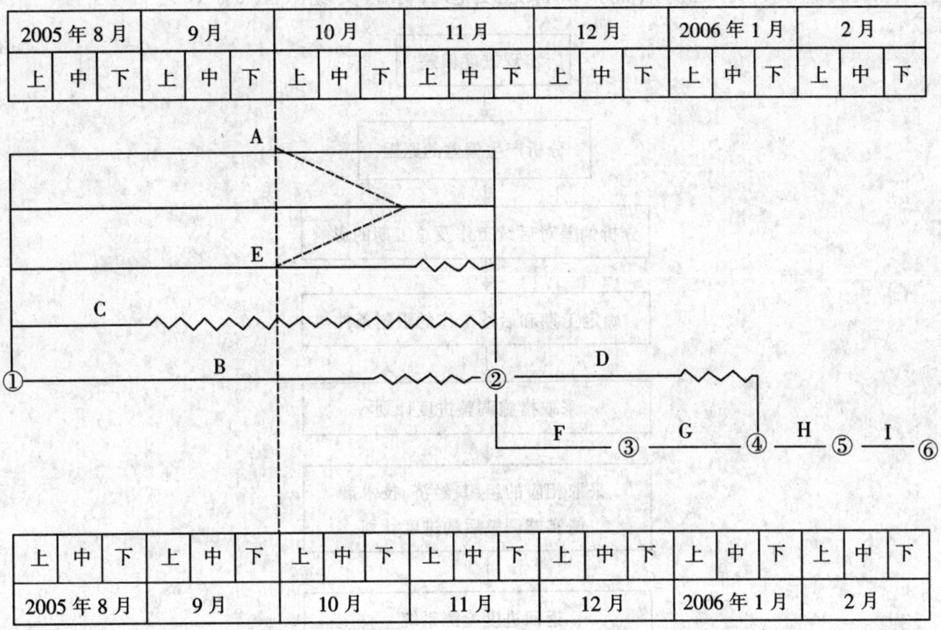

| 2005年8月 | | | 9月 | | | 10月 | | | 11月 | | | 12月 | | | 2006年1月 | | | 2月 | | |
|---|---|---|---|---|---|---|---|---|---|---|---|---|---|---|---|---|---|---|---|---|
| 上 | 中 | 下 | 上 | 中 | 下 | 上 | 中 | 下 | 上 | 中 | 下 | 上 | 中 | 下 | 上 | 中 | 下 | 上 | 中 | 下 |

A E C B D F G H I ① ② ③ ④ ⑤ ⑥

| 上 | 中 | 下 | 上 | 中 | 下 | 上 | 中 | 下 | 上 | 中 | 下 | 上 | 中 | 下 | 上 | 中 | 下 | 上 | 中 | 下 |
|---|---|---|---|---|---|---|---|---|---|---|---|---|---|---|---|---|---|---|---|---|
| 2005年8月 | | | 9月 | | | 10月 | | | 11月 | | | 12月 | | | 2006年1月 | | | 2月 | | |

图 6－17　前锋线比较图

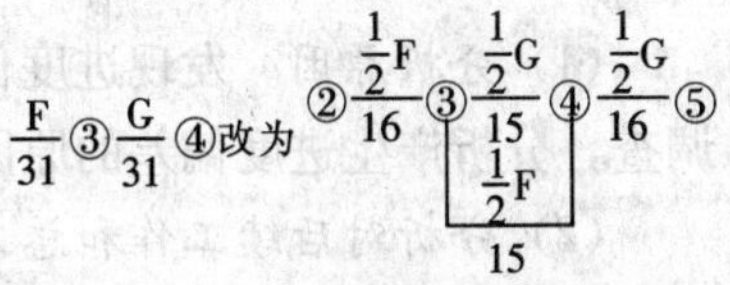

实施，后半部分堤防修筑完毕，另一半绿化景观马上动工，直到工程完工。采用这种搭接作业后，该阶段工期由 62d 改为 47d，缩短工期 15d。另外，项目压缩前，通过采取各种保证措施节约工期 20d。这样，实际总工期为 166d，少于 168d（核定工期），满足要求。

$\frac{F}{31}$ ③ $\frac{G}{31}$ ④改为 ② $\frac{\frac{1}{2}F}{16}$ ③ $\frac{\frac{1}{2}G}{15}$ ④ $\frac{\frac{1}{2}G}{16}$ ⑤，$\frac{\frac{1}{2}F}{15}$

图 6－18　网络计划修改

（4）兰溪南岸公园工程从期初采取保证措施控制工程如期完成，到期中通过网络优化、筹措压缩工期，最后提前 46d 完成全部工作，从中归纳以下几条经验：

①进度控制是业主、监理、设计、施工四位一体的动态控制。

②网络计划图具有比横道图优越的可操作性——能够反应工作之间逻辑关系，能对分项工程、单位工程等各个层次的进度计划进行检查、纠偏、控制、有效控制分项工期、单位工程工期。

③在网络计划图中，关键线路和超过计划工期的非关键线路上的有关项目是网络优化的内容，当然，这些项目在施工进展中并非是一成不变的。

④在劳动强度受限制的情况下，改变工作逻辑关系虽对施工造成一定的干扰，但是压缩工期的最有效办法。

## ◆ 理论知识　进度调整过程和方法

**1. 进度调整系统过程**　在实施进度监测过程中，一旦发现实际进度偏离计划进度，即出现进度偏差时，必须认真分析产生偏差的原因及其对后续工作和总工期的影响，必要时采取合理、有效的进度计划调整措施，确保进度总目标的实现（图 6－19）。

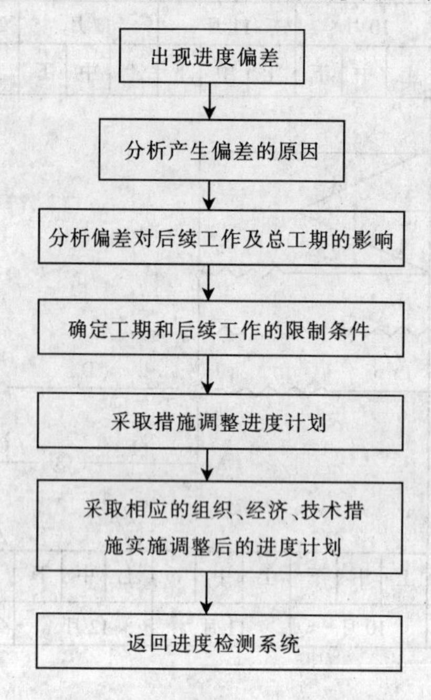


图 6－19　进度调整的系统过程

（1）分析原因。发现进度偏差时，为了采取有效措施调整进度计划，必须深入现场进行调查，分析产生进度偏差的原因。

（2）分析对后续工作和总工期的影响。当查明进度偏差产生的原因之后，要分析进度偏差对后续工作和总工期的影响程度，以确定是否应采取措施调整进度计划。

（3）确定后续工作和总工期的限制条件。当出现的进度偏差影响到后续工作或总工期而需要采取进度调整措施时，应当首先确定可调整进度的范围，主要指关键节点、后续工作的限制条件以及总工期允许变化的范围。这些限制条件往往与合同条件有关，需要认真分析后确定。

（4）采取措施调整进度计划。采取进度调整措施，应以后续工作和总工期的限制条件为依据，确保要求的进度目标得以实现。

（5）实施调整后的进度计划。进度计划调整后，应采取相应的组织、经济、技术措施执行它，并继续监测其执行情况。

**2. 进度调整方法**　当实际进度偏差影响到后续工作、总工期而需要调整进度计划时，调整方法主要有两种。

（1）改变某些工作间的逻辑关系。当工程项目实施中产生的进度偏差影响到总工期，且有关工作的逻辑关系允许改变时，可以改变关键线路上的有关工作之间的逻辑关系，达到缩短工期的目的。例如，将顺序进行的工作改为平行作业、搭接作业以及分段组织流水作业等，都可以有效地缩短工期。

（2）缩短某些工作的持续时间。这种方法是不改变工程项目中各项工作之间的逻辑关系，而通过采取增加资源投入、提高劳动效率等措施来缩短某些工作的持续时间，使工程进度加快，以保证按计划工期完成该工程项目。这些被压缩持续时间的工作是位于关键线路和超过计划工期的非关键线路上的工作。同时，这些工作又是其持续时间可被压缩的工作。这种调整方法通常可以在网络图上直接进行。

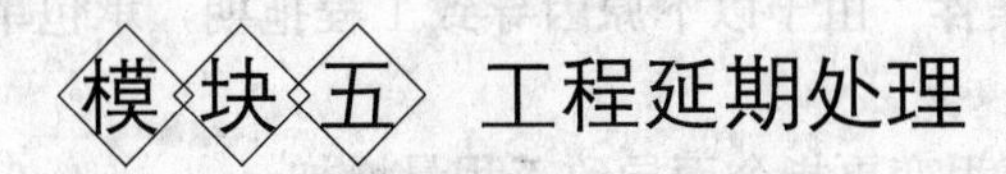

# 模块五　工程延期处理

在建设工程施工过程中，其工期的延长分为工程延误和工程延期两种。虽然它们都是使工程拖期，但由于性质不同，因而业主与承包单位所承担的责任也就不同。如果是属于工程延误，则由此造成的一切损失由承包单位承担。同时，业主还有权对承包单位施行误期违约罚款。而如果是属于工程延期，则承包单位不仅有权要求延长工期，而且还有权向业主提出赔偿费用的要求以弥补由此造成的额外损失。

## ◆工作任务　延期判断

**1. 任务分析**　某园林建设工程业主与监理单位、施工单位分别签订了监理委托合同和施工合同，合同工期为 18 个月。在工程开工前，施工承包单位在合同约定的时间内向监理工程师提交了施工总进度计划如图 6 - 20 所示。该计划经监理工程师批准后开始实施，在施工过程中发生以下事件：

①因业主要求需要修改设计，致使工作 K 停工等待图纸 3.5 个月。

②部分施工机械由于运输原因未能按时进场，致使工作 H 的实际进度拖后 1 个月。

③由于施工工艺不符合施工规范要求，发生质量事故而返工，致使工作 F 的实际进度拖后 2 个月。

承包单位在合同规定的有效期内提出工期延长 3.5 个月的要求，监理工程师会批准工程延期多少时间？为什么？

**2. 实践操作**　由于工作 H 和工作 F 的实际进度拖后均属于承包单位自身原因，只有工作 K 的拖后可以考虑给予工程延期（图 6 - 20）。工作 K 原有总时差为 3 个月，该工作停工待图 3.5 个月，只影响工期 0.5 个月，故监理工程师应批准工程延期 0.5 个月。

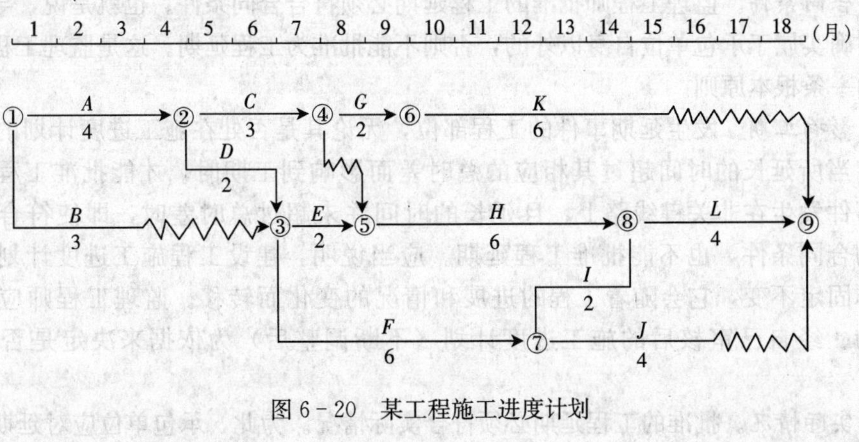

图 6 - 20　某工程施工进度计划

## ◆ 理论知识　工程延期处理程序

**1. 申报工程延期的条件**　由于以下原因导致工程拖期，承包单位有权提出延长工期的申请。

①监理工程师发出工程变更指令而导致工程量增加；

②合同所涉及的任何可能造成工程延期的原因，如延期交图、工程暂停、对合格工程的剥离检查及不利的外界条件等；

③异常恶劣的气候条件；

④由业主造成的任何延误、干扰或障碍，如未及时提供施工场地、未及时付款等；

⑤除承包单位自身以外的其他任何原因。

**2. 工程延期的审批程序**　当工程延期事件发生后，承包单位应在合同规定的有效期内以书面形式通知监理工程师（即工程延期意向通知），以便于监理工程师尽早了解所发生的事件，及时做出一些减少延期损失的决定。随后，承包单位应在合同规定的有效期内（或监理工程师可能同意的合理期限内）向监理工程师提交详细的申述报告。监理工程师收到该报告后应及时进行调查核实，准确地确定出工程延期时间。

当延期事件具有持续性，承包单位在合同规定的有效期内不能提交最终详细的申述报告时，应先向监理工程师提交阶段性的详情报告。监理工程师应在调查核实阶段性报告的基础上，尽快作出延长工期的临时决定。临时决定的延期时间不宜太长，一般不超过最终批准的延期时间。待延期事件结束后，承包单位应在合同规定的期限内向监理工程师提交最终的详情报告。监理工程师应复查详情报告的全部内容，然后确定该延期事件的延期时间。

如果遇到比较复杂的延期事件，监理工程师可以成立专门小组进行处理。对于一时难以作出结论的延期事件，即使不属于持续性的事件，也可以采用先作出临时延期的决定，然后再作出最后决定的办法。这样既可以保证有充足的时间处理延期事件，又可以避免由于处理不及时而造成的损失。监理工程师在作出临时工程延期批准或最终工程延期批准之前，均应与业主和承包单位进行协商。

**3. 监理工程师在审批工程延期时一般遵循下列原则**

（1）合同条件。监理工程师批准的工程延期必须符合合同条件。也就是说，导致工期拖延的原因确实属于承包单位自身以外的，否则不能批准为工程延期。这是监理工程师审批工程延期的一条根本原则。

（2）影响工期。发生延期事件的工程部位，无论其是否处在施工进度计划的关键线路上，只有当所延长的时间超过其相应的总时差而影响到工期时，才能批准工程延期。如果延期事件发生在非关键线路上，且延长的时间并未超过总时差时，即使符合批准为工程延期的合同条件，也不能批准工程延期。应当说明，建设工程施工进度计划中的关键线路并非固定不变，它会随着工程的进展和情况的变化而转移。监理工程师应以承包单位提交的、经自己审核后的施工进度计划（不断调整后）为依据来决定是否批准工程延期。

（3）实际情况。批准的工程延期必须符合实际情况。为此，承包单位应对延期事件发生

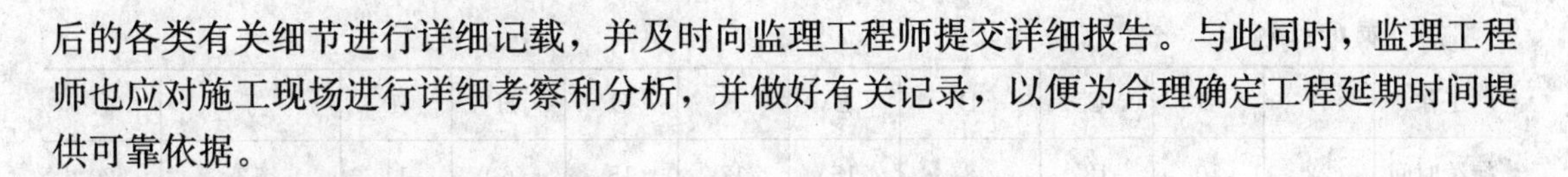

后的各类有关细节进行详细记载，并及时向监理工程师提交详细报告。与此同时，监理工程师也应对施工现场进行详细考察和分析，并做好有关记录，以便为合理确定工程延期时间提供可靠依据。

## 复习题

1. 什么叫进度控制？工程建设过程中，承包商、监理工程师、业主的任务分别是什么？
2. 依次、平行、流水施工各有什么特点？
3. 按流水节拍的不同特征，流水施工分为哪几类？
4. 网络图中的工作是如何确定的？
5. 网络计划的时间参数计算内容有哪些？
6. 如何判断进度偏差对后续工作和总工期的影响？
7. 进度调整方法有哪些？
8. 申报工程延期的条件是什么？

## 技能训练题

1. 某基础工程包括挖基槽、作垫层、砌基础和回填土 4 个施工过程，分为 4 个施工段组织流水施工，各施工过程在各施工作段的流水节拍如表 6－17 所示（时间单位：d）。根据施工工艺要求，在砌基础与回填土之间的间歇时间为 2d。试确定相邻施工过程之间的流水步距及流水施工工期，并绘制流水施工进度计划。

**表 6－17　各施工阶段的流水节拍**

| 施工过程 | 施工段 | | | |
|---|---|---|---|---|
| | ① | ② | ③ | ④ |
| 挖基槽 | 2 | 2 | 3 | 3 |
| 做垫层 | 1 | 1 | 2 | 2 |
| 砌基础 | 3 | 3 | 4 | 4 |
| 回填土 | 1 | 1 | 2 | 2 |

2. 某工程包括三幢结构相同的砖混住宅楼，组织单位工程流水，以每幢住宅楼为一个施工段。已知：地面±0.00m 以下部分按土方开挖、基础施工、底层预制板安装、回填土四个施工过程组织固定节拍流水施工，流水节拍为 2 周；地上部分按主体结构、装修、室外工程组织加快的成倍节拍流水施工，各由专业工作队完成，流水节拍分别为 4、4、2 周；如果要求地上部分与地下部分最大限度地搭接，均不考虑间歇时间，试绘制该工程施工进度计划。

3. 某网络计划的有关资料如表 6－18 所示，试绘制双代号网络计划，并在图中标出各项工作的六个时间参数。最后，用双箭线标明关键线路。

**表 6-18**

| 工作 | A | B | C | D | E | F | G | H | I | J | K |
|---|---|---|---|---|---|---|---|---|---|---|---|
| 持续时间 | 22 | 10 | 13 | 8 | 15 | 17 | 15 | 6 | 11 | 12 | 20 |
| 紧前工作 | — | — | B、E | A、C、H | — | B、E | E | F、G | F、G | A、C、I、H | F、G |

4. 某网络计划的有关资料如表 6-19 所示，试绘制单代号网络计划，并在图中标出各项工作的六个时间参数及相邻两项工作之间的时间间隔。最后，用双箭线标明关键线路。

**表 6-19**

| 工作 | A | B | C | D | E | G |
|---|---|---|---|---|---|---|
| 持续时间 | 12 | 10 | 5 | 7 | 6 | 4 |
| 紧前工作 | — | — | — | B | B | C、D |

5. 某网络计划的有关资料如表 6-20 所示，试绘制双代号时标网络计划，并判定各项工作的六个时间参数和关键线路。

**表 6-20**

| 工 作 | A | B | C | D | E | G | H | I | J | K |
|---|---|---|---|---|---|---|---|---|---|---|
| 持续时间 | 2 | 3 | 5 | 2 | 3 | 3 | 2 | 3 | 6 | 2 |
| 紧前工作 | — | A | A | B | B | D | G | E、G | C、E、G | H、I |

# 项目七

## 质量控制

由于建设工程的质量受到多种因素的影响，其中任一因素的变动都会使工程质量发生变化。一个工程在施工过程中工序交接多、中间产品多、隐蔽工程多，导致工程质量存在隐蔽性，若在施工中不及时进行质量检查，事后只能从表面上检查，就很难发现内在的质量问题。工程项目建成后无法进行工程内在质量的检验，不能发现隐蔽的质量缺陷，这就要求工程质量控制应以预防为主，重视事先、事中控制，防患于未然。

一个工程项目从小到大可划分为单位（子单位）工程→分部（子分部）工程→分项工程→检验批，检验批的质量是分项工程乃至整个工程质量控制的基础，只有把每个检验批的质量进行严格控制，才能保证每个园林工程最终的质量。

质量控制要经过投入、转换、反馈、对比、纠正的基本环节。控制过程首先从投入开始，一个计划目标能否顺利地实现，基本条件是能否按计划所要求的人力、材料、设备、机具、方法和信息等进行投入，项目管理人员如果能把握住对“投入”的控制，也就把握住了控制的起点要素；工程项目的实现总是要经由投入到产出的转换过程，在转换过程中，计划的执行往往会受到来自外部环境和内部系统多因素的干扰，造成实际输出结果与期望输出结果之间发生偏离，项目管理人员应当做好“转换”过程的控制工作；反馈是控制的基础工作，在计划的实施过程中，每个变化都会对预定目标的实现带来一定的影响，因此项目管理人员必须在计划与执行之间建立密切的联系，及时捕捉工程进展信息并反馈给控制部门，为控制服务；对比是将实现目标成果与计划目标相比较，以确定是否有偏离，当出现实际目标成果与计划目标的偏离超出允许的范围时，就需要采取措施加以纠正。

### 教学目标

1. 了解参建各方的质量责任；
2. 掌握质量的统计分析方法；
3. 了解我国工程质量管理制度；
4. 了解质量问题、质量事故的判定和处理方法。

### 技能目标

1. 能实施运行园林工程施工质量管理体系；
2. 能利用排列图法、直方图法、相关图法进行质量统计分析；
3. 能进行园林工程质量检验评定。

# 模块一　质量责任体系

## ◆ 工作任务　建立质量管理体系

**1. 任务分析**　施工单位可以按照GB/T 19000—2000族标准建立或更新完善质量管理体系，通常包括组织策划与总体设计、编制质量管理体系文件、质量管理体系的实施运行三个阶段：

（1）质量管理体系的策划与总体设计。

（2）编制质量管理体系文件。质量管理体系文件的编制应在满足标准要求、确保控制质量、提高组织全面管理水平的情况下，建立一套高效、简单、实用的质量管理体系文件。质量管理体系文件包括质量手册、质量管理体系程序文件、质量记录等。

（3）质量管理体系的实施。为保证质量管理体系的有效运行，要做到两个到位：一是认识到位；二是管理考核到位。开展纠正与预防活动，充分发挥内审的作用是保证质量管理体系有效运行的重要环节。

**2. 实践操作**　园林工程施工质量管理体系的实施：

（1）项目部成立以项目经理为组长的质量管理机构。

（2）严格执行有关质量管理制度：《建设工程质量管理条例》及相关文件、有关质量管理制度和措施。

（3）实行责任制，各施工队第一负责人和技术负责人对工程质量负直接责任。

（4）实行工程质量终身制，施工队第一负责人和技术负责人对该工程质量负终身责任，凡发生质量事故，不论其到哪里，都要追究其相应的责任。

（5）施工队要做好每个施工控制过程，要把质量控制细化到每道工序和每个分项工程。施工队必须具备有效的施工、安全资质和营业执照，必须执行合同中明确的质量职责和义务。对所施工工程的技术交底书、作业指导书和质量保证措施要进行交底并签认。加强现场管理，现场管理人员必须由技术人员或有经验的领工员担任。

（6）隐蔽工程在隐蔽前，经专业工程师自检，质检工程师预检合格后，邀请监理工程师检查签证。隐蔽工程检查证由施工技术人员填写，监理工程师现场签认。各部门签认必须齐全才可作为计价原始资料及竣工资料保管。

（7）定期工程质量检查，项目部组织有关部门对工程质量进行检查。对检查中发现的不合格品（工序），应按不合格品控制程序进行处置。

（8）实行工程质量汇报制度，各施工队必须按时将本周内的施工情况及存在的质量问题，已完分项、分部工程评定情况汇总、已完单位工程质量评定表报安全质量部门；项目部按时写出书面质量工作总结报公司安全质量部门。

（9）强化质量意识，健全规章制度。

①在职工中牢固树立“优良在我心中，质量在我手中”的观念，把质量工作贯穿到施工的全过程中，深入到施工队的每个人，形成每道工序齐抓共管，上下自律，使工程质量始终

处于受控状态。

②施工前组织技术人员，对照工地实际复核图纸，发现问题及时与经理部取得联系，待核实确定后方可进行施工。

③严格按照本工程招标文件技术规范和园林施工技术规范及设计要求施工。

④坚持测量双检、隐蔽工程签证、质量挂牌、质量讲评、质量双检、质量事故分析等行之有效的质量管理制度。

⑤严格执行施工前的技术交底制度，对作业人员坚持进行定期质量教育和考核。对关键作业人员进行岗前培训，持证上岗。

（10）严把主要材料采购、进场检验关。

①用于工程主体的所有材料必须符合设计要求、从信誉好的厂家进货。所有厂方定制材料必须有出厂合格证和必要的检验、化验单据，否则，不得在工程中使用。

②每批进场水泥、外加剂、钢材、植物等主要材料，应向监理工程师提供供货附件，明确厂家、材料品种、型号、规格、数量、出厂日期及出厂合格证，检验、化验单据等，同时经理部实验室分项进行抽样检查和试验，试验结果报监理工程师审核。

③粗细骨料应按规定作相关试验，各项指标必须符合规定及设计要求后方可使用，试验结果同时报监理工程师。

（11）工程质量事故处理。施工中严格按技术规范施工，如出现质量事故必须严肃处理，逐级上报。必须坚持“事故原因不清楚不放过，事故责任人和员工没受到教育不放过，事故责任人没处理不放过，没制定防范措施不放过”。

## ◆ 理论知识 工程质量责任体系

在工程项目建设中，参与工程建设的各方，应根据国家颁布的《建设工程质量管理条例》以及合同、协议及有关文件的规定承担相应的质量责任。

**1. 建设单位的质量责任**

（1）建设单位要根据工程的特点和技术要求，按有关规定选择相应资质等级的勘查、设计单位和施工单位。建设单位对其自行选择的设计、施工单位发生的质量问题承担相应责任。

（2）建设单位应根据工程的特点，配备相应的质量管理人员。对国家规定强制实行监理的工程项目，必须委托有相应资质等级的工程监理单位进行监理。建设单位应与监理单位签订监理合同，明确双方的责任和义务。

（3）建设单位在工程开工前，负责办理有关施工图设计文件审查、工程施工许可证和工程质量监督手续，组织设计和施工单位认真进行设计交底和图纸会审；工程项目竣工后，应及时组织设计、施工、工程监理等有关单位进行施工验收，未经验收备案或验收备案不合格的，不得交付使用。

（4）建设单位按合同的约定负责采购供应的建筑材料、建筑构配件和设备，应符合设计文件和合同要求，对发生的质量问题，应承担相应的责任。

**2. 勘察、设计单位的质量责任** 勘察、设计单位必须按照国家现行的有关规定、工程建设强制性技术标准和合同要求进行勘察、设计工作，并对所编制的勘察、设计文件的质量负责。

**3. 施工单位的质量责任**

（1）施工单位应当依法取得相应等级的资质证书，并在其资质等级许可的范围内承揽工程。

（2）禁止施工单位超越本单位资质等级许可的业务范围或者以其他施工单位的名义承揽工程。禁止施工单位允许其他单位或者个人以本单位的名义承揽工程。施工单位不得转包或者违法分包工程。

（3）施工单位对建设工程的施工质量负责。施工单位应当建立质量责任制，确定工程项目的项目经理、技术负责人和施工管理负责人。建设工程实行总承包的，总承包单位应当对全部建设工程质量负责；建设工程勘察、设计、施工、设备采购的一项或者多项实行总承包的，总承包单位应当对其承包的建设工程或者采购的设备的质量负责。总承包单位依法将建设工程分包给其他单位的，分包单位应当按照分包合同的约定对其分包工程的质量向总承包单位负责，总承包单位与分包单位对分包工程的质量承担连带责任。

（4）施工单位必须按照工程设计图纸和施工技术标准施工，不得擅自修改工程设计，不得偷工减料。施工单位在施工过程中发现设计文件和图纸有差错的，应当及时提出意见和建议。

（5）施工单位必须按照工程设计要求、施工技术标准和合同约定，对建筑材料、建筑构配件、设备和商品混凝土进行检验，检验应当有书面记录和专人签字；未经检验或者检验不合格的，不得使用。

（6）施工单位必须建立、健全施工质量的检验制度，严格工序管理，作好隐蔽工程的质量检查和记录。隐蔽工程在隐蔽前，施工单位应当通知建设单位和建设工程质量监督机构。

（7）施工人员对涉及结构安全的试块、试件以及有关材料，应当在建设单位或者工程监理单位监督下现场取样，并送到具有相应资质等级的质量检测单位进行检测。

（8）施工单位对施工中出现质量问题的建设工程或者竣工验收不合格的建设工程，应当负责返修。

（9）施工单位应当建立、健全教育培训制度，加强对职工的教育培训；未经教育培训或者考核不合格的人员，不得上岗作业。

**4. 工程监理单位的质量责任**　工程监理单位应依照法律、法规以及有关技术标准、设计文件和建设工程承包合同，与建设单位签订监理合同，代表建设单位对工程质量实施监理，并对工程质量承担监理责任。监理责任主要有违法责任和违约责任两个方面。如果工程监理单位故意弄虚作假，降低工程质量标准，造成质量事故的，要承担法律责任。若工程监理单位与承包单位串通，谋取非法利益，给建设单位造成损失的，应当与承包单位承担连带赔偿责任。如果监理单位在责任期内，不按照监理合同约定履行监理职责，给建设单位或其他单位造成损失的，属违约责任，应当向建设单位赔偿。

**5. 建筑材料、构配件及设备生产或供应单位的质量责任**　建筑材料、构配件及设备生产或供应单位对其生产或供应的产品质量负责。

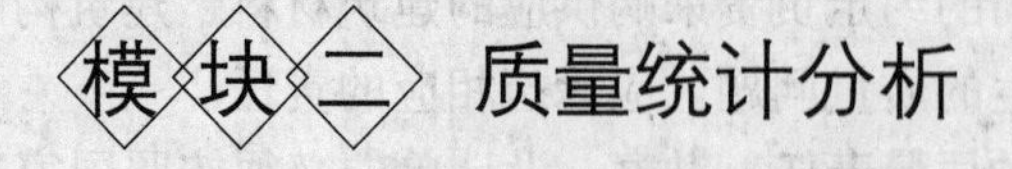

## 模块二　质量统计分析

质量统计分析是运用质量统计方法在生产过程中或一批产品中，随机抽取样本，通过对样品进行检测和整理加工，从中获得样本质量数据信息，并以此为依据，以概率数理统计为理论基础，对总体的质量状况作出分析和判断（图 7-1）。

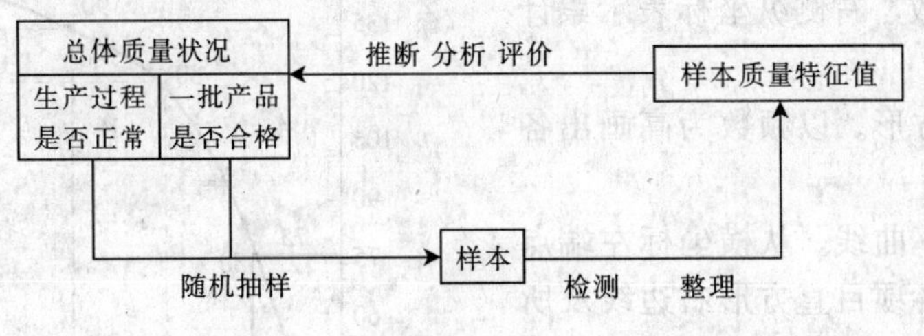


图 7-1 质量统计推断工作过程

## ◆ 工作任务一 用排列图法进行质量分析

**1. 任务分析** 某工地现浇混凝土构件尺寸质量检查结果是：在全部检查的 8 个项目中不合格点（超偏差限值）有 150 个，为改进并保证质量，应对这些不合格点进行分析，以便找出混凝土构件尺寸质量的薄弱环节。

**2. 实践操作**

（1）收集混凝土构件尺寸各项目不合格点的数据资料（表 7-1）。

（2）以全部不合格点数为总数，计算各项的频率和累计频率（表 7-2）。

**表 7-1 不合格点统计表**

| 序 号 | 检查项目 | 不合格点数 | 序 号 | 检查项目 | 不合格点数 |
|---|---|---|---|---|---|
| 1 | 轴线位置 | 1 | 5 | 平面水平度 | 15 |
| 2 | 垂直度 | 8 | 6 | 表面平整度 | 75 |
| 3 | 标高 | 4 | 7 | 预埋设施中心位置 | 1 |
| 4 | 截面尺寸 | 45 | 8 | 预留孔洞中心位置 | 1 |

**表 7-2 不合格点项目频数频率统计表**

| 序 号 | 项 目 | 频 数 | 频率（%） | 累计频率（%） |
|---|---|---|---|---|
| 1 | 表面平整度 | 75 | 50.0 | 50.0 |
| 2 | 截面尺寸 | 45 | 30.0 | 80.0 |
| 3 | 平面水平度 | 15 | 10.0 | 90.0 |
| 4 | 垂直度 | 8 | 5.3 | 95.3 |
| 5 | 标 高 | 4 | 2.7 | 98.0 |
| 6 | 其 他 | 3 | 2.0 | 100.0 |
| 合 计 | | 150 | 100 | |

（3）绘制排列图（图 7-2）。

①画横坐标。将横坐标按项目数等分，并按项目频数由大到小顺序从左至右排列，例中

横坐标分为 6 等份。

②画纵坐标。左侧的纵坐标表示项目不合格点数即频数，右侧纵坐标表示累计频率。

③画频数直方形。以频数为高画出各项目的直方形。

④画累计频率曲线。从横坐标左端点开始，依次连接各项目直方形右边线及所对应的累计频率值的交点，所得的曲线即为累计频率曲线。

⑤记录必要的事项。如标题、收集数据的方法和时间等。

(4) 利用排列图，确定主次因素。将累计频率曲线按（0～80%）、（80%～90%）、(90%～100%）分为 3 部分，各曲线下面所对应的影响因素分别为 A、B、C 3 类因素。该例中 A 类即主要因素，是表面平整度、截面尺寸（梁、柱、墙板、其他构件）；B 类即次要因素，是平面水平度，C 类即一般因素，有垂直度、标高和其他项目。综上分析结果，下步应重点解决 A 类等质量问题。

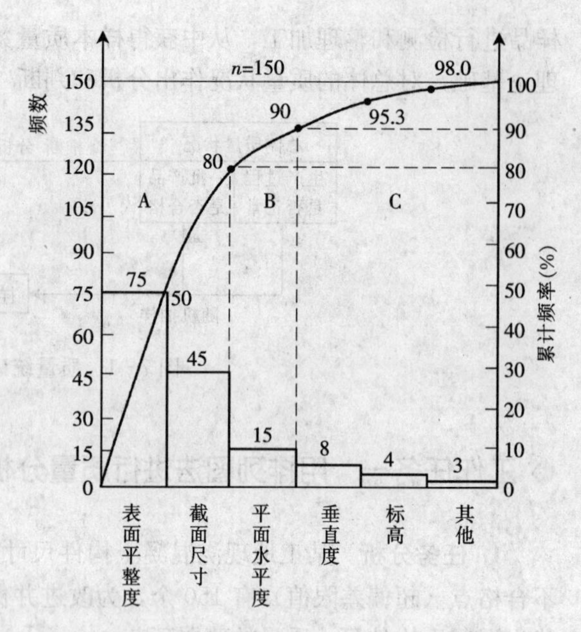


图 7-2　混凝土构件尺寸不合格点排列图

## ◆工作任务二　用直方图法进行质量分析

**1. 任务分析**　某建筑施工工地浇筑 C30 混凝土，对其抗压强度进行质量分析。

**2. 实践操作**

(1) 收集整理数据。用随机抽样的方法抽取数据，共收集了 50 份抗压强度试验报告单（表 7-3）。

**表 7-3　数据整理表**（$N/mm^2$）

| 序号 | 抗压强度数据 | | | | | 最大值 | 最小值 |
|---|---|---|---|---|---|---|---|
| 1 | 39.8 | 37.7 | 33.8 | 31.5 | 36.1 | 39.8 | 31.5* |
| 2 | 37.2 | 38.0 | 33.1 | 39.0 | 36.0 | 39.0 | 33.1 |
| 3 | 35.8 | 35.2 | 31.8 | 37.1 | 34.0 | 37.1 | 31.8 |
| 4 | 39.9 | 34.3 | 33.2 | 40.4 | 41.2 | 41.2 | 33.2 |
| 5 | 39.2 | 35.4 | 34.4 | 38.1 | 40.3 | 40.3 | 34.4 |
| 6 | 42.3 | 37.5 | 35.5 | 39.3 | 37.3 | 42.3 | 35.5 |
| 7 | 35.9 | 42.4 | 41.8 | 36.3 | 36.2 | 42.4 | 35.9 |
| 8 | 46.2 | 37.6 | 38.3 | 39.7 | 38.0 | 46.2* | 37.6 |
| 9 | 36.4 | 38.3 | 43.4 | 38.2 | 38.0 | 43.4 | 36.4 |
| 10 | 44.4 | 42.0 | 37.9 | 38.4 | 39.5 | 44.4 | 37.9 |

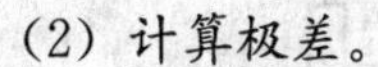



(2) 计算极差。

$$R=x_{max}-x_{min}=46.2-31.5=14.7N/mm^2$$

(3) 对数据分组。包括确定组数、组距和组限。

①确定组数 $k$。本例中取 $k=8$

②确定组距 $h$。本例中：

$$h=\frac{R}{k}=\frac{14.7}{8}=1.8\approx 2N/mm^2$$

③确定组限。

首先确定第一组下限：

$$x_{min}-\frac{h}{2}=31.5-\frac{2.0}{2}=30.5。$$

第1组上限：$30.5+h=30.5+2=32.5$

第2组下限=第1组上限=32.5

第2组上限：$32.5+h=32.5+2=34.5$

以下以此类推，最高组限为44.5～46.5，分组结果覆盖了全部数据。

(4) 编制数据频数统计表。统计各组频数，频数总和应等于全部数据个数（表7-4）。

表7-4　频数统计表

| 组号 | 组限（N/mm²） | 频数统计 | 频数 | 组号 | 组限（N/mm²） | 频数统计 | 频数 |
|---|---|---|---|---|---|---|---|
| 1 | 30.5～32.5 | 丅 | 2 | 5 | 38.5～40.5 | 正𬼽 | 9 |
| 2 | 32.5～34.5 | 正一 | 6 | 6 | 40.5～42.5 | 正 | 5 |
| 3 | 34.5～36.5 | 正正 | 10 | 7 | 42.5～44.5 | 丅 | 2 |
| 4 | 36.5～38.5 | 正正正 | 15 | 8 | 44.5～46.5 | 一 | 1 |
| 合　计 | | | | | | | 50 |

(5) 绘制频数分布直方图（图7-3）。

(6) 直方图的观察与分析。

①观察直方图的形状、判断质量分布状态。作完直方图后，首先要认真观察直方图的整体形状，看其是否是属于正常型直方图。正常型直方图就是中间高，两侧底，左右接近对称的图形［图7-4 (a)］。

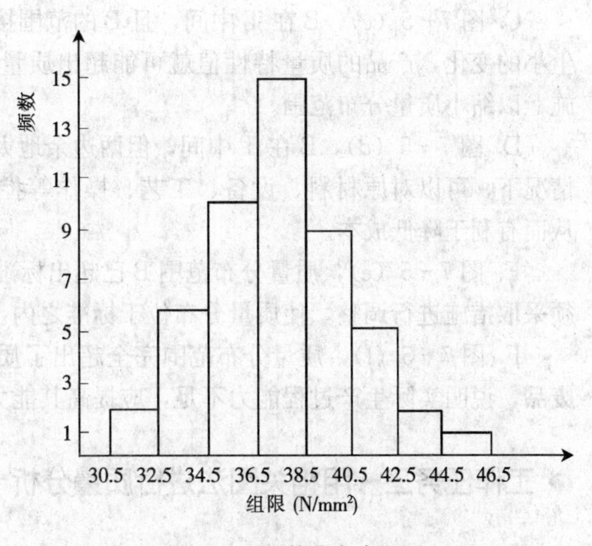

图7-3　频数分布直方图

出现非正常型直方图时，表明生产过程或收集数据作图有问题。这就要求进一步分析判断，找出原因，从而采取措施加以纠正。凡属非正常型直方图，其图形分布有各种不同缺陷，归纳起来一般有五种类型：①折齿型，②左（或

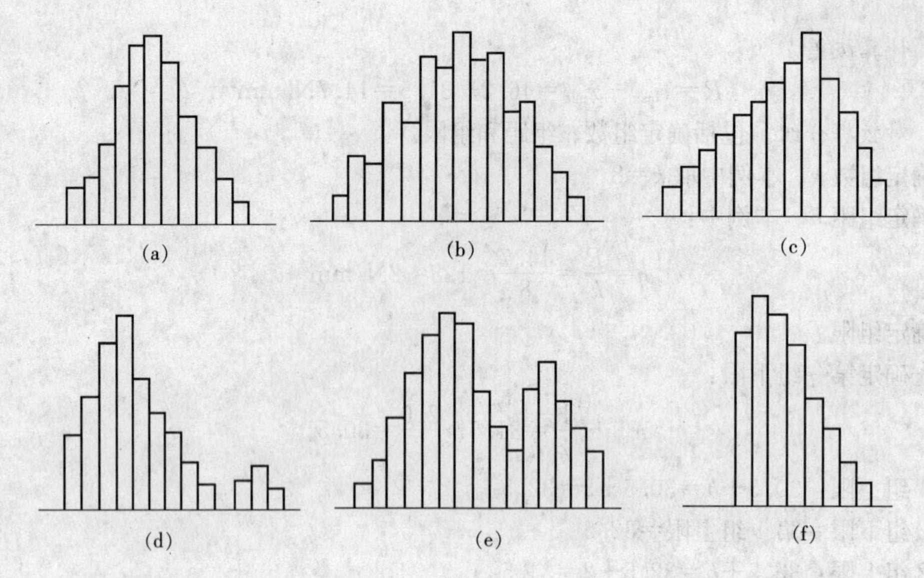


图 7-4　常见的直方图形

(a) 正常型；(b) 折齿型；(c) 左缓坡型；(d) 孤岛型；(e) 双峰型；(f) 绝壁型

右）缓坡型，③孤岛型，④双峰型，⑤绝壁型（图 7-4）。

②将直方图与质量标准比较，判断实际生产过程能力。作出直方图后，除了观察直方图形状，分析质量分布状态外，再将正常型直方图与质量标准比较，从而判断实际生产过程能力。正常型直方图与质量标准相比较，一般有如图 7-5 所示六种情况。

A. 图 7-5（a），B 在 T 中间，质量分布中心 $\bar{x}$ 与质量标准中心 M 重合，实际数据分布与质量标准相比较两边还有一定余地。这样的生产过程质量是很理想的，说明生产过程处于正常的稳定状态。在这种情况下生产出来的产品可认为全都是合格品。

B. 图 7-5（b），B 虽然落在 T 内，但质量分布中 $\bar{x}$ 与 T 的中心 M 不重合，偏向一边。这样如果生产状态一旦发生变化，就可能超出质量标准下限而出现不合格品。出现这种情况时应迅速采取措施，使直方图移到中间来。

C. 图 7-5（c），B 在 T 中间，且 B 的范围接近 T 的范围，没有余地，生产过程一旦发生小的变化，产品的质量特性值就可能超出质量标准。出现这种情况时，必须立即采取措施，以缩小质量分布范围。

D. 图 7-5（d），B 在 T 中间，但两边余地太大，说明加工过于精细，不经济。在这种情况下，可以对原材料、设备、工艺、操作等控制要求适当放宽些，有目的地使 B 扩大，从而有利于降低成本。

E. 图 7-5（e），质量分布范围 B 已超出标准下限之外，说明已出现不合格品。此时必须采取措施进行调整，使质量分布位于标准之内。

F. 图 7-5（f），质量分布范围完全超出了质量标准上、下界限，散差太大，产生许多废品，说明实际生产过程能力不足，应提高其能力，使质量分布范围 B 缩小。

## ◆ 工作任务三　用相关图法进行质量分析

**1. 任务分析**　分析混凝土抗压强度和水灰比之间的关系。

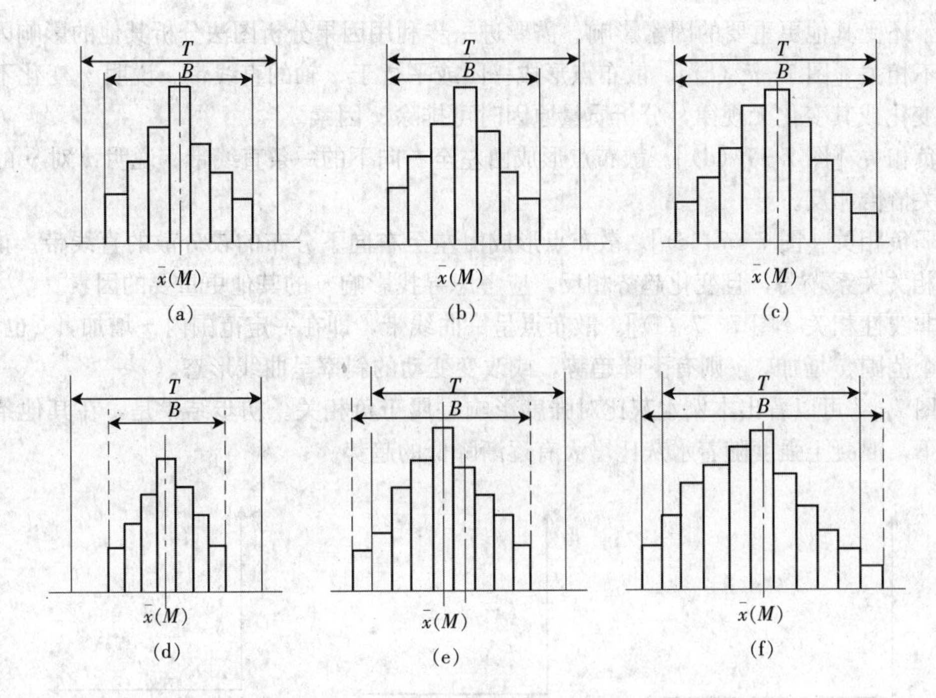


图 7－5　实际质量分析与标准比较

**2. 实践操作**

(1) 收集数据。要成对地收集两种质量数据，数据不得过少（表 7－5）。

**表 7－5　混凝土抗压强度与水灰比统计资料**

| | 序　号 | 1 | 2 | 3 | 4 | 5 | 6 | 7 | 8 |
|---|---|---|---|---|---|---|---|---|---|
| $x$ | 水灰比（W/C） | 0.4 | 0.45 | 0.5 | 0.55 | 0.6 | 0.65 | 0.7 | 0.75 |
| $y$ | 强度（$N/mm^2$） | 36.3 | 35.3 | 28.2 | 24.0 | 23.0 | 20.6 | 18.4 | 15.0 |

(2) 绘制相关图。在直角坐标系中，一般 $x$ 轴用来代表原因的量或较易控制的量，本例中表示水灰比；$y$ 轴用来代表结果的量或不易控制的量，本例中表示强度。然后将数据在相应的坐标位置上描点，便得到散布图（图 7－6）。

(3) 相关图的观察与分析。相关图中点的集合，反映了两种数据之间的散布状况，根据散布状况我们可以分析两个变量之间的关系。归纳起来，有以下六种类型（图 7－7）。

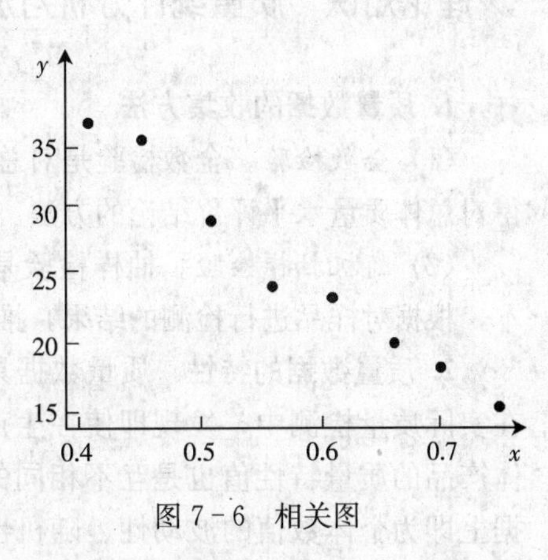


图 7－6　相关图

①正相关［图 7－7（a）］。散布点基本形成由左至右向上变化的一条直线带，即随 $x$ 增加，$y$ 值也相应增加，说明 $x$ 与 $y$ 有较强的制约关系。此时，可通过对 $x$ 控制而有效控制 $y$ 的变化。

②弱正相关［图 7－7（b）］。散布点形成向上较分散的直线带。随 $x$ 值的增加，$y$ 值也有增加趋势，但 $x$、$y$ 的关系不像正相关那么明确。说明 $y$ 除受 $x$

影响外，还受其他更重要的因素影响。需要进一步利用因果分析图法分析其他的影响因素。

③不相关［图 7-7（c）］。散布点形成一团或平行于 $x$ 轴的直线带。说明 $x$ 变化不会引起 $y$ 的变化或其变化无规律，分析质量原因时可排除 $x$ 因素。

④负相关［图 7-7（d）］。散布点形成由左至右向下的一条直线带。说明 $x$ 对 $y$ 的影响与正相关恰恰相反。

⑤弱负相关［图 7-7（e）］。散布点形成由左至右向下分布的较分散的直线带。说明 $x$ 与 $y$ 的相关关系较弱，且变化趋势相反，应考虑寻找影响 $y$ 的其他更重要的因素。

⑥非线性相关［图 7-7（f）］。散布点呈一曲线带，即在一定范围内 $x$ 增加，$y$ 也增加；超过这个范围 $x$ 增加，$y$ 则有下降趋势，或改变变动的斜率呈曲线形态。

从图 7-7 可以看出本例水灰比对强度影响是属于负相关。初步结果是，在其他条件不变情况下，混凝土强度随着水灰比增大有逐渐降低的趋势。

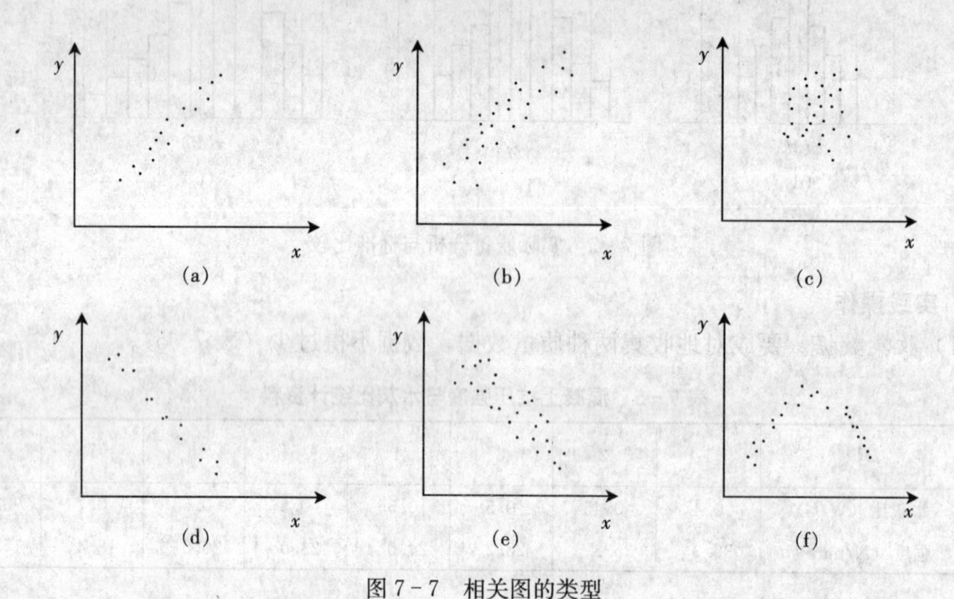


图 7-7　相关图的类型

（a）正相关；（b）弱正相关；（c）不相关；（d）负相关；（e）弱负相关；（f）非线性相关

## ◆ 理论知识　质量统计分析方法

**1. 质量数据的收集方法**

（1）全数检验。全数检验是对总体中的全部个体逐一观察、测量、计数、登记，从而获得对总体质量水平评价结论的方法。

（2）随机抽样检验。抽样检验是按照随机抽样的原则，从总体中抽取部分个体组成样本，根据对样品进行检测的结果，推断总体质量水平的方法。

**2. 质量数据的特性**　质量数据具有个体数值的波动性和总体（样本）分布的规律性。在实际质量检测中，发现即使在生产过程是稳定正常的情况下，同一总体（样本）的个体产品的质量特性值也是互不相同的。这种个体间表现形式上的差异性，反映在质量数据上即为个体数值的波动性、随机性，然而当运用统计方法对这些大量丰富的个体质量数值进行加工、整理和分析后，又会发现这些产品质量特性值（以计量值数据为例）大多都分布在数值变动范围的中部区域，即有向分布中心靠拢的倾向，表现为数值的集中趋势；还有一部分质量特性值在中心的两侧分布，随着逐渐远离中心，数值的个数变少，表现为数值的离中趋势。质量数据的集中趋势和离中趋势反映了总体（样本）质量变化的内在规律性。

**3. 质量数据波动原因及分布的统计规律性**

（1）*质量数据波动的原因*。质量特性值的变化在质量标准允许范围内波动称之为正常波动，是由偶然性原因引起的；若是超越了质量标准允许范围的波动则称之为异常波动，是由系统性原因引起的。

①偶然性原因。在实际生产中，影响因素的微小变化具有随机发生的特点，是不可避免、难以测量和控制的，或者是在经济上不值得消除，它们大量存在但对质量的影响很小，属于允许偏差、允许位移范畴，引起的是正常波动，一般不会因此造成废品，生产过程正常稳定。通常把4M1E因素，即人员、材料、机械、工作方法、环境，这类微小变化归为影响质量的偶然性原因、不可避免原因或正常原因。

②系统性原因。当影响质量的因素发生了较大变化，如工人未遵守操作规程、机械设备发生故障或过度磨损、原材料质量规格有显著差异等情况发生时，没有及时排除，生产过程则不正常，产品质量数据就会离散过大或与质量标准有较大偏离，表现为异常波动，从而产生次品、废品。这就是产生质量问题的系统性原因或异常原因。由于异常波动特征明显，容易识别和避免，特别是对质量的负面影响不可忽视，生产中应该随时监控，及时识别和处理。

（2）*质量数据分布的规律性*。对于在正常生产条件下的大量产品，误差接近零的产品数目要多些，具有较大正负误差的产品相对较少，偏离很大的产品就更少了，同时正负误差绝对值相等的产品数目非常接近。于是就形成了1个能反映质量数据规律性的分布，即以质量标准为中心的质量数据分布，它可用一个“中间高、两端低、左右对称”的几何图形表示，即一般服从正态分布。

**4. 质量控制七种统计分析方法**

（1）*统计调查表法*。利用专门设计的统计表对质量数据进行收集、整理和粗略分析质量状态的一种方法。

（2）*分层法*。将调查收集的原始数据，根据不同的目的和要求，按某一性质进行分组、整理的分析方法。

（3）*排列图法*。利用排列图寻找影响质量主次因素的一种有效方法。

（4）*因果分析图法*。是利用因果分析图来系统整理分析某个质量问题（结果）与其产生原因之间关系的有效工具。

（5）*直方图法*。它是将收集到的质量数据进行分组整理，绘制成频数分布直方图，用以描述质量分布状态的一种分析方法。

（6）*控制图法*。用途主要有两个：过程分析，即分析生产过程是否稳定。过程控制，即控制生产过程质量状态。

（7）*相关图法*。在质量控制中它是用来显示两种质量数据之间关系的一种图形。

# 模块三　施工现场的质量管理

施工现场的质量管理就是施工过程中的质量保证、检查和控制等管理工作。主要任务是严格执行施工规范、操作规程和施工质量验收标准，预防和控制影响工程质量的各种因素，采取切实可行的措施，优质、高效、低耗地完成施工任务。

## ◆工作任务　质量检验和评定

**1. 任务分析**　质量检验和评定是园林工程施工质量管理的主要手段，是园林作品能满足设计要求及工程质量的重要环节。质量检验应包含园林作品质量和施工过程质量两部分，前者应以安全程度、景观水平、外观造型、使用年限、功能要求为主；后者则以工程质量为主，包括设计，施工，检查验收等环节。一般园林工程的质量按绿化分项和建筑工程划分进行检验评定。

**2. 实践操作**

（1）绿化工程分项工程质量检验和评定。

①栽植土。栽植土理化性能好，结构疏松、通气、保水、保肥能力强，适宜于园林植物生长的土壤，其pH应控制在6.5～7.5。在屋顶绿化、平台绿化的栽植土应以腐殖土为主，并掺蛭石、珍珠岩及经腐烂的木屑等质轻、排水良好的基质。用于珍贵珍惜树木的栽植土应进行消毒处理。栽植土严禁使用建筑垃圾土、盐碱土、重黏土、砂土及含有其他有害成分的土壤。严禁在栽植土下有不透水层。

②植物材料。园林绿化工程中的植物材料是指园林中作为观赏、组景、分隔空间、装饰、庇荫、防护、覆盖地面、空间等用的木本或草本植物。园林植物目前尚未制定统一的标准，各地多按各自的规定执行。一般合格的植物应具备以下条件和要求：枝体生长发育正常，组织充实，要达到一定的高度和粗度，根条健壮，分布均匀，具有相当数量和长度的侧根，无病虫害，特别是检疫性的病虫害。

③树木栽植工程。在园林植物栽植前，必须对现场进行有关准备工作，如清理障碍物，整理场地，定点、线等。无论种花还是栽树，均需挖坑。挖坑质量好坏，将直接影响植株的成活和生长。因此，必须严格掌握。挖坑的规格应遵循设计种植品种的规格，大小各异。但有的设计往往与实际种植有差异，需及时做相应的调整。挖种植穴，槽的大小应根据苗木根高、土球直径和土壤情况而定。穴、槽必须垂直下挖，上口和下底相等。

各项栽植工序应紧密衔接，做到随挖、随运、随种、随养护。树木起掘后，不得曝晒或失水。若不能及时种植，应采取保护措施，如喷水、覆盖、假植。如遇到高温或大风大雨等特殊天气应暂停栽植。

④草坪、花坛、地被栽植工程。草坪的坡度不宜过大，应以利于排水、修剪、游人安全为原则。各类草坪的覆盖度应大于95%，集中空秃面积不超过40cm²。籽播、茎播、分植、植生带铺设在2～3个月内，满铺草坪成活时间，生长季节应在一个月内，非生长季节不超

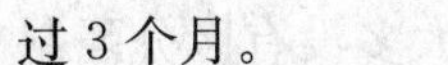

过3个月。

⑤绿化工程验收。绿化工程验收时，种植材料、种植土和肥料等，均应在种植前由施工人员按其规格、质量分批进行验收。

（2）园林建筑及小品分项工程质量检验和评定。

①园路工程。园路工程必须以有关审批文件为依据。线形应流畅、优美、舒展。强度及弯道半径必须满足通行要求。如需要通行1.5吨以上的车辆则按市政道路的有关规范执行。路面宜平整、防滑。如遇古树名木或干径在15cm以上的树木，应原地保留，道路避让。

园路质量验收要求：在建造园路时，主干道应设置无障碍通道，道路纵坡等应符合《城市道路和建筑物无障碍设计规范》（JGJ 50—2001）的有关规定。允许通行小型汽车的道路，如不能环行，必须有回车场地。不允许机动车辆通行的园路，可设置花坛、景石等，其形式及用材应与环境协调。

所有用于园路的材料进场时，均应进行验收，提供实验报告，实测数据，并做好记录及施工日记，竣工验收时需提供施工图及有关说明和联系单等各种资料，质量检查及验收可以与主体工程同时进行，也可单项进行。

②假山叠石工程。园林假山叠石工程必须以有关审批文件为依据。承担假山叠石工程的建设、施工、监理单位应具有相应的资质，不得越级承担。施工人员应具有假山工岗位证书，不得无证上岗。综合工程中的假山叠石工程，应在主体工程、地下管线等完工后方可施工。假山叠石工程的基础部分应与土建工程相关的施工规程相符。选用的景石的石种、块面、光泽应符合设计要求。石质必须坚实、无损伤。假山堆叠，峰石堆置或景石布置，必须根据现场的施工条件，配备起吊设备，搭设架子及防护栏。

③板块地面工程。板块地面工程适用于园林建筑及小品中碎拼大理石、混凝土板、水磨石板、水泥花砖、定形石块、嵌草地坪等地面工程的质量检验和评定。面层所用板块的品种、质量必须符合设计要求：面层和基础层的结合（黏结）必须牢固、无空鼓（脱胶）、单块板料边角有局部空鼓，在抽查点总数不超过5%者，可不计。

④木结构工程。木结构工程适用于园林建筑及小品工程的一般木结构工程中的花架、钢木组合等的制作与安装工程和木门窗工程的质量检验和评定。木材的树种、材质等级、含水率和防腐、防虫、防火处理以及制作质量必须符合设计要求。钢木组合所采用的钢材及附件的材质、型号、规格和连接构造等必须符合设计要求和施工规范规定。木结构支座、节点构造必须符合设计要求和施工规范的固定。槽必须嵌合严密，连接必须牢固无松动。检验方法：观察和利用手推拉及尺量。

## ◆ 理论知识一　园林工程质量标准和验收程序

**1. 园林工程质量标准**　园林建设工程质量标准是对园林绿化工程建设活动中重复的事物、概念、质量和规程等所做的统一规定。它以科学技术和实践经验的综合成果为基础，经有关方面协商一致，由主管机构批准，以特定的形式发布，作为共同遵守的准则和依据。

园林建设工程质量控制依据标准目前存在以下几方面问题：目前尚没有一个全面系统、独立完整的园林建设工程质量控制标准。绿化工程质量标准在一定程度上替代了园林工程质量标准；通常园林建设工程监理参考执行建设部颁布的《工程建设标准强制性条文》（房屋建筑部分），没有法规依据，不具权威性；现行的园林绿化工程行业标准大多没有区分强制性条文和推荐性条文，笼统地按照所有工程质量标准执行，处罚很难操作。

园林建设工程常用技术规范及标准有：《城市用地分类与规划建设用地标准》、《公园设计规范》、《城市居住区规划设计规范》、《城市道路绿化规划与设计规范》、《城市规划基本术语标准》、《风景园林图例图示标准》、《城市绿化工程施工及验收规范》、《风景名胜区规划规范》、《城市绿地分类标准》、《园林基本术语标准》、《建设工程项目管理规范》、《城市园林苗圃育苗技术规程》、《城市绿化和园林绿地用植物材料木本苗》、《城市绿地设计规范》、《种植屋面工程技术规程》、《城市绿地养护技术规范》、《城市绿地养护质量标准》。

**2. 质量验收程序和组织**

（1）检验批及分项工程的验收。检验批及分项工程应由监理工程师（建设单位项目技术负责人）组织施工单位项目专业质量（技术）负责人等进行验收。检验批和分项工程是园林工程质量基础，因此，所有检验批和分项工程均应由监理工程师或建设单位项目技术负责人组织验收。验收前，施工单位先填好"检验批和分项工程的质量验收记录"（有关监理记录和结论不填），并由项目专业质量检验员和项目专业技术负责人分别在检验批和分项工程质量检验记录中相关栏目签字，然后由监理工程师组织，严格按规定程序验收。

（2）分部工程的验收。分部工程应由总监理工程师（建设单位项目负责人）组织施工单位项目负责人和技术、质量负责人等验收；地基与基础、主体结构分部工程的勘察，设计单位工程项目负责人和施工单位技术、质量部门负责人也应参加相关部分工程验收。

（3）单位工程质量验收。单位工程完工后，施工单位首先要依据质量标准、设计图纸等组织有关人员进行自检，并对检查结果进行评定，符合要求后向建设单位提交工程验收报告和完整的质量资料，请建设单位组织验收。

建设单位收到工程质量验收报告后，应由建设单位（项目）负责人组织施工（含分包单位）、设计、监理等单位（项目）负责人进行单位（子单位）工程验收。由于设计、施工、监理单位都是责任主体，因此设计、施工单位负责人或项目负责人及施工单位的技术、质量负责人和监理单位的总监理工程师均应参加验收（勘察单位虽然亦是责任主体，但已经参加了地基验收，故单位工程验收时，可以不参加）。

在一个单位工程中，对满足生产要求或具备条件，施工单位已预检，监理工程师已初检通过的子单位工程，建设单位可组织进行验收，由几个施工单位负责施工的单位工程，当其中的施工单位所负责的子单位工程已按计划完成，并经自行检验，也可组织正式验收，办理交工手续，在整个单位工程进行全部验收时，已验收的子单位工程验收资料应作为单位工程验收的附件。

单位工程有分包单位施工时，分包单位对所承包的工程项目规定的程序检查评定，总包单位应派人参加，分包工程完成后，应将工程有关资料交总包单位。由于《建设工程承包合同》的双方主体是建设单位和总承包单位，总承包单位应按照承包合同的权利义务对建设单位负责，分包单位对总承包单位负责，亦对建设单位负责。因此，分包单位对承建的项目进行验收时，总包单位应参加，检验合格后，分包单位应将工程的有关资料移交总包单位，待建设单位组织单位工程质量验收，分包单位负责人应参加验收。

参加验收各方对工程质量验收意见不一致时，可请当地建设行政主管部门或工程质量监督机构协调处理。单位工程质量验收合格后，建设单位应在规定时间内将工程验收报告和有关文

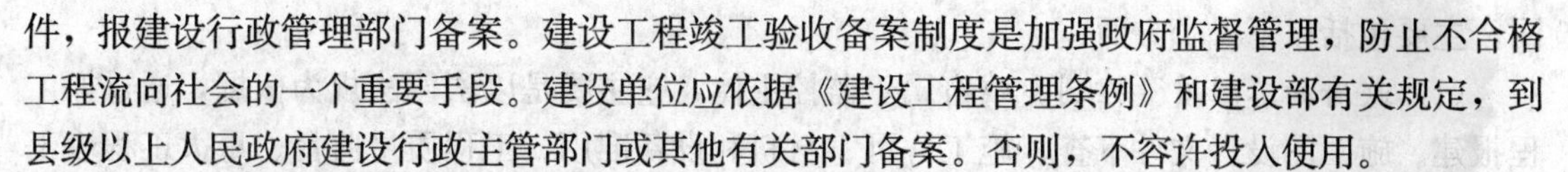

件，报建设行政管理部门备案。建设工程竣工验收备案制度是加强政府监督管理，防止不合格工程流向社会的一个重要手段。建设单位应依据《建设工程管理条例》和建设部有关规定，到县级以上人民政府建设行政主管部门或其他有关部门备案。否则，不容许投入使用。

（4）竣工验收。内容详见项目四——竣工验收。

（5）工程项目的交接。工程项目竣工和交接是两个不同的概念。所谓竣工是针对承包单位而言，他有以下几层含义：第一，承包单位按合同要求完成了工作内容；第二，承包单位按质量要求进行了自检；第三，项目的工期、进度、质量均满足合同的要求。工程项目交接则是由监理工程师对工程质量进行验收之后，协助承包单位与业主进行移交项目所有权的过程。能否交接取决于承包单位所承包的工程项目是否通过了竣工验收。因此交接是建立在竣工验收基础上的。

工程项目经竣工验收合格后，便可办理工程交接手续。即将工程项目的所有权移交给建设单位。交接手续应及时办理，以便使项目早日投产使用，充分发挥投资效益。在工程项目交接时，承包单位还应将成套的工程技术资料进行分类整理、编目建档后移交给建设单位，同时，施工单位还应将在施工中所占用的房屋设施，进行维修清理、打扫干净，连同房门钥匙全部予以移交。

## ◆ 理论知识二　工程质量控制内容和制度

**1. 影响工程质量的因素**　影响工程的因素很多，但归纳起来主要有 5 个方面，即人(man)、材料（material)、机械（machine)、方法（method）和环境（environment)，简称为 4M1E 因素。

（1）人员素质。人是生产经营活动的主体，也是工程项目建设的决策者、管理者、操作者，工程建设的全过程，如项目的规划、决策、勘察、设计和施工，都是通过人来完成的。人员的素质，都将直接和间接地对规划、决策、勘察、设计和施工的质量产生影响。因此，建筑行业实行经营资质管理和各类专业从业人员持证上岗制度是保证人员素质的重要管理措施。

（2）工程材料。工程材料将直接影响建设工程的结构刚度和强度，影响工程外表及观感，影响工程的使用功能，影响工程的使用安全。

（3）机械设备。工程机具设备产品质量优劣，直接影响工程使用功能质量。施工机具设备的类型是否符合工程施工特点，性能是否先进稳定，操作是否方便安全等，都将会影响工程项目的质量。

（4）方法。在工程施工中，施工方案是否合理，施工工艺是否先进，施工操作是否正确，都将对工程质量产生重大的影响。大力推进采用新技术、新工艺、新方法，不断提高工艺技术水平，是保证工程质量稳定提高的重要因素。

（5）环境条件。环境条件包括：工程技术环境、工程作业环境、工程管理环境，这些对工程质量产生特定的影响。加强环境管理，改进作业条件，把握好技术环境，辅以必要的措施，是控制环境对质量影响的重要保证。

**2. 工程质量控制内容**　工程质量控制是指致力于满足工程质量要求，也就是为了保证工程质量满足工程合同、规范标准所采取的一系列措施、方法和手段。工程质量要求主要表现为工程合同、设计文件、技术规范标准规定的质量标准。工程质量控制按其实施主体不同，主要包括以下4个方面：

（1）政府的工程质量控制。政府属于监控主体，它主要是以法律法规为依据，通过抓工程报建、施工图设计文件审查、施工许可、材料和设备准用、工程质量监督、重大工程竣工验收备案等主要环节进行的。

（2）工程监理单位的质量控制。工程监理单位属于监控主体，它主要是受建设单位的委托，代表建设单位对工程实施全过程进行的质量监督和控制，包括勘察设计阶段质量控制、施工阶段质量控制，以满足建设单位对工程质量的要求。

（3）勘察设计单位的质量控制。勘察设计单位属于自控主体，它是以法律、法规及合同为依据，对勘察设计的整个过程进行控制，包括工作程序、工作进度、费用及成果文件所包含的功能和使用价值，以满足建设单位对勘察设计质量的要求。

（4）施工单位的质量控制。施工单位属于自控主体，它是以工程合同、设计图纸和技术规范为依据，对施工准备阶段、施工阶段、竣工验收交付阶段等施工全过程的工作质量和工程质量进行的控制，以达到合同文件规定的质量要求。

**3. 工程质量管理制度**　近年来，我国建设行政主管部门先后颁发了多项建设工程质量管理制度，主要有：

（1）施工图设计文件审查制度。施工图审查是指国务院建设行政主管部门和省、自治区、直辖市人民政府建设行政主管部门委托依法认定的设计审查机构，根据国家法律、法规、技术标准与规范，对施工图进行结构安全和强制性标准、规范执行情况等进行的独立审查。

（2）工程质量监督制度。工程质量监督管理的主体是各级政府建设行政主管部门和其他有关部门。工程质量监督管理由建设行政主管部门或其他有关部门委托的工程质量监督机构具体实施。工程质量监督机构的主要任务：①根据政府主管部门的委托，受理建设工程项目的质量监督；②制定质量监督工作方案；③检查施工现场工程建设各方主体的质量行为；④检查建设工程实体质量；⑤监督工程质量验收；⑥向委托部门报送工程质量监督报告；⑦对预制建筑构件和商品混凝土的质量进行监督；⑧受委托部门委托按规定收取工程质量监督费；⑨政府主管部门委托的工程质量监督管理的其他工作。

（3）工程质量检测制度。工程质量检测工作是对工程质量进行监督管理的重要手段之一。工程质量检测机构是对建设工程、建筑构件、制品及现场所用的有关建筑材料、设备质量进行检测的法定单位。在建设行政主管部门领导和标准化管理部门指导下开展检测工作，其出具的检测报告具有法定效力。法定的国家级检测机构出具的检测报告，在国内为最终裁定，在国外具有代表国家的性质。

（4）工程质量保修制度。建设工程质量保修制度是指建设工程在办理交工验收手续后，在规定的保修期限内，因勘察、设计、施工、材料等原因造成的质量问题，要由施工单位负责维修、更换，由责任单位负责赔偿损失。建设工程承包单位在向建设单位提交工程竣工验收报告时，应向建设单位出具工程质量保修书，质量保修书中应明确建设工程保修范围、保修期限和保修责任等。在正常使用条件下，建设工程的最低保修期限为：

①基础设施工程、房屋建筑工程的地基基础和主体结构工程，为设计文件规定的该工程的合理使用年限；

②屋面防水工程、有防水要求的卫生间、房间和外墙面的防渗漏，为5年；

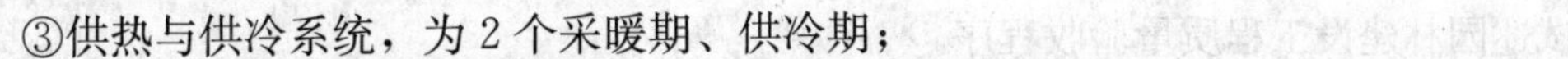

③供热与供冷系统，为 2 个采暖期、供冷期；

④电气管线、给排水管道、设备安装和装修工程，为 2 年。

## ◆理论知识三　质量事故处理

**1. 质量不合格、质量问题、质量事故的确定**　根据国际标准化组织（ISO）和我国有关质量、质量管理和质量保证标准的定义，凡工程产品质量没有满足某个规定的要求，就称之为质量不合格。根据 1989 年建设部颁布的第 3 号令《工程建设重大事故报告和调查程序规定》和 1990 年建设部建工字第 55 号文件关于第 3 号部令有关问题的说明：凡是工程质量不合格，必须进行返修、加固或报废处理，由此造成直接经济损失低于 5 000 元的称为质量问题；直接经济损失在 5 000 元（含 5 000 元）以上的称为工程质量事故。

**2. 常见工程质量问题发生的原因**　违背建设程序；违反法规行为；地质勘察失真；设计差错；施工与管理不到位；使用不合格的原材料、制品及设备；自然环境因素；使用不当等。

**3. 质量事故分类**　国家现行对工程质量通常采用按造成损失严重程度进行分类，其基本分类如下：一般质量事故；严重质量事故；重大质量事故；特别重大事故。特别重大质量事故由国务院按有关程序和规定处理；重大质量事故由国家建设行政主管部门归口管理；严重质量事故由省、自治区、直辖市建设行政主管部门归口管理；一般质量事故由市、县级建设行政主管部门归口管理。

**4. 工程质量事故处理方案**

（1）修补处理。通常当工程的某个检验批、分项或分部的质量虽未达到规定的规范、标准或设计要求，存在一定缺陷，但通过修补或更换器具、设备后还可达到要求的标准，又不影响使用功能和外观要求，在此情况下，可以进行修补处理。

（2）返工处理。当工程质量未达到规定的标准和要求，存在的严重质量问题，对结构的使用和安全构成重大影响，且又无法通过修补处理的情况下，可对检验批、分项、分部甚至整个工程返工处理。

（3）不做处理。某些工程质量问题虽然不符合规定的要求和标准构成质量事故，但视其严重情况，经过分析、论证、法定检测单位鉴定和设计等有关单位认可，对工程或结构使用及安全影响不大，也可不做专门处理。

## 复习题

1. 工程项目一般从大到小如何划分？
2. 质量控制的基本环节有哪些？
3. 建设单位的质量责任是什么？
4. 质量数据的特性是什么？
5. 质量数据分布的统计规律性是什么？
6. 质量控制统计分析方法有哪些？

7. 试述园林建设工程质量验收程序。
8. 影响工程质量的因素有哪些？
9. 我国建设工程质量管理制度主要有哪些？
10. 质量事故分为哪几类？
11. 工程质量事故处理方案有哪几种？

## 技能训练题

某园林工程项目在施工阶段，监理工程师对承包商在现场制作的水泥预制板进行质量检查，抽查了500块，发现其中存在的问题如表7-6：

**表7-6　存在问题及数量**

| 序号 | 存在问题项目 | 数量 |
| --- | --- | --- |
| 1 | 蜂窝麻面 | 23 |
| 2 | 局部露筋 | 10 |
| 3 | 强度不足 | 4 |
| 4 | 横向裂缝 | 2 |
| 5 | 纵向裂缝 | 1 |
| 合计 | | 40 |

问题：
(1) 应选择哪种质量统计分析方法来分析存在的质量问题？
(2) 混凝土板的主要质量问题是什么？

# 项目八

## 合同管理

合同管理是指施工单位根据法律、法规和自身的职责，对其所参与的建设工程合同的谈判、签订和履行进行的全过程的组织、指导、协调和监督。承包商对施工合同的管理主要包括以下内容：

第一，制订合同实施计划。在合同实施过程中，为确保合同各项内容的顺利实施，承包商需建立一套完整的合同管理制度，并设专门的机构，对于工程量较小的项目可设立专职人员，保证合同管理的正常开展。为确保合同的顺利实施，承包商应编制合同实施计划，合同实施计划中应包括合同实施总体安排、分包策划以及合同实施保证体系的建立等内容。

第二，控制合同的实施。承包商要定期对合同的执行情况进行检查，做好合同实施控制，发现合同实施中的问题，找出责任人，及时解决问题，督促有关部门和人员改进工作。合同的实施控制主要包括合同交底、合同的跟踪与诊断、合同变更管理和索赔管理等工作。

合同交底是在合同实施前，合同谈判人员应对合同管理人员进行合同交底。合同交底应包括合同的主要内容、合同实施的主要风险、合同签订过程中的特殊问题、合同实施计划和合同实施责任分配等内容。

合同的跟踪与诊断是合同管理人员全面收集并分析合同实施的信息，将合同实施情况与合同实施计划进行对比分析，找出其中的偏差。定期诊断合同履行的情况，诊断内容应包括合同执行差异的原因分析、责任分析以及趋向预测。应及时通报实施情况及存在的问题，提出有关意见和建议，并采取相应措施。

合同的变更管理应包括变更协商、变更处理程序、制定并落实变更措施、修改与变更相关的资料以及结果检查等工作。

合同的索赔管理。承包商为做好对业主、分包商、供应单位之间的索赔工作，应主动预测、寻找和发现索赔机会，积极收集索赔的证据和理由，调查分析干扰事件的影响，正确计算索赔值，及时提出索赔意向和索赔报告。承包商同样会面临业主、分包商、供应单位对己方提出的反索赔。对于反索赔，承包商应对收到的索赔报告进行详细的审查分析，收集反驳理由和证据，复核索赔值，起草并提出反索赔报告。同时，应通过提高合同管理水平，防止和减少反索赔事件的发生。

第三，合同的档案管理。在合同订立、实施过程中，要做好各种合同文件的管理，包括有关的签证、记录、协议、补充合同、备忘录、函件、电报、电传等，承包商都应做好系统分类，认真管理。工程结束后，应将全部合同文件加以系统整理，建档保管，并及时组织合同终止后的评价，总结合同签订和执行过程中的经验教训，提出总结报告。

### 教学目标

1. 掌握建设工程合同的概念、特点和类型；

2. 掌握合同的订立、实施控制、变更、终止和争议解决程序；

3. 掌握施工索赔程序。

**技能目标**

1. 能完成施工合同的签订工作；

2. 能进行合同管理。

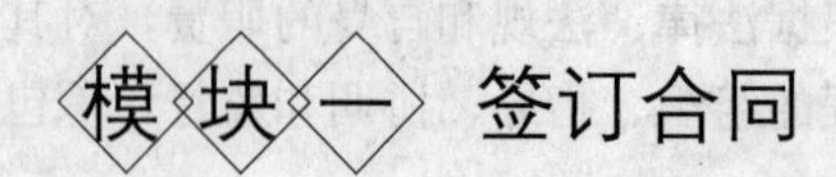

## 模块一　签订合同

### ◆ 工作任务一　签订施工合同

**1. 任务分析**　与一般合同的订立过程一样，施工合同双方当事人也采取要约、承诺的方式达成一致意见，订立合同。当事人双方意思表示真实一致时，合同即可成立。

**2. 实践操作**

(1) 策划。一般承包商对于施工合同的策划，主要是参照业主的合同策划，因为承包商常常必须按照招标文件的要求编制标书，不允许修改合同条件，甚至不允许使用保留条件。但承包商也有自己的合同策划问题。承包商的合同策划主要有投标决策、投标策略与技巧的选择、合同谈判策略的确定、招标文件及合同文本分析等。

在施工合同签订前，应对业主和建设项目进行了解和分析，包括建设项目是否列入国家投资计划、施工所需资金是否落实、施工条件是否已经具备等，以免遭受重大损失。

(2) 合同的谈判。承包商通过投标中标后，在施工合同正式签订前还需与业主进行谈判。当使用《建设工程施工合同文本》时，同样需要逐条与业主谈判，双方达成一致意见后，即可正式签订合同。

合同谈判是指合同双方在合同签订前进行认真仔细的会谈、商讨、讨价还价，最终订立合同的过程。采用招标投标方式订立合同的，合同谈判主要将双方在招投标过程中达成的协议具体化或做某些非实质性的增补与删改。

①准备工作。合同谈判对承包商和业主来说都是十分重要的一环，谈判结果直接关系到合同条款的订立是否于己方有利。因此，在合同正式谈判开始前，承包商一定要深入细致地做好充分的思想准备、组织准备、资料准备等，为合同谈判最后的成功奠定基础。

第一，思想准备。

A. 确定谈判的目标。谈判时首先要确定己方的目标，同时也要摸清对方的谈判目标，从而有针对性地进行准备，并相应采取一定的谈判方式和谈判策略。

B. 确立谈判的基本原则。在谈判前．应首先确定在谈判中哪些问题是必须坚持的，哪些可以做出一定让步以及让步的程度。应以“公平合理、平等互利、符合国际惯例”去争取于已有利的合同条款。

C. 摸清对方的谈判意图。摸清对方的谈判意图，主要是摸清对方的诚意和动机，这对谈判成功与否同样很重要。

第二，组织准备。中标后，承包商必须尽快组织一个精明强干、经验丰富的谈判班子，进行具体的谈判准备和谈判工作。谈判班子的专业结构、基本素质和业务能力对谈判结果有着重要影响。一个合格的谈判小组应由技术人员、财务人员、法律人员等组成。挑选好主谈人，主谈人一定要思路清晰、熟悉谈判内容、有丰富的外事经验和谈判技巧，遇到意外情况时，能冷静分析、妥善处理。

第三，资料准备。

A. 准备并熟悉招标文件中的合同条件、技术要求等文件，报价书中报价、投标致函、施工方案以及向业主提出的建议等资料。

B. 准备好业主索取的资料以及可能回答业主提问的资料论据。

C. 准备好足够的、能够宣传本公司实力（成绩、经验、工作能力和资信程度等）的各种资料，使业主确信承包商有完成工作的能力。

第四，方案准备。具体会谈开始前，要仔细研究分析有关合同谈判的各种文件资料，拟定好谈判提纲，作出几个不同的谈判方案，以便在一个方案谈判不成的情况下，能及时提出有希望谈判成功的备用方案。谈判时可通过协商，选择一个双方都能接受的最佳方案。

②谈判会议安排。选择一个恰当的谈判时间和地点，合理安排好谈判日程，适当地与对方进行交流，增进感情，对合同谈判的成功是十分有利的。

③谈判。在合同谈判中，承包商需要与业主讨论的问题主要有以下几个方面（采用招投标方式订立合同的，谈判不能对招标文件和中标人的投标文件已形成的内容作实质性的修改）：

A. 施工活动的主要内容。施工活动的主要内容即承包商应承担的工作范围，主要包括施工、材料和设备的供应、工程量确定、施工人员和质量要求等。

B. 合同价款。合同价款及支付方式等内容是合同谈判中的核心问题，也是双方争取的关键。价格是受工作内容、工期及其他各种义务制约的，对于支付条件及支付的附带条件等内容都需要进行认真谈判。

C. 工期。工期是承包商控制工程进度，安排施工方案，合理组织施工，控制施工成本的重要依据，也是业主对承包商进行拖期罚款的依据。因此，承包商在谈判过程中，要依据施工规划和确定的最优工期，考虑各种可能的风险影响因素，争取与业主商定一个较为合理、双方都满意的工期，以保证有足够的时间来完成合同，同时不会影响其他项目的进行。

D. 验收。验收是工程项目建设的一个重要环节，因而需要在合同中就验收的范围、时间、质量标准等作出明确的规定，以免在执行过程中，出现不必要的纠纷。在合同谈判的过程中，双方需要针对这些方面的细节性问题仔细商讨。

E. 保证。主要有各种付款保证、履约保证等内容。

F. 违约责任。由于在合同执行过程中各种不利事件的不可预见性，为防止当事人一方由于过错等原因不能履行或不完全履行合同时，过错一方有义务承担损失并承担向对方赔偿的责任，这就需要双方在商签合同时规定惩罚性条款。这一内容关系到合同能否顺利执行、损失能否得到有效补偿，因而也是合同谈判中双方关注的焦点之一。

（3）合同评审。在合同签订之前，还应对合同进行评审，主要是对招标文件和合同条件进行审查、认定和评价。合同评审应包括下列内容：①招标文件和合同的合法性审查；②招标文件和合同条款的合法性和完备性审查；③合同双方责任、权益和项目范围认定；④与产品或过程有关要求的评审；⑤合同风险评估。

(4) 签订合同。我国法律规定，“承诺生效时合同成立”，也就是说承诺生效的时间即为合同成立的时间。但是对采用合同书形式签订合同的，应以双方当事人签字或盖章时成立。如果双方当事人未同时在合同书上签字或盖章，则以当事人中最后一方签字或盖章的时间为合同的成立时间。施工合同属于要式合同，应采用书面形式，以在当事人签字盖章完毕后成立。

## ◆ 工作任务二 签订分包合同

**1. 任务分析** 承包商经业主同意或按照合同约定，可以将承包项目部分非主体工程、非关键工作分包给具有相应资质条件的分包商完成，并与分包商签订分包合同。工程项目的分包是比较复杂的问题，虽然分包合同的主体只涉及总承包商与分包商两方，但在合同的订立及履行过程中还会涉及业主、监理方等其他各方，各方之间存在着复杂的关系。尤其是当发生业主、总承包商和分包商中的任何一方无力偿付债务甚至破产时。受损方如何根据有关合同从有偿付能力的另一方那里得到合理补偿，在很大程度上就要取决于分包前相关工作的成功与否。

分包是相对于承包商的总承包而言的，分包合同则是相对于施工总承包合同而言的，所以，当存在分包关系时，通常称承包商为总承包商。从合同订立的法律过程来讲，分包合同的订立与其他合同的订立基本一样，也要经过仔细的谈判、协商，经过要约、承诺等阶段，最后签订双方都满意的合同。总承包商与分包商之间是平等的民事主体关系。但是分包合同又有它的特殊性，在订立分包合同时，应当搞清楚双方的关系和权利义务，以及与其他各方的关系，尽量避免产生漏洞。

**2. 实践操作**

(1) 取得业主的同意。

(2) 选择分包商。总承包商在决定对部分工程进行分包时，应当慎重选择分包商，要选择确实有经济技术实力和资信可靠的分包商，尤其不宜分包给在同一项目上没能通过资格预审的分包商，因为业主在资格预审时筛掉这类承包商的原因必定是其在经济、施工经验或管理等方面存在缺陷，资格预审的结果可供总承包商借鉴。

总承包商将自己承包的部分工作交由第三人完成，不能将承包的全部工程转包；不能将全部建设工程肢解以后以分包的名义转包给第三人；主体工程不得分包，必须由总承包商自行完成；禁止分包商将分包工程进行转让或再次分包。

第三人必须是具备相应的资质条件，禁止总承包商将工程分包给不具备相应资质条件的单位。分包商仅从总承包商处接受指示，并应执行其指示，但分包与总承包商对分包的工程承担连带责任。

(3) 签订分包合同。应该在“共担风险”的原则下，签订分包合同。在分包合同中应详细规定双方的进度配合、现场配合、竣工时间延长、工程变更及与监理工程师的关系。分包合同的条款通常要与总包合同中的相关条款一致，并要保证能够通过总承包商行使其总承包合同中的管理功能，总承包商应提供总包合同供分包商查阅。

## ◆理论知识　建设工程合同的特点和类型

**1. 建设工程合同的概念**　我国的《合同法》中规定了15种典型的合同，建设工程合同就是其中的一种。建设工程合同是指承包商进行工程建设，业主支付相应价款的合同。它实际上是一类特殊的加工承揽合同，只是因为建设工程一般具有投资大、回收期长、风险大等特点，在合同的履行和管理中有较大的特殊性，涉及的法律问题比一般的承揽合同要复杂得多，所以《合同法》将建设工程合同从加工承揽合同中分离出来，单独进行规定。

工程建设一般要经过勘察、设计、施工等过程，因此，建设工程合同通常包括工程勘察合同、设计合同、施工合同等。定义中的"承包商"是指在建设工程合同中负责工程项目的勘察、设计、施工任务的一方当事人；"业主"是指在建设工程合同中委托承包商进行工程项目的勘察、设计、施工任务的建设单位（业主或项目法人）。

**2. 建设工程合同的特点**　建设工程合同作为一种特殊的合同形式，具有合同的一般特征，同时又有它独有的特征。

（1）建设工程合同的主体只能是法人。"法人"是相对于"自然人"而言的，它是指具有独立民事权利能力和民事行为能力，能依法独立承担民事义务的组织。业主应是经过批准能够进行工程建设的法人，必须有国家批准的项目建设文件，并具有相应的组织协调能力。承包商必须具备法人资格，同时具有从事相应工程勘察、设计、施工的资质条件。建设工程合同的标的是建设工程，它具有投资大、建设周期长、质量要求高、技术力量要求全面等特点，作为公民个人（自然人）是不能够独立完成的。同时，作为法人，也并不是每个法人都可以成为建设工程合同的主体，而是需经过批准加以限制的。因此，建设工程合同的主体不仅是法人，而且必须是具有某种资格的法人。

（2）建设工程合同的标的仅限于建设工程。建设工程合同的标的只能是建设工程而不能是其他物。这里所说的建设工程主要是指土木工程、建筑工程、线路管道和设备安装工程及装修工程、园林绿化工程等。建设工程对于国家、社会有特殊的意义，其工程建设对合同双方当事人都有特殊要求，这使得建设工程合同区别于一般的加工承揽合同。

（3）建设工程合同主体之间经济法律关系错综复杂。在一个建设工程中，涉及业主、勘察设计单位、施工单位、监理单位、材料设备供应商等多个单位。各单位之间的经济法律关系非常复杂，一旦出现工程法律责任，往往出现连带责任。所以建设工程合同应当采用书面形式，并且为法定式合同，这是由建设合同履行的特点所决定的。

（4）合同履行周期长且具有连续性。由于建设项目实施的长期性，合同履行必须连续而循序渐进地进行．履约方式也表现出连续性和渐进性。这就要求项目合同管理人员，要随时按照合同的要求结合实际情况对工程质量、进度等予以检查，以确保合同的顺利实施。履约期长是由于工程项目规模大、内容复杂所致。在长时间内，如何按照合同约定，认真履行合同规定的义务，对项目合同实施全过程的管理，是应该注意的问题。

（5）合同的多变性与风险性。由于工程项目投资大，周期长，因而在建设中相应受地区、环境、气候、地质、政治、经济及市场等各种因素变化的影响比较大，在项目实施过程中经常出现设计变更及进度计划的修改，以及对合同某些条款的变更。因此，在项目管理中，要有专人及时作好设计或施工变更洽谈记录，明确因变更而产生的经济责任，并妥善保存好相关资料，作为索赔、变更或终止合同的依据。由于上述原因，建设工程合同的风险相对一般合同来说要大得多，在合同的签订、变更以及履行的过程中，要慎重分析研究各种风险因素，做好风险管理工作。

**3. 建设工程合同的类型**

（1）按建设工程合同的任务进行分类。可以将建设工程合同分为勘察设计合同、施工合同、监理合同、物资采购合同等类型。

①勘察设计合同。建设项目勘察设计合同，是指业主与勘察、设计单位为完成一定的勘察设计任务，明确双方权利义务关系的协议。

根据双方签订的勘察设计合同，合同承包商（勘察、设计单位）负责完成业主委托的勘察、设计任务，如工程的地理位置和地质状况的调查研究工作、工程初步设计和施工图设计等工作，并就勘察、设计的成果向业主负责。业主有义务接受符合合同约定的勘察、设计成果，并付给承包商相应的报酬。如果勘察、设计的成果不符合合同约定，业主有权拒绝接受该成果，并拒绝支付报酬。

②施工合同。施工合同是建设项目的主要合同。施工合同具体是指具有一定资格的业主（业主或总承包单位）与承包商（施工单位或分包单位）为完成施工任务，明确双方权利义务关系的协议。承包商完成工程任务，并就其工作成果向业主负责。如果存在分包关系，对施工工作成果，承包商与施工人对业主负连带责任。业主应接受其符合合同规定的工作成果并支付相应的报酬。

③监理合同。监理合同，是指业主（委托方）与监理咨询单位为完成某一工程项目的监理服务，规定并明确双方的权利、义务和责任关系的协议。建设工程委托监理合同是指委托人与监理人对工程建设参与者的行为进行监督、控制、督促、评价和管理而达成的协议。监理合同的主要内容包括：监理的范围和内容，双方的权利与义务，监理费的计取与支付，违约责任，双方约定的其他事项等。

④物资采购合同。建设项目物资采购合同，是指具有平等民事主体的法人及其他经济组织之间，为实现建设物资的买卖，通过平等协商，明确相互权利义务关系的协议。它实质上是一种买卖合同。

（2）按照承包的形式进行分类。

①总承包合同。总承包合同是指业主与承包商就建设工程的勘察、设计、施工、设备采购等任务的一项或多项签订总承包合同。总承包商可以将其中的某些任务分包给其他单位，但是作为总承包商，它应对其承包的勘察、设计、施工任务或者采购设备的质量负总责。

②专业承包合同。专业承包合同是指专业承包商同建设单位或总承包商就某项专业任务签订的承包合同。专业承包企业可以自行完成所承接的全部任务，也可以将其中的某些劳务作业分包给具有相应劳务分包资质的分包单位。

③分包合同。分包是指已经与业主签订建设工程合同的总承包商与第三人签订合同，将其承包的工程建设任务的一部分（主体工程除外）交给第三人完成。在这样一种法律结构中，总承包商与业主之间签订的建设工程合同称为总包合同；总承包商与第三人之间签订的建设工程合同称为分包合同。

（3）按照承包工程计价方式分类。

①总价合同。这种合同是业主以一个总价的形式将工程委托给承包商，承包商以总价投

标报价，双方签订合同，并以总价结算。总价合同又可分为固定总价合同、可调总价合同和固定工程量总价合同等。固定总价合同即合同总价一次包死，不因环境因素变化而调整，承包商承担全部风险的合同；可调总价合同是承包商以总价投标，并以总价结算，但总价可以在执行过程中因物价、法律等环境因素的变化而调整的合同；固定工程量总价合同是投标人投标时按单价合同的办法分别填报分项工程单价，并计算出合同总价，据之签订合同。如果改变设计或增加新项目，则用合同中已经确定的单价来计算新的工程量和调整总价。

②单价合同。单价合同是实际工程价款按单价和实际工程量结算的合同形式。单价合同也有三种：估价工程量单价合同、纯单价合同以及单价与包干混合式合同。估价工程量单价合同是以工程量表和工程单价表来计算合同价格的，实际结算时以实际完成的工程量计算，按估计工程量计算出的总价只作投标报价之用；纯单价合同是业主不需给出工程量，承包商投标时只需对分部分项工程报价，工程量以实际完成的数量计算；单价与包干混合式合同是以单价合同为基础，对能计算工程量的项目采用单价形式，但对其中某些不易计算工程量的分项工程采用包干办法。

③成本加酬金合同。这种合同主要适用于工程内容及技术经济指标尚未全面确定，投标报价的依据尚不充分的情况下，业主因工期要求紧迫，必须发包的工程，或者业主与承包商具有高度的信任，承包商在某些方面具有独特的技术、特长和经验的工程。酬金部分通常采用固定百分比、固定金额、最高限额等形式确定。

# 模块二　实施合同

## ◆ 工作任务　施工合同实施控制

**1. 任务分析**　合同实施控制的主要任务是收集合同实施的信息，将合同实施情况与合同实施计划进行对比分析，找出其中的偏差。主要包括以下几个方面的内容：

（1）成本控制。依据各分项工程、分部工程、总工程的成本计划资料以及人力、材料、资金计划资料和实际成本支出情况进行对比判断。对支出偏差进行控制调整，保证按计划成本完成工程，防止成本超支和费用增加。

（2）质量控制。依据合同规定的质量标准及工程说明、规范、图纸、工作量表等资料对工程质量完成情况进行检查检验、控制，保证按合同规定的质量完成工程，使工程顺利通过验收，交付使用，达到预定的功能要求。

（3）进度控制。依据合同规定的工期及总工期计划、详细的施工进度计划、网络图、横道图等资料对实际工程进度进行检查，控制调整，保证按预定的进度计划进行施工，按期交付工程，防止承担工期拖延责任。

（4）其他合同内容的控制。依据合同规定的各项责任对合同履行进行控制，保证全面完成合同责任，防止违约。

**2. 实践操作**

（1）合同监督。有效的合同监督可以分析合同是否按计划或修正的计划实施进行，是正确分析合同实施状况的有力保障。

①落实合同实施计划。落实合同实施计划，为各工程队、分包商的工作提供必要的保证。如施工现场的平面布置，人、料、机等计划的落实，各工序间搭接关系的安排和其他一些必要的准备工作。

②协调各方工作关系。在合同范围内协调项目组织内、外各方的工作关系，切实解决合同实施中出现的问题。如对各工程队和分包商进行工作指导，作经常性的合同解释，使各工程小组都有全局观念；经常性地会同项目管理的有关职能人员检查、监督各工程队、分包商的合同实施情况，对照合同要求的数量、质量、技术标准和工程进度，发现问题并及时采取措施。

③合同的任何变更，都应由合同管理人员负责提出。

④承包商与业主、总（分）包商任何争议的协商和解决都必须有合同管理人员的参与，并对解决结果进行合同和法律方面的审查、分析和评价。

⑤工程实施中的各种文件，如业主和工程师的指令、会议纪要、备忘录、修正案、附加协议等由合同管理人员进行审查。确保工程施工一直处于严格的合同控制中，使承包商的各项工作更有预见性。

（2）合同跟踪。在工程实施过程中，合同实施常常与预定目标（计划和设计）发生偏离。如果不采取措施，这种偏差会由小到大，逐渐积累，对合同的履行会造成严重的影响。合同跟踪可以不断地找出偏差，不断地调整合同实施过程，使之与总目标一致。合同跟踪是合同控制的主要手段，是决策的前导工作。在整个工程过程中，合同跟踪能使项目管理人员一直清楚地了解合同实施情况，对合同实施现状、趋向和结果有一个清醒的认识。

①跟踪依据。主要是合同监督的结果。如各种计划、方案、合同变更文件等，是合同实施的目标和依据；各种原始记录、工程报表、报告、验收结果、计量结果等，是合同实施的现状；工程技术、管理人员的施工现场的巡视，与工作人员谈话，召集小组会议，检查工程质量、计量的情况是最直观的感性知识。

②跟踪对象。

A. 对具体的合同事件进行跟踪。即对照合同事件表的具体内容（如工作的数量、质量、工期、费用等），分析该事件的实际完成情况，可以得到偏差的原因和责任，发现索赔机会。

B. 主动与业主（监理工程师）进行沟通、汇报。及时与监理工程师沟通，多向他汇报情况，及时听取他的指示，及时收集各种工程资料，并对各种活动、双方的交流作记录。对有恶意的业主提前防范，以便及时采取措施。

C. 对工程项目进行跟踪。即对工程的实施状况进行跟踪，对工程整体施工环境进行跟踪。如果出现以下干扰事件，合同实施必然有问题；恶劣的气候条件；场地狭窄、混乱、拥挤不堪；协调困难，如承包商与业主（监理工程师）、施工现场附近的居民、其他承包商、供应商之间协调困难，工程小组之间协调困难；发生较严重的质量、安全事故；对已完工程没通过验收或验收不合格；出现大的工程质量问题、工程试生产不成功或达不到预定的生产能力；施工进度未达到预定计划、主要的工程活动出现拖期，在工程周报和月报上计划和实际进度出现大的偏差。

(3) 合同诊断。在合同跟踪的基础上对合同进行诊断。合同诊断是对合同执行情况的评价、判断和趋向分析、预测。

①对合同执行差异原因进行分析。通过对不同监督和跟踪对象的计划和实际的对比分析，不仅可以得到差异，而且可以探索引起这个差异的原因。例如，通过计划成本和成本累计曲线的对比分析。不仅可以得到总成本的偏差值，而且可以分析差异产生的原因。

②对合同执行差异责任进行分辨。分辨造成合同执行差异的责任人或有关人员，这常常是索赔的理由。只要以合同为依据，分析详细，有根有据，则责任自然清楚。

③对合同实施的趋向进行预测。对合同实施的趋向进行预测，分别考虑不采取调控措施和采取调控措施，以及采取不同的调控措施情况下，合同的最终执行结果。

A. 最终的工程状况，包括总工期的延误，总成本的超支，质量标准，所能达到的功能要求等。

B. 承包商承担的后果和责任，如被罚款，甚至被起诉，对承包商的资信、企业形象、经营战略造成的影响等。

C. 最终工程经济效益。

综合以上各方面，即可以对合同执行情况做出综合评价和判断。

(4) 合同纠偏。通过诊断发现差异，即表示工程实施偏离了工程目标，必须详细分析差异的影响，对症下药，及时采取调整措施进行纠正。以免差异逐渐积累，越来越大，最终导致工程的实施远离计划和目标甚至导致整个工程失败。纠偏通常采取以下措施：

①技术措施。如变更技术方案，采用新的、效率更高的施工方案。

②组织措施。如增加人员投入、重新进行计划或调整计划、派遣得力的管理人员，在施工中经常修订进度计划对承包商来说是有利的。

③经济措施。如增加投入、对工作人员进行经济激励等。

④合同措施。如进行合同变更、签订新的附加协议、备忘录、通过索赔解决费用超支问题等。

(5) 合同实施后评价。在合同执行后必须进行合同后评价。将合同签订和执行过程中的利弊得失，经验教训总结出来，作为以后工程合同管理的借鉴。

## ◆ 理论知识一　分包合同有关各方的关系

**1. 分包商的一般责任**　分包商应按照分包合同的规定来实施和完成分包工程，并修补其中的缺陷；分包商应为分包工程的实施、完成以及修补缺陷所需的劳务、材料、工程设备等进行必要的监督；分包商在审阅分包合同和主合同时，或在分包工程的施工中，如果发现分包工程的设计或规范存在任何错误、遗漏、失误或其他缺陷，应立即通知承包商。

**2. 处理分包合同各方的关系**

(1) 总承包商与分包商之间关系的处理。总承包商要就整个工程对业主负全部法律和经济责任，同时又要根据分包合同对分包商进行管理并履行有关义务。总承包商将一项具体的工程施工分包给分包商时，对该部分工程的责任和义务并不随之分包出去，仍需对其分包商在施工质量和进度等方面的工作负全面责任；而分包商在现场则要接受总承包商的统筹安排和调度，只对总承包商承担分包合同内规定的责任并履行相关义务。分包商与总承包商就分包工程对业主负连带责任。

总承包合同只构成业主与总承包商之间的法律制约关系，分包商并不受总承包合同的制约，也没有履行总承包合同的义务，只是受与总承包商签订的分包合同的制约。但是分包商在施工过程中不履行或不正确履行分包合同的行为会对总承包商履行总包合同造成影响。例如，分包商的延误通常会造成总承包商的工程延误，并致使总承包商在总承包合同条款制约下蒙受罚款。因此，不管分包合同中是否明确提及罚款事宜，只要总承包合同中列明有罚款条件，分包商就应该赔偿总承包商的等额经济损失。同时总承包商还有权要求分包商赔偿其相应的停工损失和延期费用等。总承包商通常在分包合同中写明“总承包商拥有总承包合同中业主对待总承包商同样的权利对待分包商”，以达到总承包合同制约关系的实际转移。

如同业主通常会要求总承包商通过自己认可的银行提供投标担保、履约担保一样，总承包商也会要求其分包商通过总承包商可以接受的银行，开出以总承包商为受益人的各类保函，从而避免可能发生的经济损失。总承包商在处理与分包商之间的关系时，除合同条款必须做出具体规定外，分包合同的责、权、利条款应尽量与总承包合同挂钩，尤应注意使用经济制约手段，并注意采用现代化手段加强管理。如果总承包商违反分包合同，则应该赔偿分包商的经济损失，而如果分包商违反分包合同并造成业主对总承包商的罚款或制裁，则分包商应该赔偿总承包商的损失。

(2) 分包商与业主之间的关系处理。由于分包合同只是分包商与总承包商之间的协议，从法律角度讲，分包商与业主之间没有合同关系，业主对于分包商可以说既没有合同权利又没有合同义务。也就是说，业主和分包商的关系与业主和总承包商的关系有着本质上的区别。除非合同中另有明确规定，分包商不能就付款、索赔和工期等问题直接与业主交涉，甚至无权就此状告业主，一切与业主的往来均须通过总承包商进行。业主只是负责按照总承包合同支付总承包商的验工计价款并赔偿其可能的经济损失，而分包商是从总承包商处再按分包合同索回其应得部分。如果总承包商无力偿还债务，则分包商同样将蒙受损失。因此，分包商的效益通常与总承包商的效益密切相关。

(3) 监理工程师与分包商的关系。监理工程师无权直接干涉分包合同的具体细节及总承包商与分包商之间的关系，但是他有权批准分包合同。在批准分包合同之前，监理工程师有权对分包商的施工能力、财务状况和实施类似工程的相关经验等进行审查，并确信分包的结果不会干扰整个合同的协调和正常执行。尤其是对于大型分包，分包必须获得监理工程师的书面认可。

有时在征得总承包商的书面同意后，监理工程师可能就一些技术问题直接与分包商进行交涉，但监理工程师应该将有关函件抄送总承包商，及时通报有关情况，尤其当涉及付款和进度计划时，以便总承包商在适当时候提出意见或采取相应的行动。而总承包商通常也希望并同意分包商与监理工程师直接就技术规范和施工设计的有关细节问题进行联系，并在分包合同中做出明确的责任划分，以缓解分包商可能声称无法就分包工程的设计与监理工程师交换意见的矛盾。

## ◆ 理论知识二 合同双方的责任

施工合同各项内容的实施主要体现在双方各自权利的实现及对各自义务的完全履行。

**1. 业主的责任** 业主按协议条款约定的时间和要求做好以下工作：

（1）办理土地征用、拆迁补偿、平整施工场地等工作，使施工场地具备施工条件，在开工后继续负责解决以上事项遗留问题。

（2）将施工所需水、电、电信线路从施工场地外部接至专用条款约定地点，保证施工期间的需要。

（3）开通施工场地与城乡公共道路的通道，以及专用条款约定的施工场地内的主要道路，满足施工运输的需要，保证施工期间道路的畅通。

（4）向承包商提供施工场地的工程地质和地下管线资料，对资料的真实准确性负责。

（5）办理施工许可证及其他施工所需证件、批件和临时用地、停水、停电、中断道路交通、爆破作业等的申请批准手续（证明承包商自身资质的证件除外）。

（6）确定水准点与坐标控制点，以书面形式交给承包商，进行现场交验。

（7）组织承包商和设计单位进行图纸会审和设计交底。

（8）协调处理施工场地周围地下管线和邻近建筑物、构筑物（包括文物保护建筑）、古树名木的保护工作、承担有关费用。

（9）业主应做的其他工作，双方在专用条款内约定。业主可以将上述部分工作委托承包商办理。

**2. 承包商的责任**　承包商按协议条款约定的时间和要求做好以下工作：

（1）根据业主委托，在其设计资质等级和业务允许的范围内，完成施工图设计或与工程配套的设计，经工程师确认后使用，业主承担由此发生的费用。

（2）向工程师提供年、季、月度工程进度计划及相应进度统计报表。

（3）根据工程需要，提供和维修非夜间施工使用照明、围栏设施，并负责安全保卫。

（4）按专用条款约定的数量和要求，向业主提供施工场地办公和生活的房屋及设施，业主承担由此发生的费用。

（5）遵守政府有关主管部门对施工场地交通、施工噪声以及环境保护和安全生产等的管理规定，按规定办理有关手续，并以书面形式通知业主，业主承担由此发生的费用，因承包商责任造成的罚款除外。

（6）已竣工工程未交付业主之前，承包商按专用条款约定负责已完工程的保护工作，保护期间发生损坏，承包商自费予以修复；业主要求承包商采取特殊措施保护的工程部位和相应追加的合同价款，双方在专用条款内约定。

（7）按专用条款约定做好施工场地地下管线和邻近建筑物、构筑物（包括文物保护建筑）、古树名木的保护工作。

（8）保证施工场地清洁符合环境卫生管理的有关规定，交工前清理现场达到专用条款约定的要求，承担因自身原因违反有关规定造成的损失和罚款。

（9）承包商应做的其他工作，双方在专用条款内约定。

## ◆ 理论知识三　合同履行规则

根据《合同法》的规定，履行施工合同应遵循以下10项共性规则：

**1. 履行施工合同应遵循的规则**

（1）全面履行原则，即实际履行和适当履行。“实际履行”是指当事人应严格按照合同规定的标的完成合同义务；“适当履行”是指当事人必须按合同条款内容履行。

（2）诚实信用原则，即合同当事人应以诚实、善意的态度履行合同义务，行使合同权利，维护双方利益的对等、自身利益和社会利益的平衡，不得损害第三人利益和社会利益。

（3）协作履行原则，即双方当事人团结协作，相互帮助，共同完成合同的标的，履行各自应尽的义务。

（4）遵守纪律、行政法规和社会公德，不得扰乱社会经济秩序和社会公共利益。

**2. 对约定不明条款履行的规则**

（1）协议补充。

（2）规则补充（解释补充），指以合同的客观内容为基础，依据诚实信用的原则，并斟酌交易习惯，对合同的漏洞做出符合合同目的的填补。规则补充方法可按合同条款确定，也可根据交易习惯确定。

（3）法定补充，即根据法律的直接规定（《合同法》第六十二条）以合同的漏洞加以补充。

**3. 施工合同履行过程中价格发生变动时的履行规则**　按照《合同法》第六十三条的规定执行：执行政府定价或者政府指导价的，在合同约定的交付期限内政府价格调整时，按照交付时的价格计价。逾期交付标的物的，遇价格上涨的，按照原价格执行；价格下降时，按照新价格执行。逾期提取标的物或者逾期付款的，遇价格上涨时，按照新价格执行；价格下降时，按照原价格执行。

**4. 债务人向第三人履行债务时的履行规则**　《合同法》第六十四条规定：当事人约定由债务人向第三人履行债务的，三人履行债务或者履行债务不符合约定，应当向债权人承担违约责任。

**5. 第三人向债权人履行债务时的履行规则**　《合同法》第六十五条规定：“当事人约定由第三人向债权人履行债务的，第三人不履行债务或者履行债务不符合约定，债务人应当向债权人承担违约责任。”

**6. 双务合同中的同时履行和同时履行抗辩权规则**　“同时履行规则”是指在双务合同中，当事人对履行顺序没有约定，当事人应当同时履行自己的义务。“同时履行抗辩权”是指双务合同的当事人一方在对方未履行之前有权拒绝其履行请求，一方在对方履行债务不符合约定时，有权拒绝其相应的履行请求。

**7. 双务合同中顺序履行及其抗辩权的规则**　当事人互负债务，有先后履行顺序的，先履行一方未履行的，后履行一方有权拒绝其履行要求；先履行一方履行债务不符合约定的，后履行一方有权拒绝其相应履行要求。

**8. 债权人发生变化时的履行规则**　债权人分立、合并或者变更住所没有通知债务人，致使履行债务发生困难的，债务人可以终止履行或将标的物提存。

**9. 债务人提前履行债务的履行规则**　《合同法》第七十一条规定：债权人可以拒绝债务人提前履行债务，但提前履行不损害债权人利益的除外。债务人提前履行债务给债权人增加的费用，由债务人负担。

**10. 债务人部分履行债务的履行规则**　《合同法》第七十二条规定：债权人可以拒绝债务人部分履行债务，但部分履行不损害债权人利益的除外。债务人部分履行债务给债权人增加的费用，由债务人负担。

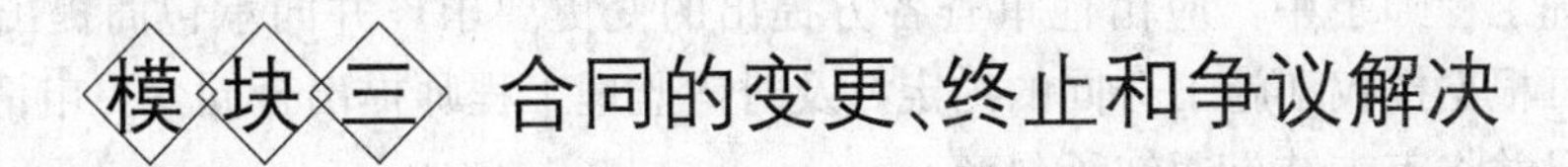

# 模块三　合同的变更、终止和争议解决

## ◆工作任务一　合同变更

**1. 任务分析**　合同的变更有广义和狭义之分。广义的合同变更包括合同内容的变更与合同当事人即主体的变更，狭义的合同变更仅指合同内容的变更。合同主体的变更在《合同法》中称为合同的转让，所以在《合同法》中的合同变更仅指合同内容的变更。这里所说的施工合同的变更指的是狭义的合同变更，即合同内容的变更。合同变更一般主要有以下几方面的原因：

（1）业主的原因。如业主新的要求、业主指令错误、业主资金短缺、倒闭、合同转让等。

（2）勘察设计的原因。如工程条件不准确、设计的错误等。

（3）承包商的原因。如合同执行错误、质量缺陷、工期延误等。

（4）监理工程师的原因。如错误的指令等。

（5）合同的原因。如合同文件问题，必须调整合同目标，或修改合同条款等。

（6）其他方面的原因。如工程环境的变化、环境保护要求、城市规划变动、不可抗力影响等。

**2. 实践操作**

（1）*业主提出变更要求*。在项目实施的过程中，业主（或监理工程师）可通过发布指令或要求承包商提交建议书的方式，提出变更。变更处理程序如下：

①业主提出变更后，承包商应遵守并执行每项变更，并作出书面回应，提交下列资料：

A. 对变更的设计和要完成的工作的说明，以及实施的进度计划。

B. 根据原进度计划和竣工时间的要求，承包商对进度计划作出必要修改的建议书。

C. 承包商对调整合同价格的建议书。

②如果承包商认为业主提出的变更不合理或难以遵照执行，也应作出书面回应，及时向业主（或监理工程师）发出通知，说明不能执行的理由。不能执行变更的理由一般有：

A. 承包商难以取得变更所需要的货物。

B. 变更将降低工程的安全性或适用性。

C. 将对履约保证的完成产生不利的影响。

③业主（监理工程师）接到承包商不能执行变更的通知，应取消、确认或改变原指示。

（2）*承包商提出变更要求*。承包商也可以随时向业主提交可以产生良好作用的书面建议：能加快竣工；能降低业主的工程施工、维护或运行费用；能提高业主的竣工工程的效率或价值，或给业主带来其他利益的建议。

业主（或监理工程师）收到此类建议书后，应尽快给予批准、不批准或建议的回复。在等待答复期间，承包商应继续按原计划施工，不应延误任何工作。

由于业主通常是委托监理工程师代替自己行使各种权利，所以通常施工合同变更的决策权在现场监理工程师手中，应由他审查各方提出的变更要求，并向承包商提出合同变更指令。承包商可根据授权和施工合同的约定，及时向监理工程师提出合同变更申请，监理工程师进行审查，并将审查结果通知承包商。

## ◆ 理论知识　工程变更的执行方式

**1. 设计变更**　设计变更实质是对设计图纸进行补充、修改。设计变更往往会引起工程量的增减、工程分项的新增或删除、工程质量和进度的变化、实施方案的变化。

对由于业主要求、政府城建、环保部门的要求、环境的变化、不可抗力、原设计错误等原因导致的设计变更，应由业主承担责任。涉及费用增加或工期拖延的，业主应予以补偿并批准延期。而由于承包商施工过程、施工方案出现错误、疏忽而导致设计变更，必须由承包商自行负责。

**2. 施工方案变更**　施工方案的变更内容有：①工程量的增减；②质量及特性的变化；③工程标高、基线、尺寸等变更；④施工顺序的改变；⑤永久工程的删减；⑥附加工作；⑦设备、材料和服务的变更等。

承包商承担由于自身原因修改施工方案的责任；设计变更由业主承担责任，则相应的施工方案的变更也由业主负责；反之，则由承包商负责；对不利的异常地质条件引起的施工方案的变更，一般应由业主承担。在工程中承包商采用或修改实施方案都要经业主（或监理工程师）的批准。

**3. 合同价款的变更**　合同变更后，当事人应当按照变更后的合同履行。根据《合同法》规定，合同的变更仅对变更后未履行的部分有效，而对已履行的部分无溯及力。因合同的变更使当事人一方受到经济损失的，受损一方可向另一方当事人要求损失赔偿。在施工合同的变更中，主要表现为合同价款的调整，通常合同价款的调整按下列方法处理：

①合同中已有适用于变更工程的价格，按该价格变更合同价款。

②合同中只有类似于变更工程的价格，可以按照类似价格变更合同价款。

③上述两种情况以外的，由承包商提出适当的变更价格，经监理工程师确认后执行，与工程款同期支付。

由承包商自身责任导致的工程变更，承包商无权要求追加合同价款。

## ◆ 工作任务二　合同终止

**1. 任务分析**　合同的终止是指因发生法律规定或当事人约定的情况，使当事人之间的权利义务关系消灭，而使合同终止法律效力。

合同终止的原因有很多，比较常见的有以下两种：一种情况是合同双方已经按照约定履行完合同，合同自然终止。还有一种情况是发生法律规定或当事人约定的情况，或经当事人协商一致，而使合同关系终止，称为合同解除。承包商、业主履行完合同全部义务、竣工结算、价款支付完毕，承包商向业主交付竣工工程后，施工合同即告终止，这属于前一种情况，即合同自然终止的情况。后一种情况（合同解除）可以有两种方式：合意解除和法定解

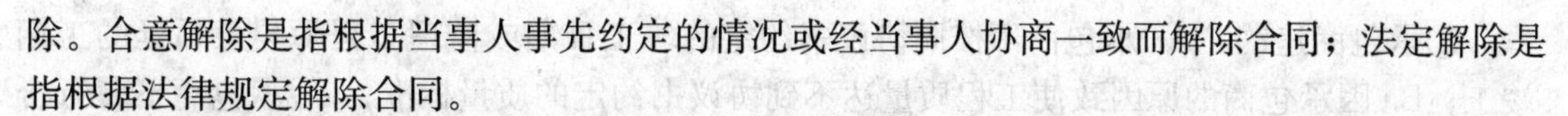

除。合意解除是指根据当事人事先约定的情况或经当事人协商一致而解除合同；法定解除是指根据法律规定解除合同。

**2. 实践操作**

(1) 分析情况，解除合同。在施工合同履行的过程中，如有下列情形之一的，承包商或业主可以解除合同：

①因不可抗力因素致使合同无法履行。在发出中标通知书后，如果发生了双方都无法控制的意外情况，使双方中的一方受阻而不能履行其合同责任，或者合同的履行成为不合法时，双方都不需进一步履行合同。如自然灾害、战争等；国家的法律在合同签订后发生变动，规定禁止使用合同规定的某些设备等。

②因一方违约致使合同无法履行。又可分以下几种情况：

A. 业主违约的情况。如业主未能根据监理工程师的付款证书在合同规定期限内支付工程款项；干涉、阻挠或拒绝任何付款证书的发放；干扰或阻碍承包商工作。

B. 承包商违约的情况。如承包商延误工期、出现严重质量缺陷和其他违约行为；承包商未经业主同意，转让合同等。

③双方协商一致同意解除合同的。如双方都认为没必要再继续履行，或出现合同再继续履行下去，只会导致更大的损失的情况等，双方可合意解除合同。

④承包商或业主自身破产或无力偿还债务的。一方在发生上述情况要求解除合同时应以书面形式向对方发出解除合同的通知，并在发出通知前告知对方，通知到达对方时合同即告解除。

(2) 合同终止后的义务。合同终止后，不影响双方在合同中约定的结算和清理条款的效力。承包商应妥善做好已完工程和已购材料、设备的保护和移交工作，按业主要求将自有机械设备和人员撤出施工地。业主应为承包商撤出提供必要条件，支付以上发生的费用，并按合同约定支付已完工程价款。已预定的材料、设备由订货方负责退货或解除订货合同，不能退还的货款和因退货解除订货合同发生的费用，由业主承担．因未及时退货造成的损失由责任方承担。

另外，合同终止后，合同双方都应当遵循诚实信用原则，履行通知、协助、保密等合同义务。

## ◆工作任务三　合同的争议解决

**1. 任务分析**　违约责任是指当事人违反合同义务所应承担的民事责任。《合同法》第一百零七条规定：“当事人一方不履行合同义务或者履行合同义务不符合规定的，应当承担继续履行、采取补救措施或者赔偿损失等违约责任。当事人双方都违反合同的，应当各自承担相应的责任。”

**2. 实践操作**

(1) 认定违约责任。

①业主违约。A. 业主不按时支付预付工程款；B. 业主不按合同约定支付工程款，导致施工无法进行；C. 业主无正当理由不支付工程竣工结算价款；D. 业主不履行合同义务或不按合同约定履行义务的其他情况。

②承包商违约。A. 承包商不按照协议书约定的竣工日期或监理工程师同意顺延的工期竣工；B. 因承包商的原因致使工程质量达不到协议书约定的质量标准；C. 承包商不履行合同义务或不按合同约定履行义务的其他情况。

（2）承担违约责任。

①继续履行。又称实际履行或强制实际履行，是指合同当事人一方请求人民法院或仲裁机构强制违约方履行合同义务。例如，业主无正当理由不支付工程竣工结算价款，承包商可以诉诸法律，请求法院或仲裁机构强制业主继续履行付款义务，给付工程款。

②补救措施。是指当事人一方履行合同义务不符合规定的，对方可以请求人民法院或仲裁机构强制其在继续履行合同义务的同时采取补救履行措施。例如，在合同履行过程中，业主或监理工程师发现，承包商的部分工程施工质量不符合合同约定的质量标准，可以要求承包商对该工程进行返修或者返工。承包商的返修或返工行为就是一种补救措施。

③赔偿损失。当事人一方不履行义务或履行义务不符合约定的，在继续履行义务或采取补救措施后，对方还有其他损失的，应当赔偿损失。例如，工程质量不合格，承包商采取补救措施，进行返工后，虽然质量达到了要求，但是导致总工期拖延了较长时间，这可能给业主造成很大的损失。业主的这部分损失是由承包商的违约引起的，应当由承包商来赔偿。如果由于业主违约造成工期拖延的，业主除了给予承包商经济上的赔偿外，还应当给予工期上的赔偿，顺延延误的工期。

当事人一方违约后，对方应当采取适当措施防止损失的扩大，如果因其没有采取措施而致使损失扩大的，则不得就扩大的损失要求违约方赔偿。当事人因防止损失扩大而支出的合理费用，由违约方承担。

损失的赔偿额应当相当于因违约而造成的损失，包括合同正常履行后应当可以获得的利益。具体的赔偿金额及计算方法可以由承包商和业主在合同的专用条款中约定。

④支付违约金。违约金是当事人约定或法律规定，一方当事人违约时应当根据违约情况向对方支付的一定数额的货币。违约金的数额可以由承包商和业主在合同的专用条款中规定。双方约定的违约金低于实际造成的损失的，当事人可以请求人民法院或仲裁机构予以增加；约定的违约金过分高于实际造成的损失的，当事人可以请求人民法院或者仲裁机构予以适当减少。

⑤免责。当事人一方因不可抗力不能履行合同的，应就不可抗力影响的全部或部分免除责任，但法律另有规定的除外。应当注意，当事人迟延履行合同后发生不可抗力的，不能免除责任。例如，在施工过程中，发生了双方都无法预料到的连续的暴风雨天气，导致了工期拖延并对已完工成品造成了损坏，由此造成的损失，承包商可以免除责任。但是如果按照正常的施工计划，本来能在雨期来临之前竣工的工程，因承包商的违约，迟延履行而延迟到了雨期，由此造成的损失，承包商就应当承担违约责任。

（3）解决争议。承包商和业主在履行合同时如果发生争议，可以和解或者要求有关主管部门调解。当事人不愿和解、调解或者和解、调解不成的，双方可以在专用条款内约定通过仲裁或采取法律途径解决。通常的程序如下：①出现争端和纠纷，双方应先进行协商；②协商不成，可以提请有关主管部门进行调解；③当事人不愿意和解的，如果合同中约定有仲裁方式的，可以提请仲裁机构进行裁决；④合同中没有约定仲裁方式或当事人不服仲裁结果的，可以向有管辖权的人民法院提起诉讼。

需要说明的是，争议如果能通过协商或调解方式解决的，应尽量采用协商或调解方式。仲裁和诉讼都是法律行为，除非不得已，一般不宜采用，以免造成今后双方合作的困难。

另外，发生争议后，双方应继续履行合同，保证施工连续，保护好已完工程。但是发生下列情况时，应当停止履行合同：①单方违约导致合同确已无法履行，双方协议停止施工；②调解要求停止施工，且为双方接受；③仲裁机构要求停止施工；④法院要求停止施工。

## 模块四　施工索赔

### ◆ 工作任务　承包方施工索赔

**1. 任务分析**　从法律的角度讲，索赔是指在工程合同履行过程中，合同当事人一方认为另一方没能履行或妨碍了自己履行合同义务，或是发生合同中规定的风险事件而导致经济损失，受损方根据自己的权力提出的有关某一资格、财产、金钱等方面的要求。

施工索赔是园林工程项目索赔的一个重要内容。施工索赔是承包商由于自身难以控制的客观原因而导致工程成本增加或工期拖延时所提出的公平调整要求——要求进行费用和时间的补偿。施工索赔对于承包商是一种正当的权利要求，是应该争取得到的合理偿付。由于工程项目投资大，周期长，风险大，在工程施工的过程中，非自身责任的工程损失和索赔是经常发生的事情，比如因不可抗力导致的工期拖延或业主资金没有及时到位导致的工期拖延等现象在施工中经常发生。因此，承包商应该加强索赔管理，注意积累索赔证据和资料，以便在发生损失时，能及时有力地提出索赔申请，获得赔偿。

相应于承包商的施工索赔，业主方也可以进行施工反索赔。反索赔是业主或工程师为维护自身利益，根据合同的有关条款向承包商提出的损害补偿要求。反索赔主要有两方面的主要内容：一是业主或工程师对承包商的索赔要求进行评议，提出其不符合合同条款的地方，或指出计算错误，使其索赔要求被否定，或去掉索赔计算中不合理的地方，降低索赔金额，这是对承包商索赔的一种防卫行为；二是可找出合同条款赋予的权利，对承包商违约的地方提出反索赔要求，维护自身的合法权益，这是一种主动的反索赔行为。

**2. 实践操作**　我国的建设法规在索赔工作程序以及时效问题上都作了相应的规定，承包商应把握好时机，按照正确的程序进行索赔，以免因为工作程序上失误而贻误了索赔。在实际工作中，一般可按下列步骤进行索赔。

（1）提出索赔通知。提出索赔通知是索赔的第一步，标志着索赔的开始。在工程实施过程中，一旦发生索赔事件或承包商意识到存在潜在的索赔机会时，应在规定的时间内及时书面通知监理工程师，也就是发出索赔通知并抄报一份给业主，以免监理工程师和业主之间出现推诿情况。我国《建设工程施工合同（示范文本）》中规定："承包商应在引起索赔事件第一次发生之后28天内，将他的索赔意向通知工程师，并同时抄送业主。"如果承包商没有在规定的期限内提出索赔通知，则会丧失在索赔中的主动和有利地位，业主和工程师也有权拒绝承包商的索赔要求。索赔通知通常包括四个方面内容：①事件发生的时间和情况的简单描述；②合同依据的条款和理由；③有关后续资料的提供，包括及时记录和提供事件发展的动态；④对工程成本和工期产生的不利影响的严重程度。

索赔通知书的内容一般应简明扼要地说明上述内容，提出自己正当的索赔要求，通常在索赔意向书中不涉及索赔的数额。详细的索赔款项，需延长的工期天数以及其他的索赔证据资料可以日后再报。

（2）提交索赔申请报告及索赔证据资料。承包商必须在合同规定的索赔时限内向业主或工程师提交正式的书面索赔报告，其内容一般应包括索赔事件的发生情况与造成损害的情况，索赔的理由和根据、索赔的内容和范围、索赔额度的计算依据与方法等，并附上必要的记录和证明材料。

我国《建设工程施工合同（示范文本）》中规定："承包商必须在发出索赔意向通知后的28天内，向工程师提交一份详细的索赔报告。如果索赔事件对工程的影响持续时间长，则承包商还向工程师每隔一段时期提交中间索赔申请报告，在索赔事件影响结束后28天内，向业主或工程师提交最终索赔申请报告。"在索赔申请报告后应附有详细的索赔证据资料：①施工现场报表；②各种有关的往来文件和信函等；③有关会议纪要；④投标报价时的基础资料；⑤有关技术规范；⑥工程报告及工程照片；⑦工程财务报告。

一项索赔需准备的证据资料是多方面的、大量的，所以承包商应建立健全档案资料管理制度，以便在需要时能迅速准确地找出来，不只因为缺少某些资料而导致索赔失败。

（3）索赔报告的评审。监理工程师（业主）接到承包商的索赔报告后，应该仔细阅读其报告，并对不合理的索赔进行反驳或提出疑问。监理工程师将根据自己掌握的资料和处理索赔的工作经验就以下问题提出质疑：①索赔事件不属于业主和监理工程师的责任，而是第三方的责任；②事实和合同依据不足；③承包商未能遵守意向通知的要求；④合同中的开脱责任条款已经免除了业主补偿的责任；⑤索赔是由不可抗力而引起的，承包商没有划分和证明双方责任的大小；⑥承包商没有采取适当措施避免或减少损失；⑦承包商必须提供进一步的证据；⑧损失计算夸大；⑨承包商以前已明示或暗示放弃了此次索赔的要求等。

在评审过程中，承包商应对监理工程师提出的各种质疑作出圆满的答复。监理工程师在与承包商进行了较充分的讨论后，参加业主和承包商之间进行的索赔谈判，通过谈判，最终作出索赔处理决定。

（4）争议的解决。在上一步骤结束后，如果业主和承包商均接受最终的索赔处理决定，索赔事件的处理即告结束。否则，无论业主还是承包商，如果认为监理工程师决定不公正，都可以在合同规定的时间内提请监理工程师重新考虑。承包商如果持有异议，可以提供进一步的证明材料，向监理工程师进一步说明为什么其决定是不合理的，必要时可重新提交索赔申请报告，对原报告做一些修正、补充或作让步。

（5）索赔的支付。在监理工程师与业主或承包商适当协商之后，认为根据承包商所提供的足够充分的细节使监理工程师有可能确定出应付的金额时，承包商有权要求将监理工程师认为应支付给他的索赔金额纳入监理工程师签署的任何临时付款。如果承包商提供的细节不足以证实全部的索赔，则承包商有权得到已满足监理工程师要求的那部分细节所证明的有关部分的索赔付款。监理工程师应将按本款所作的任何决定通知承包商，并将一份副本呈交业主。一般情况下，某一项索赔的付款不必要等到全部索赔结案之后才能支付，为防止把问题积成堆再解决，通常是将已确定的索赔放在最近的下一次验工计价证书中支付。

（6）编写索赔报告。承包商应该在索赔事件对工程产生的影响结束后，尽快（一般合同规定 28 天内）向监理工程师（业主）提交正式的索赔报告。在实际工作中，如果索赔事件影响持续延长，也可能在整个工程施工期间都会有持续影响，就不能在工程结束后才提出索赔报告，应每隔一段时间（或按合同规定）向监理工程师报告。

①索赔报告的形式和内容。索赔报告的正文通常包括题目、事件、理由、因果分析、索赔费用（工期）等部分。

A. 题目。题目应简洁，应能说明是针对什么提出的索赔，即概括出索赔的中心内容。

B. 事件。事件是对索赔事件发生的原因和经过进行的叙述，包括双方活动和所附的证明材料。

C. 理由。理由是指出针对所陈述的事件，提出的索赔根据。

D. 因果分析。因果分析对上述事件和理由与造成成本增加或工期延长之间的必然关系进行论证。

E. 索赔费用（工期）计算，索赔费用（工期）计算是各项费用及工期的分项计算及汇总结果。

除此之外，承包商还要准备一些与索赔有关的细节性资料，以备对方提出问题时进行说明和解释，如运用图表的形式对实际成本与预算成本、实际进度与计划进度、修订计划与原计划进行比较。通过图表说明和解释人员工资上涨，各时期工作任务密集程度的变化、资金流进流出等情况，使之一目了然。

②编写中应注意的几个问题。

A. 索赔的合同依据要明确。承包商提出索赔要求要有理有据或者依据合同条款规定，或者依据非合同的法律法规。总之，要提出依据，要证明索赔事件的实际发生与其造成的损失之间的因果关系，即证明业主违约或合同变更与索赔事件的必然性联系，为索赔的成功提供保障。

B. 责任分析要清楚。在报告中所提出索赔事件的责任是谁引起的，是业主还是监理工程师，还是不可抗力的原因。在语言上要判断清楚，是谁的责任就是谁的责任，避免出现责任分析不清和自我批评式的语言。另外要写清楚事件发生的不可预见性，以及作为承包商在事件发生后为防止损失的扩大所作的努力。

C. 索赔计算要准确。索赔的计算要准确，索赔值的计算依据要正确，计算结果要准确。计算依据要用文件规定的和公认合理的计算方法，并加以适当的分析。数字计算上不要有差错，一个小的计算错误可能影响到整个计算结果，容易降低索赔的可信度，给人造成不好的印象。

D. 用词要婉转和恰当。由于工程本身的长期性和复杂性，不可预见的事情以及无法避免的失误肯定会大量存在，所以，索赔在工程进行的过程中是经常发生的，也是非常正常的事情。但是，索赔这个词给人的感觉总是不友好的，对立的，所以，在索赔报告中要避免使用强硬的不友好的抗议式的语言，以免伤害了和气和双方的感情，不利于问题的解决。

## ◆ 理论知识　索赔原因和索赔类型

**1. 施工索赔发生的原因**　引起施工索赔的原因非常繁杂，比较常见的原因大致有以下方面：

（1）*合同文件引起的索赔*。在施工合同中，由于合同文件本身用词不严谨、前后矛盾或存在漏洞、缺陷而引起的索赔经常会出现。这些矛盾常反映为设计与施工相矛盾，技术规范和设计图纸不符合或相矛盾，以及一些商务和法律条款规定有缺陷，甚至引起支付工程款时的纠纷。在这种情况下，承包商应及时将这些矛盾和缺陷反映给监理工程师，由监理工程师作出解释。若承包商执行监理工程师的解释指令后，造成施工工期延长或工程成本增加，则承包商可提出索赔要求，监理工程师应予以证明，业主应给予相应的补偿。因为业主方是工程承包合同的起草者，应该对合同中的缺陷负责，除非其中有非常明显的遗漏或缺陷，依据法律或合同可以推定承包商有义务在投标时发现并及时向业主报告。

除此之外，在工程项目的实施过程中，合同的变更也是经常发生的。合同变更包括工程设计变更、施工质量标准变更、施工顺序变更、工程量的增加与减少等。只是这种变更必须是指在原合同工程范围内的变更，若属超出工程范围的变更，承包商有权予以拒绝。特别是当工程量的增加超出招标时工程量清单的15%～20%以上时，可能会导致承包商的施工现场人员不足，需另雇工人，往往要求承包商增加新型的施工机械设备，或增加机械设备数量等。人工和机械设备的增加，则会引起承包商额外的经济支出，扩大了工程成本。反之，若工程项目被取消或工程量大减，又势必会引起承包商原有人工和机械设备的窝工和闲置，造成资源浪费，导致承包商的亏损，因此，在合同变更时，承包商有权提出索赔，以弥补自己不应承担的经济损失。

（2）*风险分担不均引起的索赔*。不论是业主还是承包商在工程建设的过程中都承担着合同风险。然而，由于建筑市场的激烈竞争，业主通常处于主导地位，而承包商则被动一些，双方承担的合同风险也并不总是均等的，承包商往往承担了更多的风险。承包商在遇到不可预防和避免的风险时，可以通过索赔的方法来减少风险所造成的损失；业主应该适量地弥补由于各种风险所造成的承包商的经济损失，以求公平合理地分担风险。业主和承包商之间“风险均衡”的原则一直以来在国际上都受到普遍的认可。事实证明，诸如FIDIC（国际咨询工程师联合会）合同条件等采用的风险分配方式可以使业主和承包商都获益。如业主以较低的价格签订合同，仅在最终实际发生特殊的非正常风险情况下，才增加进一步的费用，如果风险不发生，则不需要支付这部分费用；而承包商可以避免对此类难以估计的风险的评估，如果风险确实发生了，由业主给予补偿，实际承担的风险也小了。

（3）*不可抗力和不可预见因素引起的索赔*。不可抗力包括自然、经济、社会等各方面的因素，如地震、暴风雨、战争、内乱等，是业主和承包商都无法控制的。不可预见因素是指事先没有办法预料到的意外情况，如遇到地下水、地质断层、熔岩孔洞、沉陷、地下文物遗址、地下实际隐藏的障碍物等。这些情况可能是承包商在招标前的现场考察中无法发现，业主在资料中又未提供的，而一旦出现这种情况，承包商就需要花费更多的时间和费用去排除这些障碍和干扰。对于这些不可抗力和不可预见因素引起的费用增加或工期延长，承包商可以提出索赔要求。

（4）*业主方面的原因引起的索赔*。施工合同的双方是通过验收与付款而维持彼此之间的关系。如果发生业主不在规定时间内付款，干扰阻挠工程师发出支付证书，不按合同规定为承包商提供施工必须的条件。或业主提前占有部分永久工程，提供的原始资料和数据有差错，指定的分包商违约等情况而致使承包商遭受损失时，承包商有权得到经济补偿或工期延

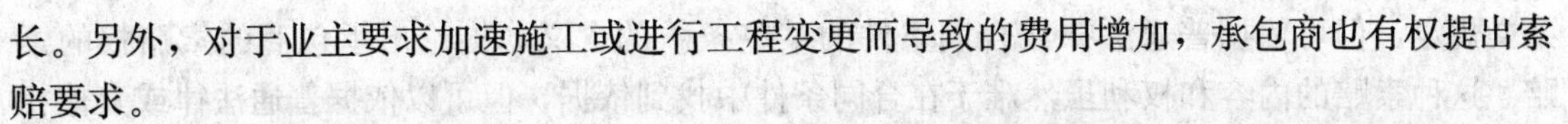

长。另外，对于业主要求加速施工或进行工程变更而导致的费用增加，承包商也有权提出索赔要求。

(5) 监理方原因引起的索赔。工程施工过程中，监理工程师受业主委托来进行工程建设，对承包商进行监督管理，严格按合同规定和技术规范控制工程的投资、进度和质量，以保证合同顺利实施。为此，监理工程师可以发布各种必要的书面或口头的现场指令，这些指令常包括令承包商进行额外的工作，如额外的工程变更以适应施工现场的实际情况；指令承包商加速施工；指令更换某些材料；指令暂停工程或改变施工方法等。在监理工程师发布了这些指令之后，承包商指令付诸实施后，有权向业主提出索赔以获得费用补偿。另外，因监理工程师的不当行为引起的损失，如拖延审批图纸，重新检验和检查，工程质量要求过高，提供的测量基准有误，或对承包商的施工进行不合理干预等，承包商也可以进行索赔。

(6) 价格调整引起的索赔。建筑市场变化多端，各种建筑材料、机器设备以及劳动力的价格也会时常变化，这些价格的变动必会引起承包商施工成本的变化，因价格的变化引起的承包商费用的增加，业主应给予补偿。

(7) 其他方面的因素引起的索赔。如建筑过程的难度和复杂性增大，建筑业经济效益的影响，其他第三方干扰等。

**2. 施工索赔的类型**

(1) 按索赔的目的分类。

①工期索赔。也称为时间索赔，是指承包商要求业主合理地延长竣工日期。除承包商自身的原因而发生工期拖延，承包商可以向监理工程师提出在合同规定的工期基础上顺延一段时间，但是要有合理的根据，要求顺延的时间要符合实际。

②费用索赔。费用索赔是指承包商向业主要求补偿不应该由承包商自己承担的经济损失或额外费用，取得合理的经济补偿，因此也称经济索赔。

(2) 按照索赔的处理方式分类。

①单项索赔。单项索赔是指在每一索赔事项发生后，及时就该事项单独提交索赔通知单，编报索赔报告书，要求单项解决支付，不与其他的索赔事件混在一起。它避免了多项索赔的相互影响制约，所以较容易解决。

②综合索赔。综合索赔又称为一揽子索赔或总索赔，是将施工中发生的若干索赔事件汇总在一起，在竣工前进行一次性索赔。有时候由于索赔事项相互干扰，相互影响或者承包商无法为索赔保持准确而详细的成本记录资料，在这种情况下，承包商可以采用综合索赔。另外，在施工中可能会发生较多的索赔事件，为简化工作，承包商可能会采取综合索赔的方式。通常，由于索赔原因、索赔额计算比较复杂，难以区分，综合索赔取得成功的把握要比单项索赔小，所以承包商要注意做好各种资料的记录和积累，以便在索赔中增加胜算。

(3) 按索赔的依据分类。

①合同规定的索赔。合同规定的索赔是指所涉及的内容均可以在合同中找到依据的索赔。也就是说，在项目的施工合同中有明确规定的文字依据，承包商可以直接引用到索赔中，为自己的索赔指明合同依据。特别是在应用 FIDIC 合同条件时，各种工程量计算、变更工程时的计量和价格、不同原因引起的拖期、工程师发布工程变更指令、业主方违约等都属于这种情况。由于依据明确，这类索赔解决起来比较容易。

②非合同规定的索赔。非合同规定的索赔是指虽然在工程项目的合同条件中没有专门的

条文规定，但可依据普通法律或合同条件的某些条款的含义，推论出承包商的索赔权的索赔。这种索赔的内容和权利虽然难于在合同条件中找到依据，但可以依据普通法律或其他相关的规定来确定。

③优惠索赔。有些情况下，承包商在合同中找不到依据，而业主也没有违约或违法，这时承包商对其损失寻求某些优惠性质的付款。在这种情况下，业主可以同意，也可以不同意。但如果业主另找承包商，费用会更大时，通常也会同意该项索赔。

④道义索赔。道义索赔，又称额外支付，是指承包商对标底估计不足，或遇到巨大困难，而蒙受重大亏损时，业主超越合同约定出自善良意愿给承包商以相应的经济补偿。这种补偿完全出自道义。

## 复习题

1. 承包商对施工合同的管理主要包括哪些内容？
2. 合同谈判中应解决哪些主要问题？
3. 什么是建设工程合同？建设工程合同有哪些特点？
4. 建设工程合同的类型有哪些？
5. 分包商在分包合同实施控制中有哪些责任？
6. 对约定不明条款有哪些履行规则？
7. 合同变更的原因有哪些？合同终止的原因有哪些？
8. 试述承包商的索赔程序。
9. 索赔报告包括哪些内容？
10. 施工索赔有哪些类型？

## 案例分析题

1995年8月10日，某钢铁厂与某市政工程公司签订钢铁厂地下大排水工程总承包合同，总长5 000m，市政工程公司将任务下达给该公司第四施工队。事后，第四施工队又与某乡建设工程队签订分包合同，由乡建筑工程队分包3 000m任务，价金35万元，9月10日正式施工。1995年9月20日，市建委主管部门在检查该项工程施工中，发现某乡建筑工程队承包手续不符合有关规定，责令停工。某乡建筑工程队不予理睬。10月3日，市政工程公司下达停工文件，某乡建筑工程队不服，以合同经双方自愿签订，并有营业执照为由，于10月10日诉至人民法院，要求第四施工队继续履行合同或承担违约责任并赔偿经济损失。

问题：

(1) 依法确认总、分包合同的法律效力。

(2) 该合同的法律效力应由哪个机关（机构）确认？

(3) 某乡建筑工程队提供的承包工程法定文书完备吗？为什么？

(4) 某市建委主管部门是否有权责令停工？

(5) 合同纠纷的法律责任如何裁决？

# 项目九

# 施工场地与安全管理

**教学目标**

1. 掌握施工项目场地管理的内容；
2. 掌握施工平面图管理的内容；
3. 掌握安全控制程序。

**技能目标**

1. 能制订项目安全保证计划书；
2. 能进行安全事故处理。

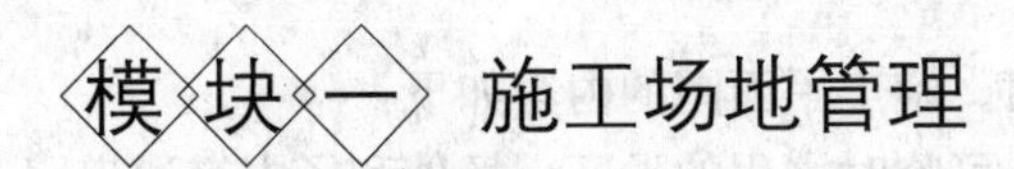

## 模块一 施工场地管理

建设工程项目场地是指用于进行该项目的施工活动，经有关部门批准占用的场地。这些场地可用于生产、生活，当该项工程施工结束后，这些场地将不再使用，施工场地包括红线以内或红线以外的用地，但不包括施工单位自有的场地或生产基地。

施工项目场地管理是对施工项目场地内的活动及空间所进行的管理。施工项目部负责人应负责施工场地文明施工的总体规划和部署，各分包单位按各自的划分区域，按施工项目部的要求进行场地管理并接受项目部的管理监督。

施工项目场地管理要求合理规划施工用地，保证场内占地合理使用。在满足施工的条件下，要紧凑布置，尽量不占或少占农田。当场内空间不充分时，应会同建设单位、规划部门和公安交通部门申请，经批准后才能获得并使用场外临时施工用地。现场环境管理要求加强对施工现场的检查。现场管理人员经常检查现场布置是否按平面布置图进行，如不按平面图布置应及时改正，保证按现场布置施工。

### ◆ 工作任务一 场容管理

**1. 任务分析** 场容指施工场地面貌，包括入口、围护、场内道路、堆场的整齐清洁。也包括办公室环境及人员的行为。

**2. 实践操作**

(1) 在场地入口设置企业标志。该标志标明施工企业名称及项目部名称。

（2）项目经理部在场地入口的醒目位置设置公示牌。公示牌内容如下：

①工程概况牌。包括工程规模、性质、用途，发包人、设计人、承包人和监理单位的名称，施工起止年月等。

②安全纪律牌。包括安全警示牌，安全生产、消防保卫制度。

③防火须知牌。

④安全无重大事故计时牌。

⑤安全生产、文明施工牌。

⑥施工总平面图。

⑦项目经理部组织架构及主要管理人员名单图。包括施工负责人、技术负责人、质量负责人、安全负责人、器材负责人等。

## ◆ 工作任务二　施工平面图管理

**1. 任务分析**　场容规范化应建立在施工平面图设计的科学合理化和物料器具定位管理标准化的基础上。承包人应根据本企业的管理水平，建立和健全施工平面图管理和现场物料器具管理标准，为项目经理部提供场容管理策划的依据。项目经理部必须结合施工条件，按照施工方案和施工进度计划的要求认真进行施工平面图的规划、设计、布置、使用和管理。

**2. 实践操作**

（1）绘制施工平面图。施工平面图的内容如下：

①建设现场的红线，可临时占用的地区，场外和场内交通道路，现场主要入口和次要入口，现场临时供水供电的入口位置。

②测量放线的标桩、现场的地面大致标高。地形复杂的大型现场应有地形等高线，以及现场临时平整的标高设计，需要取土或弃土的项目应有取、弃土地区位置。

③已建建筑物、地上或地下的管道和线路；拟建的建筑物、构筑物。如先做管网时应标出拟建的永久管网位置。

④场地主要施工机械位置，工作范围包括垂直运输机械、搅拌机械等。

⑤材料、构件和半成品的堆场。

⑥生产、生活临时设施。包括临时变压器、水泵、搅拌站、办公室、供水供电线路、仓库的位置。工人的宿舍应尽量安置在场外，必须安置在场内时应与场地施工区域有分隔措施。

⑦消防入口、消防道路和消防栓的位置。

⑧平面图比例，采用的图例、方向、风向和主导风向标记。

（2）施工平面图的安全技术管理。施工平面图的布置，也需按安全技术上的管理和要求。施工平面布置不当，不仅影响工程进度，造成浪费，还给安全施工造成隐患。施工平面图按下列安全要求进行绘制：

①油库及其他易燃材料库位置的确定。油库及其他易燃材料库必须按安全规范要求，事先选择好位置，在施工平面图上明确地点，要远离建筑明火的暂设工程（如伙房、锅炉房、电气焊加工间等），要有完善的消防设施，在油库内应有防地下渗漏措施。

②电气线路及变配电设备。电气线路及变配电设备，必须根据场地用电量统筹规划，认

真安排，在施工平面图中合理确定位置。配电系统必须实行分级配电。独立的配电系统采用二相五线制的接零保护系统，非独立系统可根据实际情况采取相应的接零或接地保护方式。在采取接地和接零保护方式的同时，必须设两级漏电保护装置，实行分级保护。在施工场地内，不得架设高压线路，变压器应设在施工场地边角处，并设围栏。进入场地内的主干线尽量少，根据用电位置，在主干线的电杆上事先设好分电箱，防止维修电工经常上电线杆带电接线，以减少电气故障和触电事故。

③确定土石方、建筑材料和混凝土预制构件的堆放位置。根据施工需要与安全规程要求，在施工平面图中明确规定土石方、建筑材料、预制构件的堆放位置，防止乱堆乱放，不仅可减少二次搬运，也减少了危险因素。特别是混凝土预制构件堆放位置是否得当，直接关系到起重吊装的安全。例如：混凝土构件堆放位置距吊车位置远了，转运不值得，不转运又造成吊车斜吊，严重违章，极不安全，随时都可能造成机械设备倾翻或人身伤亡事故。

(3) 绘制单位工程施工平面图。单位工程施工平面图宜根据不同施工阶段的需要，分别设计成阶段性施工平面图，并在阶段性进度目标开始实施前，通过施工协调会议确认后实施。

(4) 按施工平面图进行场地管理。项目经理部应严格按照已审批的施工总平面图或相关的单位工程施工平面图划定的位置，来布置施工项目的主要机械设备、脚手架、密封式安全网和围挡、模具、施工临时道路、供水、供电、供气管道或线路、施工材料制品堆场及仓库、土方及建筑垃圾、变配电间、消火栓。警卫室、现场的办公、生产和生活临时设施等。

(5) 施工物料器具除应按施工平面图指定位置就位布置外，应根据不同特点和性质，规范布置，并执行码放整齐、限宽限高、上架入箱、规格分类、挂牌标识等管理标准。

(6) 在施工场地周边应设置临时围护设施。市区工地的周边围护设施高度不应低于1.8m。临街脚手架、高压电缆、起重把杆回转半径伸至街道的，均应设置安全隔离棚。危险品库附近应有明显标志及围挡设施。

(7) 施工场地应设置畅通的排水沟渠系统，场地不积水，不积泥浆，道路坚实。

(8) 场地办公室应保持整洁，墙面上挂有有关人员职责牌，常用应急电话号码告示。

## ◆理论知识一　现场环境、消防保安、卫生防疫管理和文明施工

### 1. 现场环境管理

(1) 施工场地泥浆和污水未经处理不得直接排入城市排水设施和河流、湖泊、池塘。

(2) 不得在施工场地熔化沥青和焚烧油毡、油漆，不得焚烧产生有毒有害烟尘和恶臭气味的废弃物，禁止将有毒有害废弃物作土方回填。

(3) 建筑垃圾、渣土应在指定地点堆放，每日进行清理。高空施工的垃圾及废弃物应采用密闭式或其他措施清理搬运。装载建筑材料、垃圾或渣土的车辆，应采取防止尘土飞扬、洒落的有效措施。施工场地应根据需要设置机动车辆冲洗设施，冲洗污水应进行处理。

(4) 在居民和单位密集区域进行爆破、打桩等施工作业前，项目经理部应按规定申请批准，还应将作业计划，影响范围、程度及有关措施等情况，向影响范围内的居民和单位通报说明，取得协作和配合；对施工机械的噪声与振动扰民，采取相应措施予以控制。

(5) 经过施工场地的地下管线，由发包人在施工前通知承包人，标出位置，加以保护。

施工时发现文物、古迹、爆炸物、电缆等，应当停止施工，保护现场，及时向有关部门报告，按有关规定处理后方可继续施工。

(6) 施工中需要停水、停电、封路而影响环境时，必须经有关部门批准，事先告示。在行人、车辆通行的地方施工，应当设置沟、井、坎、穴覆盖物和标志。

(7) 温暖季节对施工场地进行绿化。

**2. 消防保安管理**

(1) 场地设立门卫，根据需要设置警卫，负责施工场地保卫工作，并采取必要的防盗措施。施工场地的主要管理人员在施工场地应当佩戴证明其身份的证卡，其他施工人员宜有标识。有条件时可对进出场人员使用磁卡管理。

(2) 承包人必须严格按照《中华人民共和国消防法》的规定，建立和执行消防管理制度。场地必须有满足消防车出入和行驶的道路，并设置符合要求的防火报警系统和固定式灭火系统，消防设施应保持完好的备用状态。在火灾易发地区施工或储存、使用易燃、易爆器材时，承包人应当采取特殊的消防安全措施。现场严禁吸烟，必要时可设吸烟室。

(3) 施工场地的通道、消防出入口、紧急疏散楼道等，均应有明显标志或指示牌。有高度限制的地点应有限高标志。

(4) 施工中需要进行爆破作业的，必须经政府主管部门审查批准，并提供爆破器材的品名、数量、用途、爆破地点、四邻距离等文件和安全操作规程，向所在地县、市（区）公安局申领“爆破物品使用许可证”，由具备爆破资质的专业队伍按有关规定进行施工。

**3. 卫生防疫管理**

(1) 施工现场不宜设置职工宿舍，必须设置时应尽量和施工场地分开。现场应准备必要的医务设施。在办公室内显著位置应张贴急救车和有关医院电话号码。根据需要采取防暑降温和消毒、防毒措施。施工作业区与办公区应分区明确。

(2) 承包人应明确施工保险及第三者责任险的投保人和投保范围。

(3) 项目经理部应对场地管理进行考评，考评办法应由企业按有关规定制订。

(4) 项目经理部应进行场地节能管理。有条件的场地应下达能源使用指标。

(5) 场地的食堂、厕所应符合卫生要求，场地应设置饮水设施。

**4. 文明施工**　文明施工即指按照有关法规的要求，使施工场地和临时占地范围内秩序井然。文明施工有利于提高工程质量和工作质量，提高企业信誉。施工结束，及时组织清场，将临时设施拆除，剩余物资退场，组织向新工程转移。

## ◆理论知识二　场地管理的组织和考核

**1. 施工项目场地管理的目的**　“文明施工、安全有序、整洁卫生、不扰民、不损害公众利益”，这是进行施工项目场地管理的目的。

施工项目的场地管理是项目管理的一个重要部分。良好的场地管理使场容美观整洁、道路畅通，材料放置有序，施工有条不紊，安全、消防、保安均能得到有效的保障，有关单位都能满意，相反，低劣的场地管理会影响施工进度，并且是产生事故的隐患。施工企业必须树立良好的信誉，防止事故的发生，增加企业在市场的竞争力，把场地的施工、场容、场貌搞得井井有条、整洁卫生。

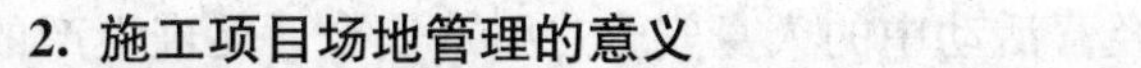

**2. 施工项目场地管理的意义**

(1) 体现一个城市贯彻有关法规的一个窗口。工程施工与城市各部门、企业人员交往很多，与工程有联系的单位和人员都注目施工现场的好与坏，场地管理涉及城市规划、市容整洁、交通运输、消防安全、文明建设、居民生活、文物保护等，因此，施工项目场地管理是一个严肃的社会和政治问题，稍有不慎就可能出现危及社会安定的问题。场地管理人员必须具有强烈的法制观念，全心全意为人民服务的精神。

(2) 体现施工企业的面貌。施工场地管理能体现企业的形象和社会效益。施工管理好坏通过观察施工现场一目了然，一个文明的施工现场，能产生很好的社会效益，会赢得广泛的社会信誉，反之，会损害企业声誉。

(3) 施工现场是一个周转站，能否管理好直接影响施工活动。大量的物资设备、人员在施工现场，如果管理不好就会引起窝工、材料二次搬运、交叉运输等问题，直接影响到施工活动。因此合理布置场地是工程项目能否顺利施工按时完成的关键所在。

(4) 施工现场把各专业管理联系在一起。各专业在施工现场合理分工、分头管理又密切合作，相互影响又互相制约。

**3. 施工场地管理组织体系**　施工项目场地管理的组织体系根据项目管理情况有所不同。发包人可将场地管理的全面工作委托给总包单位，由总包单位作为场地管理的主要负责人。

场地管理除去在现场的单位外，当地政府的有关部门，如市容管理、消防、公安等部门，现场周围的公众、居民委员会以及总包、施工单位的上级领导部门也会对场地管理工作施加影响。因此，场地管理工作的负责人应把场地管理列入经常性的巡视检查内容，并和日常管理有机结合，要积极主动认真听取有关政府部门、邻近单位、社会公众和其他相关方的意见和反映，及时抓好整改，取得他们的支持。

施工单位对场地管理部门的安排不尽一致，有的企业将场地管理工作分配给安全部门，有的则分配给办公室或企业管理办公室。场地管理工作的分配可以不一致，但应考虑到场地管理的复杂性和政策性，应当安排了解全面工作、能组织各部门协同工作的部门和人员进行管理为妥。

**4. 施工项目场地管理考核**　场地管理的检查考核是进行管理控制的有效手段。除现场专职人员的日常专职检查，场地的检查考核可以分级、分阶段、定期或不定期进行。例如，场地项目管理部可每周进行一次检查并以例会的方式进行沟通；施工企业基层可每月进行一次；施工单位的公司可每季进行一次；总公司或集团级领导可每半年进行一次。有必要时应组织针对专门问题的检查。

由于场地管理涉及面大、范围广，检查出的问题也常常不是一个部门所能解决的。因此，有的企业把场地管理和质量管理、安全管理等其他管理工作结合在一起进行综合检查，既可节约时间，又可成为一项综合的考评。

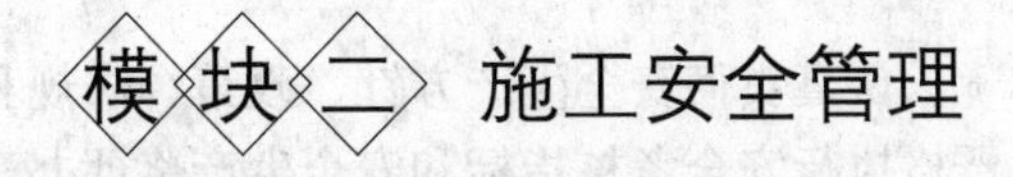

## 模块二　施工安全管理

施工安全管理是指经营管理者对安全生产工作进行的策划、组织、指挥、协调、控制和改进的一系列活动，目的是保证在生产经营活动中的人身安全、财产安全，促进生产的发展，保持社会的稳定。安全生产长期以来一直是我国的一项基本方针，是保护劳动者安全健康和发展生产力的重要工作，必须贯彻执行；同时也是维护社会安定团结，促进国民经济稳定、持续、健康发展的基本条件，是社会文明程度的重要标志。

## ◆ 工作任务一　制订安全保证计划

**1. 任务分析**　安全管理是企业在某一时期制订出旨在保证生产过程中员工的安全和健康的目标，为达到这一目标而采取的一系列工作的总称。安全保证计划是项目部在企业总目标下制订的安全目标。

**2. 实践操作**

（1）确定施工安全目标。

①项目经理部应根据项目施工安全目标的要求配置必要的资源，确保施工安全，保证目标实现。专业性较强的施工项目，应编制专项安全施工组织设计并采取安全技术措施。

②项目安全保证计划应在项目开工前编制，经项目经理批准后实施。

（2）制定项目安全保证计划书。

①项目安全保证计划的内容包括：工程概况，控制程序，控制目标，组织结构，职责权限，规章制度，资源配置，安全措施，检查评价，奖惩制度。

②项目经理部应根据工程特点、施工方法、施工程序、安全法规和标准的要求，采取可靠的技术措施，消除安全隐患，保证施工安全。

③对结构复杂、施工难度大、专业性强的项目，除制订项目安全技术总体安全保证计划外，还必须制订单位工程或分部、分项工程的安全施工措施。

④对高空作业、井下作业、水上作业、水下作业、深基础开挖、爆破作业、脚手架上作业、有害有毒作业、特种机械作业等专业性强的施工作业，以及从事电气，压力容器、起重机、金属焊接、井下瓦斯检验、机动车和船舶驾驶等特殊工种的作业，应制订单项安全技术方案和措施，并应对管理人员和操作人员的安全作业资格和身体状况进行合格审查。

⑤安全技术措施应包括：防火、防毒、防爆、防洪、防尘、防雷击、防触电、防坍塌、防物体打击、防机械伤害、防溜车、防高空坠落、防交通事故、防寒、防暑、防疫、防环境污染等方面的措施。

## ◆ 理论知识一　安全计划的实施

项目经理部应根据安全生产责任制的要求，把安全责任目标分解到岗，落实到人。安全生产责任制必须经项目经理批准后实施。

**1. 安全职责**

（1）项目经理安全职责。认真贯彻安全生产方针、政策、法规和各项规章制度，制订和执行安全生产管理办法，严格执行安全考核指标和安全生产奖惩办法，严格执行安全技术措施审批、施工安全技术措施交底制度；定期组织安全生产检查和分析，针对可能产生的安全隐患制订相应的预防措施；当施工过程中发生安全事故时，项目经理必须按安全事故处理的

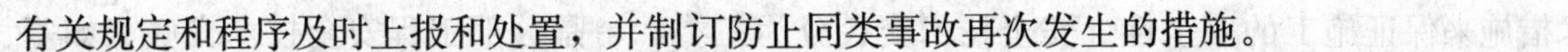

有关规定和程序及时上报和处置，并制订防止同类事故再次发生的措施。

(2) 安全员安全职责。落实安全设施的设置，对施工全过程进行监督，纠正违章作业，配合有关部门排除安全隐患，组织安全教育和全员安全活动，监督劳保用品质量和正确使用。

(3) 作业队长安全职责。向作业人员进行安全技术措施交底，组织实施安全技术措施；对施工现场安全防护装置和设施进行验收；对作业人员进行安全操作规程培训，提高作业人员的安全意识，避免产生安全隐患；当发生重大或恶性工伤事故时应保护现场，立即上报并参与事故调查处理。

(4) 班组长安全职责。安排施工生产任务时，向本工种作业人员进行安全措施交底；严格执行本工种安全技术操作规程，拒绝违章指挥；作业前应对本次作业所使用的机具、设备、防护用具及作业环境进行安全检查，消除安全隐患，检查安全标牌是否按规定设置，标识方法和内容是否正确完整；组织班组开展安全活动，召开上岗前安全生产会；每周应进行安全讲评。

(5) 操作工人安全职责。认真学习并严格执行安全技术操作规程，不违规作业；自觉遵守安全生产规章制度，执行安全技术交底和有关安全生产的规定；服从安全监督人员，拒绝违章指挥。

(6) 承包人对分包人的安全生产责任。审查分包人的安全施工资格和安全生产认证体系，不应将工程分包给不具备安全生产条件的分包人；在分包合同中应明确分包人安全生产责任和义务；对分包人提出安全要求，并认真监督、检查；对违反安全规定冒险蛮干的分包人，应令其停工整改；承包人应统计分包人的伤亡事故，按规定上报，并按分包合同约定协助处理分包人的伤亡事故。

(7) 分包人安全生产责任。分包人对本施工现场的安全工作负责，认真履行分包合同规定的安全生产责任；遵守承包人的有关安全生产制度，服从承包人的安全生产管理，及时向承包人报告伤亡事故并参与调查，处理善后事宜。

(8) 施工中发生安全事故时，项目经理必须按国务院安全行政主管部门的规定及时报告并协助有关人员进行处理。

**2. 安全教育**

(1) 项目经理部的安全教育。学习安全生产法律、法规、制度和安全纪律，讲解安全事故案例。

(2) 作业队安全教育。了解所承担施工任务的特点，学习施工安全基本知识、安全生产制度及相关工种的安全技术操作规程；学习机械设备和电器使用、高处作业等安全基本知识；学习防火、防毒、防爆、防洪、防尘、防雷击、防触电、防高空坠落、防物体打击、防坍塌、防机械伤害等知识及紧急安全救护知识；了解安全防护用品发放标准，防护用具、用品使用基本知识。

(3) 班组安全教育。了解本班组作业特点，学习安全操作规程、安全生产制度及纪律；学习正确使用安全防护装置（设施）及个人劳动防护用品知识；了解本班组作业中的不安全因素及防范对策、作业环境及所使用的机具安全要求。

**3. 安全技术交底**　工程开工前和施工过程中，应随同施工组织设计，向参加施工的职工认真进行安全技术措施的交底，使广大职工都知道在什么时候、什么作业应当采取哪些技术措施来保证施工的安全性。安全技术交底分为三类：一是分部工程安全技术交底（如基础、主体结构、装修工程、设备安装四个施工阶段前的安全技术交底）；二是分工种的安全技术交底：三是特殊作业人员的安全技术交底。安全技术交底注意点：

（1）单位工程开工前，项目经理部的技术负责人必须将工程概况、施工方法、施工工艺、施工程序、安全技术措施，向承担施工的作业队负责人、工长、班组长和相关人员进行交底。

（2）结构复杂的分部分项工程施工前，项目经理部的技术负责人应有针对性地进行全面、详细的安全技术交底。

（3）项目经理部应保存双方签字确认的安全技术交底记录。

（4）凡进行安全技术交底的都要填写安全技术交底卡，交底人与被交底人签字齐全各执一份，便于安全技术措施的实施与检查。

**4. 安全检查**

（1）项目经理应组织项目经理部定期对安全控制计划的执行情况进行检查考核和评价。对施工过程中存在的不安全行为和隐患，项目经理部应分析原因并制订相应的整改防范措施。

（2）项目经理部应根据施工过程的特点和安全目标的要求，确定安全检查内容。

（3）项目经理部安全检查应配备必要的设备或器具，确定检查负责人和检查人员，并明确检查内容及要求。

（4）项目经理部安全检查应采取随机抽样、现场观察、实地检测相结合的方法，并记录检测结果。对现场管理人员的违章指挥和操作人员的违章作业行为应进行纠正。

（5）安全检查人员应对检查结果进行分析，找出安全隐患的部位，确定危险程度。

（6）项目经理部应编写安全检查报告。

## ◆ 工作任务二　安全事故处理

**1. 任务分析**　安全事故处理必须坚持“事故原因不清楚不放过，事故责任者和员工没有受到教育不放过，事故责任者没有处理不放过，没有制订防范措施不放过”的原则。

**2. 实践操作**

（1）安全隐患处理。

①项目经理部应区别“通病”、“顽症”、首次出现、不可抗力等类型，修订和完善安全整改措施。

②项目经理部应对检查出的隐患立即发出安全隐患整改通知单。受检单位应对安全隐患的原因进行分析，制订纠正和预防措施。纠正和预防措施应经检查单位负责人批准后实施。

③安全检查人员对检查出的违章指挥和违章作业行为向责任人当场指出，限期纠正。

④安全员对纠正和预防措施的实施过程和实施效果应进行跟踪检查，保存验证记录。

（2）安全事故处理。

①安全事故。安全事故发生后，受伤者或最先发现事故的人员应立即用最快的传递手段将发生事故的时间、地点、伤亡人数、事故原因等情况，上报至企业安全主管部门。企业安全主管部门视事故造成的伤亡人数或直接经济损失情况，按规定向政府主管部门报告。

②事故处理。抢救伤员、排除险情、防止事故蔓延扩大，做好标识，保护好现场。

③事故调查。项目经理应指定技术、安全、质量等部门的人员，会同企业工会代表组成调查组，开展调查。

④调查报告。调查组应把事故发生的经过、原因、性质、损失责任、处理意见、纠正和预防措施撰写成调查报告，并经调查组全体人员签字确认后报企业安全主管部门。

## ◆ 理论知识二　安全控制

**1. 安全控制的概念**　安全控制是指采取措施使项目在施工中没有危险，不出事故，不造成人身伤亡和财产损失。安全既包括人身安全也包括财产安全。安全与生产的关系是辩证统一的关系，而不是对立的、矛盾的关系。安全与生产的统一性表现在：一方面指生产必须安全，安全是生产的前提条件，不安全就无法生产；另一方面，安全可以促进生产，抓好安全，为员工创造一个安全、卫生、舒适的工作环境，可以更好地调动员工的积极性，提高劳动生产率和减少因事故带来的不必要的损失。

**2. 安全控制的特点**

(1) 难点多。由于受自然环境的影响大，高处作业多，地下作业多，大型机械多，用电作业多，易燃物多，因此安全事故引发点多，安全控制的难点必然多。

(2) 劳保责任重。建筑施工，手工作业多，人员数量大，交叉作业多，作业的危险性大，因此劳动保护责任重大。

(3) 施工场地是安全控制的重点。施工场地人员集中、物资集中，是作业场所，事故一般都发生在现场，因此是安全控制的重点。

**3. 施工项目安全控制程序**

(1) 确定施工安全目标。企业按照生产经营活动，制订安全总目标，各部门和员工按企业总目标，自上而下制定切实可行的分目标，形成一套完整的安全目标管理体系。

(2) 编制项目安全保证计划。按企业要求，各部门员工编制安全计划。

(3) 项目安全计划实施。目标制定完毕后，企业与各部门员工、项目签订协议自觉为实现目标而努力。

(4) 项目安全保证计划验证。各部门员工在项目执行中，对执行情况总结，验证完成情况。

(5) 持续改进。达到安全控制目标后，制订新一轮的安全目标，使安全目标更加完善和提高。

(6) 兑现合同承诺。按照协议的约定对员工进行奖惩。

**4. 施工组织设计与施工方案的安全技术管理**　安全技术包括为实现安全生产的一切技术方法与措施以及避免损失扩大的技术手段。安全技术措施重点解决具体的生产活动中的危险因素的控制，预防与消除事故危害。安全技术措施在安全生产中，应该发挥预防事故和减少损失两方面的作用。

项目安全的技术管理首先是体现在该项目的施工组织设计和施工方案之中。在建设部公布的《国营建筑企业安全生产工作条例》中规定："所有建筑工程的施工组织设计（施工方案）都必须有安全技术措施，尤其是爆破、吊装、水下、深坑、支模、拆除等大型特殊工程，都要编制单项安全技术方案，否则不准开工。”技术部门在编制施工组织设计时，必须结合工程实际，编制切实可行的安全技术措施。编制安全技术措施应注意以下几个方面：

(1) 针对不同工程的结构特点可能造成施工安全的危害，应从技术上采取措施，消除危害，保证施工安全。

(2) 针对选用的各种机械、设备、变配电设施给施工人员可能带来哪些不安全因素，从技术措施、安全装置上加以控制。

(3) 针对施工场地及周围环境给施工人员或周围居民带来的危害及材料、设备运输带来的困难和危害，从技术上采取措施，给予保护。

施工组织设计中的安全技术措施确定后，所有施工人员和作业人员均应认真执行，因施工需要必须变更原施工组织设计和施工安全措施时，要报原施工组织设计审批部门负责人，经批准后可变更。大型工程项目应按施工项目分项工程另拟详细的分项工程安全技术措施。

## 复习题

1. 场地入口公示牌包括哪些内容？
2. 施工平面图包括哪些内容？
3. 消防保安管理有哪些内容？
4. 安全保证计划的内容有哪些？
5. 如何进行安全技术交底？
6. 安全事故处理程序是什么？
7. 施工项目安全控制程序是什么？

# 项目十

# 信息管理

**教学目标**

1. 掌握各参建单位的工程档案管理职责；
2. 掌握项目沟通计划编制依据和内容；
3. 掌握工程项目沟通中的常用方式；
4. 掌握建设工程信息的收集、加工和处理。

**技能目标**

1. 能完成施工档案编制和移交；
2. 能编制沟通计划；
3. 能进行各项目参加者之间的沟通。

## 模块一 工程档案管理

工程档案按照《建设工程文件归档整理规范》中建设文件归档范围和保管期限可以分为：工程准备阶段文件、监理文件、施工文件、竣工图、竣工验收文件五类。由参建各单位各自形成有关的工程档案，并向建设单位归档。建设单位根据城建档案管理机构要求，按照《建设工程文件归档整理规范》对档案文件完整、准确、系统情况和案卷质量进行审查，并接受城建档案管理机构的监督、检查、指导。工程档案一般不宜少于两套，具体由建设单位与勘察、设计、施工、监理等单位签订协议、合同时，对套数、费用、质量、移交时间等提出明确要求。在组织工程竣工验收前，工程档案由建设单位汇总后 由建设单位主持，监理、施工单位参加，提请当地城建档案管理机构对工程档案进行预验收，并取得工程档案验收认可文件。

### ◆ 工作任务 施工单位工程档案编制和组卷

**1. 任务分析** 建设工程档案资料是在工程建设活动中直接形成的具有归档保存价值的文字、图表、声像等各种形式的历史记录，也可简称工程档案。施工单位按照施工合同的约定，接受建设单位的委托进行工程档案的组织、编制工作。

**2. 实践操作**

（1）施工单位可实行技术负责人负责制，逐级建立施工文件管理岗位责任制，配备专职档案管理员，负责施工资料的管理工作。

（2）建设工程实行总承包的，总承包单位负责收集、汇总各分包单位形成的工程档案，各分包单位应将本单位形成的工程文件整理、立卷后及时移交总承包单位。建设工程项目由几个单位承包的，各承包单位负责收集、整理、立卷其承包项目的工程文件，并应及时向建设单位移交，各承包单位应保证归档文件的完整、准确、系统，能够全面反映工程建设活动的全过程。

（3）在竣工前将施工文件整理汇总完毕并移交建设单位进行工程竣工验收。

（4）负责编制的施工文件的套数不得少于地方城建档案部门要求。建设单位和施工单位应自行保存完整的施工文件，保存期可根据工程性质以及地方城建档案部门有关要求确定。如建设单位对施工文件的编制套数有特殊要求的，可另行约定。

（5）建设工程档案资料编制质量要求

①归档的工程文件应为原件；

②工程文件的内容及其深度必须符合国家有关工程勘察、设计、施工、监理等方面的技术规范、标准和规程；

③工程文件的内容必须真实、准确，与工程实际相符合；

④工程文件应采用耐久性强的书写材料，如碳素墨水、蓝黑墨水，不得使用易褪色的书写材料，如：红色墨水、纯蓝墨水、圆珠笔、复写纸、铅笔等；

⑤工程文件应字迹清楚，图样清晰，图表整洁，签字盖章手续完备；

⑥工程文件中文字材料幅面尺寸规格宜为 A4 幅面（297mm×210mm）。图纸宜采用国家标准图幅；

⑦工程文件的纸张应采用能够长期保存的韧力大、耐久性强的纸张。图纸一般采用蓝晒图，竣工图应是新蓝图。计算机出图必须清晰，不得使用计算机的复印件；

⑧所有竣工图均应加盖竣工图章；

⑨利用施工图改绘竣工图，必须标明变更修改依据；凡施工图结构、工艺、平面布置等有重大改变，或变更部分超过图面 1/3 的，应当重新绘制竣工图；

⑩不同幅面的工程图纸应按《技术制图复制图的折叠方法》（GB/T 10609.3—1989）统一折叠成 A4 幅面，图标栏露在外面；

⑪工程档案资料的缩微制品，必须按国家缩微标准进行制作，主要技术指标要符合国家标准，保证质量，以适应长期安全保管；

⑫工程档案资料的照片（含底片）及声像档案，要求图像清晰，声音清楚，文字说明或内容准确；

⑬工程文件应采用打印的形式并使用档案规定用笔，手工签字，在不能够使用原件时，应在复印件或抄件上加盖公章并注明原件保存处。

## ◆ 理论知识　建设单位和监理单位的档案管理

**1. 建设单位的工程档案资料管理**

（1）在工程招标及与勘察、设计、监理、施工等单位签订协议、合同时，应对工程文件

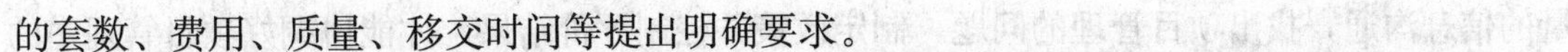

的套数、费用、质量、移交时间等提出明确要求。

(2) 收集和整理工程准备阶段、竣工验收阶段形成的文件，并应进行立卷归档。

(3) 负责组织、监督和检查勘察、设计、施工、监理等单位的工程文件的形成、积累和立卷归档工作。

(4) 收集和汇总勘察、设计、施工、监理等单位立卷归档的工程档案。

(5) 在组织工程竣工验收前，应提请当地的城建档案管理机构对工程档案进行预验收；未取得工程档案验收认可文件，不得组织工程竣工验收。

(6) 对列入城建档案馆（室）接受范围的工程，工程竣工验收3个月内，向当地城建档案馆（室）移交一套符合规定的工程文件。

(7) 必须向参与工程建设的勘察设计、施工、监理等单位提供与建设工程有关的原始资料，原始资料必须真实、准确、齐全。

(8) 可委托总承包单位、监理单位组织工程档案的编制工作；负责组织竣工图的绘制工作，也可委托总承包单位、监理单位、设计单位完成，收费标准按照所在地相关文件执行。

**2. 监理单位的档案管理职责**

(1) 设专人负责监理资料的收集、整理和归档工作，在项目监理部，监理资料的管理应由总监理工程师负责，并指定专人具体实施，对本工程的文件应单独立卷归档。

(2) 监理资料必须及时整理、真实完整、分类有序。在设计阶段，对勘察、测绘、设计单位的工程文件的形成、积累和立卷归档进行监督、检查；在施工阶段，对施工单位的工程文件的形成、积累、立卷归档进行监督、检查。

(3) 可以按照监理合同的协议要求，接收建设单位的委托，监督、检查工程文件的形成、积累和立卷归档工作。

(4) 监理资料应在各阶段监理工作结束后及时整理归档。

(5) 编制的监理文件的套数、提交内容、提交时间，应按照建设工程文件归档整理规范和各地城建档案部门要求，编制移交清单，双方签字、盖章后，及时移交建设单位，由建设单位收集和汇总。监理公司档案部门需要的监理档案，按照建设工程监理规范的要求，及时由项目监理部提供。

# 模块二 信息管理

## ◆ 工作任务 编制沟通计划

**1. 任务分析** 项目沟通计划是项目整体计划中的一部分，它是关于确定项目利益相关者的信息交流和沟通要求的计划，即确定何人、何时需要何种信息，应如何将信息传送给信息需求者。项目管理者必须在项目部门内部、部门与部门之间，以及项目与外界之间建立良好的沟通渠道，通过快速、准确地传递沟通信息，以使项目内各部门达到协调一致；使项目成员明确各自的工作职责，并且了解他们的工作对实现整个组织目标所作出的贡献；通过大量的信息沟通，找出项目管理的问题，制定政策并控制评价结果，才能协调好项目管理中的各项工作，才能有可能更好地实现项目目标。

编制项目沟通计划涉及项目全过程，其大部分工作是在项目早期阶段完成的，在计划实施过程中，随着项目的进展应根据计划实施的结果对其进行定期检查、调整和评价，以保证计划满足项目沟通的实际需要。

**2. 实践操作**　沟通管理计划根据项目需要可以是正式的，也可以是非正式的，可以是详细的，也可以是简要的框架（表 10－1）。

**表 10－1　项目沟通管理计划**

| 项目利益相关者 | 需求的信息 | 何时需要 | 以什么方式需要 | 由谁发出 |
|---|---|---|---|---|
| | | | | |
| | | | | |
| | | | | |

（1）前期准备工作。主要是确定项目的沟通需求，也就是在对确定沟通需求所需要的信息进行收集和加工的基础上对沟通需求进行全面的策划，该工作为项目沟通计划的编制提供依据。

（2）编制工作。在确定项目的沟通需求后，开始项目沟通计划的编制工作，具体包括：确定项目沟通的目标；根据目标和沟通需求确定项目沟通的各项任务；根据项目沟通的时间和频率要求安排项目沟通的任务。

（3）结果输出。项目沟通计划编制完成后，就可以输出其结果，用于指导和规范项目团队的沟通管理工作。项目沟通计划的主要输出结果是项目沟通管理计划。

（4）编制方法。沟通计划编制的主要方法是项目利益相关者分析。项目利益相关者包括项目的业主、客户、项目经理、原料及设备供应商、承包商和分包商等同项目有直接关系的人员。项目利益相关者分析就是对各利益相关者的信息需求进行分析，形成一个有关他们的信息需求和信息来源的逻辑看法，并找到满足他们信息需求的来源渠道和传递渠道，以满足他们对信息的需求。其具体步骤如下：

①收集信息。为了确定项目的沟通需求，通常需要收集项目沟通的内容、沟通方式、方法和渠道、沟通时间和频率、沟通信息的来源和最终用户。

A. 内容。项目沟通内容可通过对项目利益相关者的信息需求的调查来获得。为了保证项目沟通管理能满足项目组织各个方面的信息需求，项目沟通内容的调查收集要全面，主要包括：

a. 组织信息。项目组织、项目的上级组织以及其他项目利益相关者方面的组织信息。具体涉及这些组织的组织结构、组织之间的相互关系、组织的主要责任与权利、组织的主要管理规章制度、组织的主要人力资源情况等方面的信息。

b. 管理信息。具体涉及项目团队内部的各种职能管理、各种资源的管理（如人员、物资、信息等资源的管理）、各种工作过程的管理（如技术开发过程、生产实施过程等）等方面的信息。

c. 技术信息。具体涉及整个项目的工艺技术；整个项目的工期进度计划和完成情况；

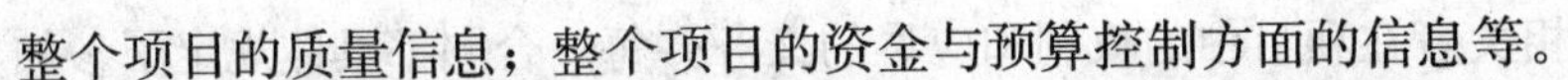


整个项目的质量信息；整个项目的资金与预算控制方面的信息等。

d. 公共信息。如当地社区的风俗文化方面的信息，以及社会公众需要了解的项目信息，如项目带来的好处等。

e. 沟通方式、方法和渠道。在收集项目沟通内容的同时，还要注意收集各种沟通内容所需要的沟通方式、渠道方面的信息，例如，哪些沟通内容需要采用口头的或书面的沟通方式，哪些内容需要采用个人面谈的、会议的或电子媒介的方式等。

B. 沟通时间和频率。确定项目沟通需求还需要收集项目沟通的时间和频率。沟通时间是指一次沟通需要持续的时间长短，例如，一次会议需要开多长时间。项目沟通频率则是指同一种沟通间隔多长时间进行一次，例如，某种报表是一个季度一次，还是一周一次。

C. 沟通信息来源和最终用户。项目沟通信息的来源是指项目沟通中信息的发布者，项目沟通的最终用户就是项目沟通中所交流信息的接收者。谁是信息的生成者，谁是信息的接收者，这些信息需要全面收集，否则将不能正确地确定项目的沟通需求。

②加工处理信息。对所收集的信息进行的加工处理工作通常包括归纳、整理、汇总。另外，在信息的加工处理中，如果发现所收集信息不全或信息之间有矛盾，则需要再进行信息调查和收集工作。

③沟通需求决策。项目沟通需求的全面决策指项目各方面所需信息的内容、格式、类型、传递方式、更新信息来源等方面的决策。例如，对项目经理信息需求的决策涉及项目经理需要哪些信息，需用什么形式（如报表或报告等）提供，这些信息通过什么方式（如面谈）传递，这些信息多长时间传递一次，这些信息由谁提供（如项目财务主管）。

下表为项目利益相关者分析结果的具体例子（表 10－2），表中项目利益相关者是信息需求者，文件名称指明所需求的信息，文件格式指定需求信息所需要的格式，联系人指明了信息的来源，交付期限确定了交付信息的时间，从该表中就能看出项目利益相关者何时需要何种信息，从何人那里获得该种信息等方面的项目利益相关者的信息需求。

**表 10－2　项目利益相关者分析结果的举例**

| 项目利益相关者 | 文件名称 | 文件格式 | 联系人 | 交付时间 |
|---|---|---|---|---|
| 承包商 | 施工图纸 | 硬拷贝 | 建设单位 | 5月18日 |
| 承包商 | 施工组织设计 | 硬拷贝 | 建设单位、监理单位 | 6月8日 |
| 供应商 | 购销合同 | 硬拷贝 | 承包单位 | 6月17日 |

## ◆ 理论知识一　沟通计划编制依据和内容

沟通是组织协调的手段，是解决组织成员间矛盾的基本方法。组织协调的程度和效果常常依赖于各项目参加者之间沟通的程度。通过沟通，不但可以解决各种需要协调的问题，如在技术、管理方法和程序中的矛盾，而且还可以解决各参加者心理和行为的障碍和争执。

**1. 沟通计划编制依据**　项目沟通计划的编制应由项目经理主持，其编制的依据主要包括：

（1）合同文件。工程项目的利益相关者众多，其参与项目的程度决定于与业主签订的合同条件，通过合同确定了相关者在项目中的权利和应尽的义务，每一合同都具体规定了参加者何时、何地、如何履行合同，它是各参加者参与项目的最高行为准则，既是沟通计划的编制依据，也是项目总规划结果的反映。

（2）沟通需要。项目沟通需求是指所有的项目利益相关者在项目实施过程中的信息需求的总和，如项目的工期、进度、环境影响、资源需求、预算控制、经费结算等。项目沟通需求通常可以通过对所需的信息内容、形式和类型以及信息价值的分析来确定，在对项目沟通需求进行分析和确定时，应把精力放在适合项目并能为项目的成功与决策带来帮助和支持的信息需求的分析和确定上。避免将资源和精力浪费在不必要的信息需求上。

（3）项目的实际情况。每一项目都是为了满足业主的特殊需要，项目的一次性决定了项目实施的独特性，每一项目的功能、类型、规模、复杂程度、周围环境、参加单位等不尽相同，为此在实施过程中，项目的实施情况各不相同，沟通的内容、方法、渠道等也不尽相同，所以每一项目都应根据实际情况编制沟通计划。

（4）项目的组织结构。工程项目的承发包模式的不同决定了项目组织结构不同，如设计采购施工总承包、分阶段总承包等。各种组织结构所要求沟通的深度、广度不同，沟通的方式和方法也不同。如采用设计采购施工总承包方式时，设计与施工之间的沟通是组织内部的沟通，其沟通可通过发布命令进行；而采用分阶段总承包，则设计与施工的沟通为组织外部的沟通，其沟通需要通过协商进行。

（5）沟通技术。沟通计划编制需要对项目全过程中的沟通方法、渠道等进行安排，因此，沟通技术是沟通计划编制的重要依据。各种沟通技术在项目沟通计划编制中都可以考虑选用，但在一个特定项目中选用何种沟通技术才能获得有效的沟通，主要取决于下列因素：信息需求的紧迫程度；项目沟通的性质；项目组成员的能力和习惯；项目本身的特点等。例如，集体决策的沟通需要采用会议沟通方式，而规章制度的发布则采用公告的方式更合适一些。

**2. 沟通计划主要内容** 项目沟通计划应与项目的其他各类计划相协调，并应包括以下主要内容：

（1）信息沟通的方式和渠道。用以说明信息应该用何种方法从何处收集。

（2）信息收集的归档格式。用以说明应该采用何种方法存储不同类型的信息。

（3）信息发布的方式和渠道。用以说明各种信息（如进度计划、技术文件等）将流向何人以及采用何种方法（书面报告、会议、电子媒介等）传送各种类型的信息。

（4）信息的发布与使用权限。用以说明各种信息的发布权限以及最终用户的使用权限。

（5）准备发布信息的详细说明。包括对信息的内容、格式、详细程度、信息来源等方面的说明。项目沟通管理计划要对准备发布的信息进行详细的描述。

（6）信息发布的时间表。用以说明何时进行何种沟通，项目沟通管理计划需要对此给出必要的说明。

（7）更新和修订沟通管理计划的方法。为了保证项目沟通管理计划适应项目沟通的实际需要，随着项目的进展需要对沟通管理计划进行更新和修订。项目沟通计划编制工作是贯穿于项目全过程的一项工作。因此，项目沟通管理计划还需要注明对计划进行更新和修订的方法、程序。

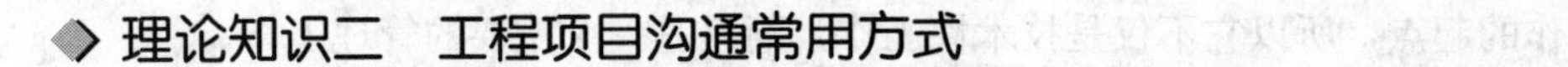

## ◆理论知识二 工程项目沟通常用方式

**1. 项目手册** 项目手册在项目的实施过程中有重要作用，它是项目参加者、项目管理者沟通和管理项目的依据。一份好的项目手册可以使项目的基本情况透明，有利于程序化、规范化工作，使各参加者，特别是刚进入这个项目的参加者很快熟悉项目的基本情况和工作过程，方便与各方面进行沟通。项目手册内容可以按需要设计。园林工程项目通常包括：项目的概况、规模、业主、工程目标、主要工作量、各项目参加者、项目结构、项目管理工作规程、信息管理等。其中应说明项目参与者的责任、项目沟通方法、管理程序等。

**2. 各种书面文件** 由于工程项目实施时间长、内容复杂、具有很强的专业性，项目参与者多且目标利益不一致，容易出现争执、遗忘和推诿责任的情况，进一步会导致法律纠纷。为此，在实际工程中要形成文本交往的风气，对工程项目问题的各种磋商结果（指令、要求）都应落实在文本上，应以书面文件作为沟通的最终依据。各种书面文件包括各种计划、政策、过程、目标、任务、战略、组织结构图、组织责任图、报告、请示、指令、协议等。

**3. 协调会议** 协调会议是项目沟通中常用的一种沟通方式，包括常规的协调会议和非常规的协调会议两种。常规协调会议，一般在项目手册中规定每周、每半月或每一月举办一次，在规定的时间和地点举行，由规定的人员参加。非常规的协调会议，一般在特殊情况下根据项目需要举行，其形式有：信息发布会、解决专门问题的会议、决策会议等。通过协调会议可以做到：

（1）获得大量信息，以便对现状进行了解和分析，它比通过报告文件能更好、更快、更直接地获得有价值的信息。特别是软信息，如各方面的工作态度、积极性、工作秩序等。

（2）可以检查任务、澄清问题、了解各子系统完成情况，存在问题及影响因素，评价项目进展情况，及时跟踪。

（3）可以布置下阶段的工作，调整计划，研究问题的解决措施，选择方案，分配资源。在这个过程中可以集思广益，听取各方面的意见。同时贯彻自己的计划和思路。

（4）动员并鼓励参加者努力工作。

（5）形成决议，体现集体决策，对与会各方形成约束力。

**4. 项目进展报告** 通过项目进展报告，可以明确项目按照进度计划已经到达的阶段，项目已按时完成的活动和未按时完成的活动，已完成的项目活动对项目资源的使用情况，原定的项目目标是否已经达到等。项目进展报告可以由团队成员向项目经理提供，或由项目经理向项目业主提供，或是由项目经理向其上层管理者提供。项目进展报告的报告期根据项目的具体情况确定。项目进展报告是为项目所有利益相关者编写的，是项目利益相关者之间沟通的重要资料，而且可以提醒项目团队注意到将来有可能遇到的问题。

项目进展报告一般有日常报告、例外报告和特别分析报告三种。其内容主要包括本期项目的进展情况、本期项目实现过程中存在的问题以及解决情况、计划采取的措施、项目变更、下一期的项目进展预期目标等。

**5. 各种工作检查** 各种工作检查、质量检查、分项工程、分部工程检查验收等都是非常好的沟通方法。通过这些工作不仅可以检查工作成果、了解实际情况，而且可以沟通各方面、各层次的关系。检查过程常常又是解决存在问题、使组织成员之间互相了解的过程，同时又是协调新工作的起点，所以它不仅是技术性工作，而且是一个重要的管理工作。

**6. 其他沟通方法** 如指挥系统、建议制度、申诉和请求程序、申诉制度、离职交谈。有些沟通方式位于正式和非正式之间。

## ◆理论知识三 信息管理

**1. 数据、信息的概念** 数据是客观实体属性的反映，信息是对数据的解释，反映了事物（事件）的客观规律，为使用者提供决策和管理需要的依据。信息和数据是不可分割的一对矛盾体。信息来源于数据，又高于数据，信息是数据的灵魂，数据是信息的载体。

**2. 建设工程信息收集** 参建各方对数据和信息的收集是不同的，有不同的来源，不同的角度，不同的处理方法，但要求各方相同的数据和信息应该规范；不同的时期，参建各方对数据和信息收集的侧重点和内容也不同，但信息行为要规范。信息收集按照项目决策阶段、设计阶段、施工招投标阶段、施工阶段分别进行收集，其中施工阶段又细分为施工准备期、施工实施期、竣工保修期。各个阶段信息收集要点如下：

（1）项目决策阶段信息收集。项目相关市场方面的信息；项目资源方面的信息；自然环境信息；新技术、新设备、新工艺、新材料、专业配套能力方面的信息；政治环境、社会治安、法律、法规、政策等方面的信息。

（2）设计阶段的信息收集。可行性报告及前期相关文件资料；同类工程相关信息；拟建工程所在地相关信息；勘察、测量、设计单位相关信息；工程所在地政府相关信息；设计进度计划、质量保证体系、合同执行情况、专业间交接情况、执行规范、标准情况、设计概算等方面的信息。

（3）施工招投标阶段的信息收集。工程地质、水文报告、设计文件图纸、概预算；建设单位前期报审资料；园林市场造价及变化趋势；适用规范、规程、标准；所在地招投标情况。

（4）施工阶段的信息收集。

①施工准备阶段信息收集。建设工程项目所在地具体情况；施工图情况；相关法律、规范、规程，特别是强制性标准和质量评定标准。

②施工实施期。施工人员、设备、能源；施工期气象中长期趋势；原材料等供应、使用、保管；项目经理部管理程序；施工规范、规程；工程数据的记录；材料试验资料；设备安装调试资料；工程变更及施工索赔相关信息。

③竣工保修期信息收集。工程准备阶段文件；监理文件；施工资料；竣工图；竣工归档整理规范及竣工验收资料。

**3. 建设工程信息的加工、整理、分发、检索、储存**

（1）加工、整理。把建设各方得到的数据和信息进行鉴别、选择、核对、合并、排序、更新、计算、汇总、转储，生成不同形式的数据和信息，提供给不同需求的各类管理人员使用。

（2）分发和检索。需要的部门和使用人，有权在需要的第一时间，方便地得到所需要的、以规定形式提供的一切信息和数据，而不该知道的部门（人）则保证不提供任何信息和数据。在分发信息时要考虑以下问题：①了解使用部门（人）的使用目的、使用周期、使用频率、得到时间、数据的安全要求；②决定分发的项目、内容、分发量、范围、数据来源；③决定分发信息和数据的结构、类型、精度和如何组合成规定的格式；④决定提供的信息和数据介质（纸张、显示器显示、磁盘或其他形式）。

（3）存储。①要考虑参建各方协调统一，有条件时可以通过网络数据库形式存储数据；②建立统一的数据库，各类数据按照规范化的要求以文件形式组织在一起；③文件名要求规范化；④按照工程具体情况进行组织。

## 复习题

1. 建设工程文件分为哪五类？
2. 建设单位的工程档案管理任务是什么？
3. 项目沟通计划编制依据有哪些？
4. 项目沟通计划包括哪些内容？
5. 工程项目沟通中的常用方式有哪些？
6. 什么是数据？什么是信息？

# 项目十一

# 风险管理

**教学目标**

1. 了解风险识别的方法；
2. 了解风险评价的步骤；
3. 掌握工程项目风险应对计划和策略。

**技能目标**

1. 能建立初始风险清单；
2. 能进行风险综合评价；
3. 能建立风险责任分配表。

## 模块一 风险识别

风险识别是通过对经验数据的分析、风险调查、专家咨询以及实验论证等方式，对工程项目风险进行分解，认识风险，建立风险清单的过程。

### ◆ 工作任务 建立初始风险清单

**1. 任务分析** 初始风险清单只是为了便于人们较全面地认识风险的存在，不至于遗漏重要的工程项目风险，但并不是风险识别的最终结论。在初始风险清单建立后，还需要结合特定工程项目的具体情况进一步识别风险，从而对初始风险清单做一些必要的补充和修正。为此，需要参照同类工程项目风险的经验数据（若无现成的资料，则要多方收集）或针对具体工程项目的特点进行风险调查。

**2. 实践操作** 通过适当的风险分解方式来识别风险，是建立初始风险清单的有效途径。首先将园林工程项目按单项工程、单位工程分解，再对各单项工程、单位工程分别从时间维、目标维和因素维进行风险分解，可以识别出园林工程项目主要的、常见的风险（表 11－1）。

**表 11-1　园林工程项目初始风险清单**

| 风险因素 | | 典型风险事件 |
|---|---|---|
| 技术风险 | 设计 | 设计内容不全、设计缺陷、错误和遗漏，应用规范不恰当，未考虑地质条件，未考虑施工可能性等 |
| | 施工 | 施工工艺落后，施工技术和方案不合理，施工安全措施不当，应用新技术新方案失败，未考虑场地情况等 |
| | 其他 | 工艺设计未达到先进性指标，工艺流程不合理，未考虑操作安全性等 |
| 非技术风险 | 自然与环境 | 洪水、地震、火灾、台风、雷电等不可抗拒自然力，不明的水文气象条件，复杂的工程地质条件，恶劣的气候，施工对环境的影响等 |
| | 政治法律 | 法律及规章的变化，战争和骚乱、罢工、经济制裁或禁运等 |
| | 经济 | 通货膨胀或紧缩，汇率变动，市场动荡，社会各种摊派和征费的变化，资金不到位，资金短缺等 |
| | 组织协调 | 业主和上级主管部门的协调，业主和设计方、施工方以及监理方的协调，业主内部的组织协调等 |
| | 合同 | 合同条款遗漏、表达有误，合同类型选择不当，承发包模式选择不当，索赔管理不力，合同纠纷等 |
| | 人员 | 业主人员、设计人员、监理人员、一般工人、技术员、管理人员的素质（能力、效率、责任心、品德）不高 |
| | 材料设备 | 原材料、半成品、成品或设备供货不足或拖延，数量差错或质量规格问题，特殊材料和新材料的使用问题，过度损耗和浪费，施工设备供应不足、类型不配套、故障、安装失误、选型不当等 |

## ◆ 理论知识　风险识别方法

**1. 风险识别的方法**　目前，风险管理理论中比较成熟的风险识别方法主要有：核查表法、流程图法、事件树分析法、情景分析法、图解法、模糊事故树技术、初始清单法和风险调查法。

（1）*核查表法*。核查表是管理中用于记录和整理数据的常用工具。用于风险识别时，就是将以往类似项目中经常出现的风险事件列于一张汇总表上，供识别人员检查和核对，以判别某项目是否存在以往历史项目风险事件清单中所列或类似的风险。目前此类方法在工程项目的风险识别中已得到大量采用。

（2）*流程图法*。流程图法是一种根据园林工程项目实施过程或管理过程，对可能出现的风险进行罗列，再结合本工程的具体情况，识别风险的方法。

（3）*事件树分析法*。它是从初始事件出发，分析初始事件所导致的各种事故序列组，用事件树的环节事件结合节点来表示系统中初始事件发生所导致的事故序列的树状图形分析方法。在工程项目的风险识别中该方法使用比较广泛，既可用于定性的风险识别，又可用于定量的风险估计。

（4）*情景分析法*。它是由美国科研人员于 1972 年提出，是一种适用于风险因素较多的项目进行风险识别的系统方法，使用时，通常假定关键影响因素可能发生变化，从而构造出多种情景，提出多种可能的结果，以便采取措施防患于未然。目前该方法在工程项目风险识别中主要用于投资风险识别。

(5) *图解法*。包括因果分析图和影响图两种方法。

因果分析图也称鱼刺图法，是在核查表等方法分析确认风险存在，或假设风险存在的基础上，根据因果推理识别风险源的一种方法。在工程项目质量风险识别中使用较多。该方法只能运用于定性识别，而不能用于定量分析。

影响图是20世纪80年代发展起来的一种风险分析技术，是用于概率推理和决策分析的结构模型，既可以用于风险识别，也可用于风险估计和评价，是完全意义上的风险分析的得力工具。影响图用于风险识别的优点是通过直观紧凑的图形可以客观反映主要变量之间的相互关系，并能清楚地揭示出变量之间存在的相互独立性，及进行决策所需的信息流，是一种定性的风险识别工具。

(6) *模糊事故树技术*。模糊事故树技术（FFT）多用于工程质量、成本风险识别。事故树分析技术的原理是将项目实施中最不希望发生的事件或项目状态作为风险事件，然后对引起项目风险事件发生的各种直接风险因素进行层次分解，找出所有引起事件发生的风险因素。该方法是一种演绎的逻辑分析方法，遵循从结果找原因的原则，分析项目风险及其产生原因之间的因果关系，它是一种具有广阔应用范围和发展前途的风险分析方法。

(7) *初始清单法*。建立初始风险清单，可以避免风险识别从头做起带来的以下三方面缺陷：一是耗费时间和精力多，风险识别工作的效率低；二是由于风险识别的主观性，可能导致风险识别的随意性，其结果缺乏规范性；三是风险识别成果资料不便积累，对今后的风险识别工作缺乏指导作用。

(8) *风险调查法*。由风险识别的个别性可知，两个不同的园林工程项目不可能有完全一致的风险。因此，在风险识别的过程中，花费人力、物力、财力进行风险调查是必不可少的，这既是一项非常重要的工作，也是风险识别的重要方法。

风险调查应当从分析具体工程项目特点人手，一方面对通过其他方法已识别出的风险（如初始风险清单所列出的风险）进行鉴别和确认，另一方面，通过风险调查有可能发现此前尚未识别出的重要的风险。通常，风险调查可以从组织、技术、自然及环境、经济、合同等方面分析拟建工程的特点以及相应的潜在风险。

对于园林工程项目的风险识别来说，仅仅采用一种风险识别方法是远远不够的，一般都应综合采用两种或多种风险识别方法，才能取得较为满意的结果。而且，不论采用何种风险识别方法组合，都必须包含风险调查法。从某种意义上讲，前七种风险识别方法的主要作用在于建立初始风险清单，而风险调查法的作用则在于建立最终的风险清单。

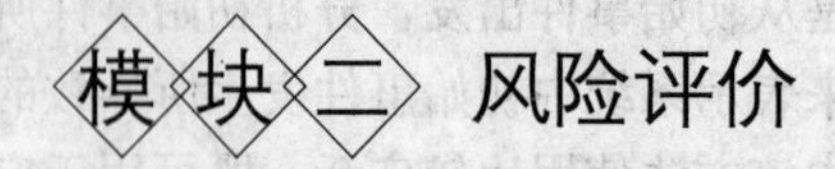

## 模块二　风险评价

风险评价就是对园林工程项目整体风险，或某一部分风险，或某一阶段风险进行评价，

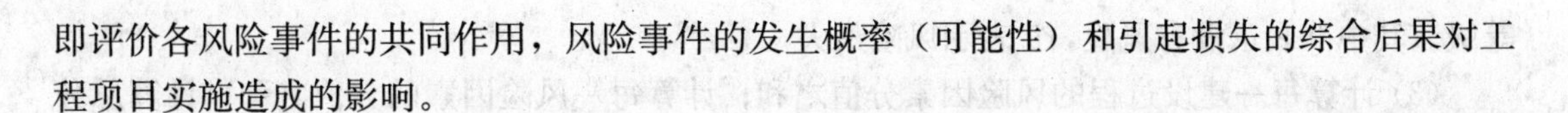

即评价各风险事件的共同作用，风险事件的发生概率（可能性）和引起损失的综合后果对工程项目实施造成的影响。

## ◆工作任务　风险综合评价

**1. 任务分析**　风险综合评价也称主观评分法，是最简单、常用、又便于采用的方法。它主要通过风险调查表的形式识别风险，然后由专家对可能出现的事件或风险的重要性进行评价，最后得出综合的整体风险水平。

**2. 实践操作**

例 1：某公司拟对一国外工程进行投标，投标前有关人员对该项目运用调查与专家打分法进行风险分析评价。过程如下：

(1) 识别出可能发生的各种风险事件（表 11－2）。

(2) 由专家对可能出现的风险因素或风险事件的重要性进行评价，给出每一风险事件的权重；确定每一风险事件发生的可能性，并分五个等级表示；

(3) 将每一风险事件的权重与风险事件可能性的分值相乘，求出该风险事件的得分；并将各个风险事件的得分累加，得投标风险总分（总分越高，说明投标风险越高）。将其与风险评价标准 0.8 进行比较，得到投标风险评价的结果：公司可以参加该工程的投标。

**表 11－2　投标风险综合评价表**

| 可能发生的风险事件 | 权重 W | 风险事件发生的可能性 C | | | | | W×C |
|---|---|---|---|---|---|---|---|
| | | 很大 (1.0) | 比较大 (0.8) | 中等 (0.6) | 不大 (0.4) | 较小 (0.2) | |
| 政局不稳 | 0.05 | | | √ | | | 0.03 |
| 物价上涨 | 0.15 | | √ | | | | 0.12 |
| 业主支付能力 | 0.10 | | | √ | | | 0.06 |
| 技术难度 | 0.20 | | | | | √ | 0.04 |
| 工期紧迫 | 0.15 | | | √ | | | 0.09 |
| 材料供应 | 0.15 | | √ | | | | 0.12 |
| 汇率变化 | 0.10 | | | √ | | | 0.06 |
| 无后续项目 | 0.10 | | | | √ | | 0.04 |
| | | | | | | | ∑（W×C）＝0.56 |

例 2：某建设单位对一拟建工程项目的整体风险水平进行评价，并作出是否实施该工程项目的决策，过程如下：

(1) 该工程项目的实施分为 5 个过程，每一过程中识别出来的风险有费用、工期、质量、组织和技术 5 个方面（表 11－3）。

(2) 请专家对每一实施过程的不同风险打分，并假设每一风险的分值为 0～9，共 10 个等级。其中 0 表示没有风险，9 表示风险最大。

(3) 计算每一建设过程的风险因素分值之和；计算每一风险因素的分值之和；计算总分值为 114。

(4) 分析总体风险水平。由于每一风险因素的最大分值为 9，则表 11－3 中各风险最大分值之和应为：5×5×9＝225，而实际总分值之和为 114，所以该工程项目的整体风险水平为：114/225＝0.506 7。

(5) 将该工程项目总体风险水平与整体评价标准（设定采用该方法分析的工程项目整体风险评价标准为 0.6）进行比较。经过判断，该项目风险水平是可以接受的，即是可以实施的。

**表 11－3　工程项目风险综合评价表**

| 建设过程＼风险类别 | 费用风险 | 工期风险 | 质量风险 | 组织风险 | 技术风险 | Σ |
|---|---|---|---|---|---|---|
| 可行性研究 | 5 | 6 | 3 | 8 | 7 | 29 |
| 工程设计 | 4 | 5 | 7 | 2 | 8 | 26 |
| 工程招标 | 6 | 3 | 2 | 3 | 8 | 22 |
| 工程施工 | 9 | 7 | 5 | 2 | 2 | 25 |
| 工程试运行 | 2 | 2 | 3 | 1 | 4 | 12 |
| Σ | 26 | 23 | 20 | 16 | 29 | 114 |

## ◆ 理论知识　风险评价的目的和步骤

**1. 风险评价的目的**

(1) 确定项目各风险的先后顺序。

(2) 明确各风险事件之间的因果关系。表面上看起来不相干的多个风险事件常常是由一个共同的风险来源所造成。例如，预料之外的技术难题会造成项目费用超支、进度拖延、产品质量不合要求等风险后果。

(3) 考虑不同风险之间相互转换的条件。研究如何才能化威胁为机会，以及原以为是机会在什么条件下会转变为威胁。

(4) 进一步量化已识别风险的发生概率和后果，减少风险发生概率和后果估计中的不确定性。

**2. 风险评价的步骤**

(1) 确定风险评价基准。风险评价基准是项目主体针对每一种风险后果确定的可接受水平。单个风险和整体风险都要确定评价基准，分别称为单个评价基准和整体评价基准。确定风险评价基准所遵循的原则有：

①风险回避原则。它是最基本的风险评价准则，根据这一准则，人们对风险活动采取禁止或完全不作为的态度。例如，承包商在投标时，发现利润较小而风险较大时会放弃投标；

在选择合同类型时宁愿放弃利润较大而风险也较大的固定总价合同，而采取单价式合同；在项目投资决策阶段，谨慎的业主为避免风险而放弃投资机会。风险回避准则是一种消极的方法，也是人们进行风险评价时首先应该考虑的准则。

②风险权衡原则。风险权衡的前提是存在着一些可接受的、不可避免的风险。风险权衡准则需要确定可接受风险的限度，而这是很困难的，不同国家因发展水平不同建立的权衡准则不同，相同国家在不同时期的权衡准则也会不同。

③风险处理成本最小原则。风险的权衡前提是假设存在着一些可接受的风险。在此有两层含义：其一是不对风险作处理即可接受；其二是付出较小的代价即可避免风险。对于第二类，希望风险处理的成本越小越好，并且希望找到风险处理的最小值。人们定性地归纳为：如果该风险的处理成本足够小，是可以接受此风险的。

④风险成本与效益比较原则。只有在效益大大增加的情况下，才肯去花费风险处理成本，也就是不乐于接受风险，若承担了风险就应当有更高的利润，即风险处理成本与风险收益相匹配。

⑤社会费用最小原则。这一指标体现了企业对社会应负的道义责任，社会在承担风险的同时也将获得回报，在考虑风险的社会费用时，也应与风险带来的社会效益一同考虑。在大多数情况下，项目达到了事先设定的目标就可以认为项目成功。项目的目标多种多样，工期最短、利润最大、成本最小、风险损失最小、使公司的威信达到最高、雇员最大限度满足、生命财产损失最低等，这些目标一般与项目所处的时间、地点以及项目的目的有关，这些目标多数可以计量，可以选作评价基准。

（2）确定项目整体风险水平。首先弄清楚各单个风险之间的关系、相互作用以及相互作用的影响，项目整体风险水平是综合了所有的个别风险之后确定的。一般情况下，后果严重的风险出现的机会少，可预见性低；后果不严重的风险出现的机会多，可预见性也相当高。项目的所有风险中只有一小部分对项目威胁最大。

（3）风险水平同评价基准比较。将单个风险与单个评价准则、整体风险与整体评价准则相对比。看看项目风险是否在可接受的范围之内，进而确定该项目应该如何进展下去。比较之后无非有三种可能：风险是可以接受的、不能接受和不可行的。当项目整体风险小于或等于整体评价基准时，风险是可以接受的，项目可以按计划进行，如果有个别单个风险大于相应的评价基准，则可以进行成本效益分析或其他方法权衡，看是否有其他风险小的替代方案可用。

# 模块三　风险应对与监控

## ◆ 工作任务　建立风险责任分配表

**1. 任务分析**　对一个园林工程项目而言，其风险有一定的范围，这些风险必须在项目参与者之间进行分配。每个参与者都必须承担一定的风险责任，这样才有管理和控制的积极性和创造性。风险分配通常在任务书、责任书、合同、招标文件中规定，在起草这些文件时，必须对风险做出估计、定义和分配。如将风险大的工程分包给多个承包商，进行多种经营等均属于风险分散（表11-4）。

表11-4 FIDIC合同条件风险责任分配表

| 风险类项 | 业主 | 工程师 | 承包商 |
|---|---|---|---|
| 1. 工程的重要损失或破坏 | | | |
| (1) 暴乱、骚乱、混乱和战争等 | 遭受损失① | 无责任 | 无责任 |
| (2) 危险爆炸 | 遭受损失② | 无责任 | 无责任 |
| (3) 不可预见的自然力 | 遭受损失 | 无责任 | 无责任 |
| (4) 运输中的损失和损坏 | 若预先付款则潜在损失 | 无责任 | 遭受损失③ |
| (5) 不合格的工艺和材料 | 潜在损失 | 无责任 | 有责任④ |
| (6) 设计人员的粗心设计 | 潜在损失 | 无责任 | 无责任 |
| (7) 设计人员的非疏忽缺陷设计 | 遭受损失 | 无责任 | 无责任 |
| (8) 已被业主使用或占用 | 遭受损失 | 无责任 | 无责任 |
| 2. 对工程设备的损失或损坏 | | | |
| (1) 暴乱、骚乱、混乱和战争等 | 遭受损失① | 无责任 | 遭受损失 |
| (2) 危险爆炸 | 遭受损失② | 无责任 | 遭受损失 |
| (3) 运输中的损失和损坏 | 无责任 | 无责任 | 遭受损失③ |
| (4) 其他原因 | 无责任 | 无责任 | 遭受损失⑤ |
| 3. 第三方的损失 | | | |
| (1) 执行合同中无法避免的结果 | 有责任 | 无责任 | 无责任 |
| (2) 业主的疏忽 | 有责任 | 无责任 | 无责任 |
| (3) 承包商的疏忽 | 无责任 | 无责任 | 有责任 |
| (4) 工程师的职业疏忽 | 无责任 | 有责任 | 无责任 |
| (5) 工程师的其他疏忽 | 无责任 | 有责任 | 无责任 |
| 4. 承包商/分包商方的人身伤害 | | | |
| (1) 承包商的疏忽 | 无责任 | 无责任 | 有责任 |
| (2) 业主的疏忽 | 有责任 | 无责任 | 无责任 |
| (3) 工程师的疏忽 | 无责任 | 有责任 | 无责任 |
| (4) 工程师的职业疏忽 | 无责任 | 有责任 | 无责任 |

注：①可能有政府补偿；②可能对该装置操作者或领有许可证者有追索权；③可能对运输有追索权；④可能对不合格材料供应商有追索权；⑤可能对造成损失或损坏的失职方有追索权。

**2. 实践操作** 一般的，对某一园林工程项目风险，可能有多种风险应对策略，同一种类的风险问题，不同的项目主体采用的应对策略可能是不一样的。因此，风险管理人员需要根据工程项目风险的具体情况，自身的心理承受能力以及抗风险能力，去确定工程项目风险应对策略（表11-5）。

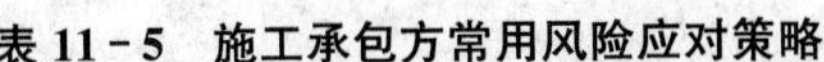
**表 11－5　施工承包方常用风险应对策略**

| 风 险 类 型 | 风险管理策略 | 风险应对措施 |
|---|---|---|
| 工程设计风险 | | |
| 设计深度不足 | 风险自留 | 索赔 |
| 设计缺陷或疏忽 | 风险自留 | 索赔 |
| 地质条件复杂 | 风险转移 | 合同条件中分清责任 |
| 自然环境风险 | | |
| 对永久结构的损坏 | 风险转移 | 购买保险 |
| 对材料、设备的损坏 | 风险控制 | 加强保护措施 |
| 造成人员伤亡 | 风险转移 | 购买保险 |
| 火灾、洪灾 | 风险转移 | 购买保险 |
| 地震 | 风险转移 | 购买保险 |
| 泥石流 | 风险转移 | 购买保险 |
| 塌方 | 风险控制 | 预防措施 |
| 社会环境风险 | | |
| 法律法规变化 | 风险自留 | 索赔 |
| 战争和内乱 | 风险转移 | 购买保险 |
| 没收 | 风险自留 | 运用合同条件 |
| 禁运 | 风险控制 | 降低损失 |
| 宗教节日影响施工 | 风险自留 | 预留损失费 |
| 社会风气腐败 | 风险自留 | 预留损失费 |
| 污染及安全规则约束 | 风险自留 | 确定保护和安全计划 |
| 经济风险 | | |
| 通货膨胀 | 风险自留 | 执行价格调值投标时考虑应急费用 |
| 汇率浮动 | 风险转移 | 投保汇率险，套汇交易 |
| | 风险自留 | 合同中规定汇率保值 |
| | 风险利用 | 市场调汇 |
| 分包商或供应商违约 | 风险转移 | 履约保函 |
| | 风险回避 | 进行资格预审 |
| 业主违约 | 风险自留 | 索赔 |
| | 风险转移 | 严格合同条件 |
| 项目资金无保证 | 风险回避 | 放弃承包 |
| 标价过低 | 风险分散 | 分包 |
| | 风险自留 | 控制成本，加强合同管理 |
| 工程施工过程风险 | | |
| 恶劣的自然条件 | 风险自留 | 索赔，预防措施 |
| 劳务争端或内部罢工 | 风险自留 | 预防措施 |
| | 风险控制 | 预防措施 |
| 施工现场条件恶劣 | 风险自留 | 改善现场条件 |
| | 风险转移 | 投保第三者险 |
| 工作失误 | 风险控制 | 严格规章制度 |
| | 风险转移 | 投保工程保险 |
| 设备毁灭 | 风险转移 | 购买保险 |
| 工伤事故 | 风险转移 | 购买保险 |

## ◆ 理论知识　园林工程风险应对与监控

**1. 园林工程项目风险应对**　风险应对就是对识别出来的风险、经过估计与评价之后，选择并确定最佳的对策组合，并进一步落实到具体的计划和措施中，例如，制订一般计划、应急计划、预警计划等。并且在工程项目实施过程中，对各项风险对策的执行情况进行监控，评价各项风险对策的执行效果；并在项目实施条件发生变化时，确定是否需要提出不同的风险处理方案。除此之外，还需要检查是否有被遗漏的风险或者发现新的风险，也就是进入新一轮的风险识别，开始新一轮的风险管理过程。

（1）风险应对计划。施工项目风险应对计划分为一般计划、应急计划、预警计划，每类计划又包括相应的风险应对策略，如风险回避、风险转移、风险损失控制、风险自留等策略，以及这些策略的组合等。对于每一个风险事件，不同的项目主体由于抗风险能力、知识经验、客观条件等不同，而会有不同的风险应对策略。所采用的应对策略一般都是在过去项目中被成功使用过的方法，具有较强的可操作性和有效性。

①一般计划。一般计划是针对项目目标风险的当前状态制订的一般性应对计划，计划制订完毕后一般马上就用于实施。一般计划必须包括所有主动性的风险管理措施，包括事先的风险降低措施以及促进或启动应急计划的行动，是一种可操作性的行动计划，大多数项目所面临的影响程度、发生概率由低到高的大量风险，应在一般计划中得到处理。

②应急计划。应急计划是针对一些发生概率低、影响特别大的风险制定的，在假定风险事件发生的情况下，项目组计划采取的处理方案。其宗旨是使因意外事故而中断的项目实施过程全面恢复，并使其影响程度减少到最小。该计划主要包括项目预备费计划和项目技术措施后备计划。项目预备费计划，一般也称不可预见费，指在实施前难以估计而在实施中又有可能发生的、在规定范围之内的工程和费用，以及工程建设期间发生的价差。项目技术措施后备计划指专门应对技术类风险的一系列事先研究好的工程技术方案，如工程质量保证措施、施工进度调整方案等。

③预警计划。预警计划是针对项目管理过程中有可能出现的风险，事先设置风险触发器，这些触发器包括事件触发器、时间触发器、相对变化触发器和阈值触发器等，通过触发器的响应来识别相应的风险征兆，然后就可以确定相应的风险应对计划，一旦触发器被激活就可以采取相应的行动，从而实现风险预警的目的。风险预警计划应包括风险预警系统的功能设计、风险征兆的识别以及相应的行动计划的制订。

（2）风险应对策略。一般来说，风险控制中所运用的策略有以下四种：风险回避、风险转移、风险损失控制和风险自留。这些风险策略的适用对象各不相同，需要根据风险评价的结果，对不同的风险事件选择最适宜的风险对策，从而形成最佳的风险对策组合。选择标准是“以最少的费用，收到最大的风险处理效果”。

①风险回避。风险回避主要是指中断风险源，使其不致发生或遏制其发展。当项目风险潜在威胁发生可能性太大，不利后果也太严重，又无其他策略可用时，主动放弃项目或改变项目目标与行动方案，从而避免风险的一种策略。它包括两种方式：一是先期回避；二是中途放弃。这两种方式都是基于承担或继续承担风险的成本将大大超过回避的可能费用这样一种认识。前者如拒绝承担某高风险项目，即避免了这个高风险项目可能导致的损失；后者如

原先承担某项目，中途中止合同，避免陷入更大风险泥潭。

②风险转移。风险转移是指为避免承担风险的责任以及由此产生的损失，有意识地将风险导致的损失或与损失相关的财务型后果，通过合同或协议的方式转移给项目外的第三方。风险转移一般分非保险风险转移和保险风险转移。

A. 非保险风险转移。非保险风险转移又称合同转移方式，通常通过签订合同及协商等方式将项目风险转移给分包商、材料设备供应商等非保险方，或在合同中签订免除责任协议、转移责任条款等。

风险转移的手段常用于工程承包中的分包、转让技术或合同、出租设备或房屋等手段将应由其自身全部承担的风险部分或全部转移至他人，从而减轻自身的风险压力。

分包是指利用分包合同，从外部取得产品、工程或服务，来转移风险。如主桥的施工方，将部分分项工程发包给当地有较高实力的施工队伍，将风险转移给有实力承担且能取得较好盈利的单位。在工程中标签约后，承包商往往立即大批量预定在施工期间可能涨价的材料，将材料涨价的风险转移给材料供应商。

B. 保险风险转移。保险是最常用的一种风险转移策略，是指投保者通过与保险公司签订保险合同，并按一定比例向保险公司交纳保费，当发生的风险损失属于保险范围时，保险公司向投保方提供一定的补偿，这样一部分风险通过商业保险的形式转移到保险公司。当然，保险公司承担范围只限于纯粹风险所导致的损失。风险管理主体在选择保险方法来规避风险时，应该在保费和损失之间进行权衡，如果保费高于该风险造成的损失，则应当采取其他风险规避方法。

保险的种类很多，一般有以下几种：建筑工程一切险，安装工程一切险，建筑安装工程第三者责任险，施工机械设备损失险，货物运输险，机动车辆险，人身意外险，企业财产险，保证保险（一种担保业务），投标和履约保证险，海、路、空、邮货运险等。风险管理主体可根据标书中合同条件的规定以及该项目所处的外部条件、工程性质和需要选择适当的保险内容和方式投保。其中，合同条件的规定是决定的主要因素，凡是合同条件要求保险的项目一般都是强制性的。

③风险损失控制。损失控制方法是通过减少损失发生的机会，或通过降低所发生损失的严重性来处理项目风险。与风险回避相同，损失控制是以处理项目风险本身为对象，而不是设立某种基金来对付。但回避偏重于一种消极的放弃和中止。损失控制措施可根据其目的分为如下几种方法：

A. 预防性控制。预防性控制策略，是一种预警性的防御措施，通过在成本、质量、进度、合同和安全等方面制定控制计划、严格管理，进而减少损失发生的概率，实现对风险的最佳控制。

B. 损失减少手段。又分为损失最小化方案、灾难计划、损失挽救方案和应急计划。损失预防手段旨在减少或消除损失发生的可能，损失减少手段则试图降低损失的潜在严重性。损失控制方案可以是损失预防手段和损失减少手段的组合。安全计划、灾难计划和应急计划是风险控制计划中的关键组成部分。安全计划的目的在于有针对性地预防损失的发生，灾难计划则为人们提供处理各种紧急事故的程序，而应急计划是在事故发生后，如何以最小的代价使施工或运营恢复正常。

因此，损失控制就是通过这一系列控制计划的实施，将项目风险发生的可能性以及其后果对目标的影响尽可能降低到最小。

④风险自留。风险自留策略是指对有能力承担或处于赢利目的而承担风险的处理方法。风险自留可以是积极的（如制订应急计划，当风险事件发生时执行），也可以是消极的（如果发生某些风险事件，被迫接受较低的利润）。

对于项目承包人来说，一旦签订合同，许多风险就只能风险自留，至少在项目出现根本无法解决困难之前都是以风险自留策略来开展项目的。企业在项目方面的知识和经验的积累，可以为项目实施过程中的风险控制做一个很好的基础，特别是在建筑业保险尚没有多少是属于保护企业本身的情况下，企业自身经验的积累就是风险自留最好的保险。

**2. 园林工程项目风险监控**　风险监控包括风险监测与风险控制。

风险监测就是随着工程项目的进展，密切跟踪已识别的风险，监视残余风险和识别新的风险；分析工程项目目标的实现程度，以及风险因素的变化和风险应对措施产生的效果；进一步寻找机会，细化风险应对措施，实现消除或减轻风险的目标。

风险控制则是在风险监视的基础上，实施风险管理规划和风险应对计划，并在项目情况发生变化的情况下，重新修正风险管理规划或风险应对措施。同时建立全面、动态的审计监督体系，对项目的全系统、全过程风险进行审计监督，以确保规范性和有效监督，从而形成一个全面、动态、完善、循环的风险管理流程。

## 复习题

1. 什么是风险识别？风险识别的方法有哪些？
2. 风险评价的目的是什么？
3. 确定风险评价基准的原则是什么？
4. 施工项目风险应对计划分为哪 3 种？
5. 风险应对计划又包括哪些相应的风险应对策略？

# 附录一

## 园林工程建设施工合同范例

××市园林绿化建设工程施工合同

工程名称 ________________

发 包 方 ________________

承 包 方 ________________

合同编号 ________________

××市工商行政管理局

××市园林局

二零零四年二月

××市园林绿化建设工程施工合同

发包人（全称）：________________

承包人（全称）：________________

承包人资质等级：________________

依照《中华人民共和国合同法》和中华人民共和国建设部、国家工商行政管理总局共同发布的《建设工程施工合同》（GF－1999—0201）及其他有关规定，遵循平等、自愿、公平和诚实信用的原则，双方就本园林绿化建设工程施工项目经协商订立本合同。

**一、工程概况**

**第1条　工程概况**

1.1　工程名称：________________。

1.2　工程地点：________________。

1.3　工程内容：________________。

1.4　工程立项批准文号：________________。

1.5　资金来源：________________。

**第2条　工程承包范围**

2.1　承包范围：________________________________________________________________。

2.2　工程总面积：________________________________________________________________。

**二、合同文件及图样**

**第3条　本合同文件及解释顺序**

3.1　除双方另有约定以外，组成本合同的文件及优先解释顺序如下：

（1）双方签订的补充协议。

（2）本合同条款。

（3）中标通知书。

（4）投标书及其附件。

（5）标准、规范及有关技术文件

（6）图样。

（7）工程量清单。

（8）工程报价单或预算书。

双方有关工程的洽商、变更等书面协议或文件视为本合同的组成部分。

**第 4 条　适用法律、标准及规范**

4.1　适用法律法规：国家有关法律、法规和××市有关法规、规章及规范性文件均对本合同具有约束力。

4.2　适用标准、规范名称：《城市园林绿化工程施工及验收规范》（DB11/T 212—2003)、《城市园林绿化用植物材料木本苗》(DB11/T 211—2003)、《城市园林绿化养护管理标准》(DB11/T 213 —2003)、________________________。

4.3　双方另有约定列入补充条款。

4.4　双方对合同内容的约定与上述法律、标准、规范规定有矛盾的，以法律、标准及规范规定为准。

**第 5 条　图样**

5.1　发包人提供图样日期及套数：________________________。

5.2　承包人未经发包人同意，不得将本工程图样转让给第三人。

5.3　发包人对图样的特殊保密要求：____________________。

**三、双方的权利义务**

**第 6 条　监理**

6.1　监理单位名称：________________________。

6.2　监理工程师

姓名：__________职务：__________。职权：__________。

需要取得发包人批准才能行使的职权 ____________________。除本款有明确约定或经发包人同意外，监理工程师无权解除合同约定的承包人的任何权利与义务。

**第 7 条　双方派驻工地代表**

7.1　发包人派驻工地代表姓名：__________。职权：____________________。

7.2　承包人派驻工地代表姓名：__________。职权：____________________。

7.3　任何一方驻工地代表发生变更时，应提前 7 日书面通知对方，并明确指出交接时间、权限。

**第 8 条　发包人工作**

8.1　发包人应按本合同约定的时间和要求完成以下工作并承担相应费用：

（1）保证施工现场达到具备施工条件的具体要求和完成时间：______________。

（2）将施工所需的水、电、电信等管网线路接至施工场地的时间、地点和供应要求：＿＿＿＿＿＿＿＿＿＿＿＿＿。

(3) 负责施工场地与公共道路的通道开通的时间和要求：＿＿＿＿＿＿＿＿＿＿＿＿。

(4) 工程地质和地下管网线路资料的提供时间：＿＿＿＿＿＿＿＿＿＿＿＿。

(5) 由发包人办理的施工所需证件、批件的名称和完成时间：＿＿＿＿＿＿＿＿＿＿。

(6) 水准点和坐标控制点交验要求：＿＿＿＿＿＿＿＿＿＿＿＿＿＿＿＿＿＿。

(7) 组织图样会审和设计交底的时间：＿＿＿＿＿＿＿＿＿＿＿＿＿＿＿＿＿。

(8) 协调处理施工场地周围地下管道和邻近建筑物、构筑物（含文物建筑）、古树名水的保护工作：＿＿＿＿＿＿＿＿＿＿＿＿＿＿＿＿＿＿＿＿＿＿＿＿＿＿＿＿＿＿＿＿。

(9) 双方约定发包人应做的其他工作：＿＿＿＿＿＿＿＿＿＿＿＿＿＿＿＿＿＿。

8.2　发包人委托承包人办理的工作：＿＿＿＿＿＿＿＿＿＿＿＿＿＿＿＿＿＿。

**第 9 条　承包人工作**

9.1　承包人应按本合同约定的时间和要求完成以下工作：

(1) 应提供计划、报表的名称及完成时间：＿＿＿＿＿＿＿＿＿＿＿＿＿＿＿＿＿。

(2) 承担施工安全保卫工作和非夜间施工照明、围栏设施的责任和要求：＿＿＿＿＿。

(3) 向发包人提供办公和生活房屋厦设施的要求：＿＿＿＿＿，发包人承担由此发生的费用。

(4) 需承包人办理的有关施工场地交通环卫和施工噪声管理等手续：＿＿＿＿＿＿，发包人承担自此发生的费用。

(5) 承担费用，负责已竣工但未交付发包人之前的工程保护工作；对工程成品保护的特殊要求及费用承担：＿＿＿＿＿＿＿＿＿＿＿＿＿＿＿＿＿＿＿＿＿＿＿＿＿＿＿＿＿。

(6) 做好施工场地周围地下管线和邻近建筑物、构筑物（含文物保护建筑）、古树名木的保护工作，具体要求及费用承担：＿＿＿＿＿＿＿＿＿＿＿＿＿＿＿＿＿＿＿＿＿。

(7) 保障施工场地清洁符合环境卫生管理的有关规定，并且：＿＿＿＿＿＿＿＿＿。

(8) 双方约定的承包人应做的其他工作：＿＿＿＿＿＿＿＿＿＿＿＿＿＿＿＿＿＿。

**四、施工组织设计和工期**

**第 10 条　合同工期**

开工日期：＿＿＿＿＿＿＿＿＿＿

竣工日期：＿＿＿＿＿＿＿＿＿＿

合同工期总日历天数＿＿＿＿＿＿＿日

**第 11 条　进度计划**

11.1　承包人提供施工组织设计（施工方案）和进度计划的时间：＿＿＿＿＿＿＿＿。

11.2　发包人对施工方案、进度计划予以书面确认或提出修改意见的时间：＿＿＿＿，发包人逾期未确认也未提出修改意见的，视为同意。

11.3　群体工程中有关进度计划的要求：＿＿＿＿＿＿＿＿＿＿＿＿＿＿＿＿＿＿。

11.4　承包人必须按照经确认的进度计划组织施工，并接受监督和检查。因承包人原因导致实际进度与进度训划不符的，承包人无权就改进措施提出追加合同价款。

**第 12 条　延期开工　如发生：＿＿＿＿＿＿＿＿＿＿＿＿**

因发包人原因造成延期开工的，由发包人承担由此给承包人造成的损失，并顺延工期；承包人不能按时开工的，应提前 7 日书面通知发包人并征得发包人同意，发包人不同意延期的或承包人未在规定期限内发出延期通知的，工期不顺延。

**第 13 条　暂停施工　如发生：**________________

因发包人原因停工的，由发包人承担所发生的追加合同价款，赔偿承包人由此受到的损失，相应顺延工期；因承包人原因停工的，由承包人承担发生的费用，工期不顺延。

**第 14 条　工期延误**

14.1　由于以下原因造成竣工日期推迟的延误．经发包人确认，工期相应顺延。

（1）发包人未能按双方约定日期提供图样及开工条件。

（2）发包人未能按约定日期支付工程预付款、进度款，使施工不能正常进行。

（3）发包人未按合同约定提供所需指令、批准等，致使施上不能正常进行。

（4）因工程量变化或重大设计变更影响工期。

（5）非承包人原因停水、停电等原因造成停工。

（6）不可抗力及自然灾害。

（7）发包人同意工期相应顺延的其他情况。

（8）其他可调整工期的因素：________________。

14.2　承包人在以上情况发生后 3 日内，就延误的内容和由此发生的经济支出向发包人、监理方提出报告。发包人在收到报告后 7 日内予以确认答复，逾期不予答复，承包人即可视为延期要求已被确认。

**第 15 条　工期提前**

15.1　工期如需提前，双方协议如下：________________。

（1）发包人要求提前竣工的时间：________________。

（2）承包人应采取的赶工措施：________________。

（3）发包人应提供的条件：________________。

（4）因赶工而增加的经济支出和费用承担：________________。

**五、质量与检验**

**第 16 条　工程质量**

16.1　工程质量标准：________________。

16.2　双方对工程质量有争议时，由 ________________ 质量监督站鉴定，所需费用及由此造成的损失由责任方承担。

**第 17 条　隐蔽工程的中间验收**

17.1　双方约定的中间验收的部位：________________。

17.2　当工程具备覆盖、掩盖条件或达到中间验收部位以前，承包人自检，并于 48 小时前书面通知发包人、监理方检验。验收合格，发包人、监理方在验收记录上签字后，方可进行隐蔽和继续施工。若在 48 小时内发包人、监理方不进行验收也未提出书面延期要求的，可视为发包人已经批准，承包人可进行隐蔽或继续施工。验收不合格，承包人在限定时间内修改后重新验收，所需费用由承包人承担，不能影响工期。除此之外影响正常施工的经济支出由发包人承担，相应顺延工期。

**六、安全施工**

**第 18 条　安全施工**

18.1　承包人应遵守工程建设安全生产有关管理规定，严格按安全标准组织施工，并随

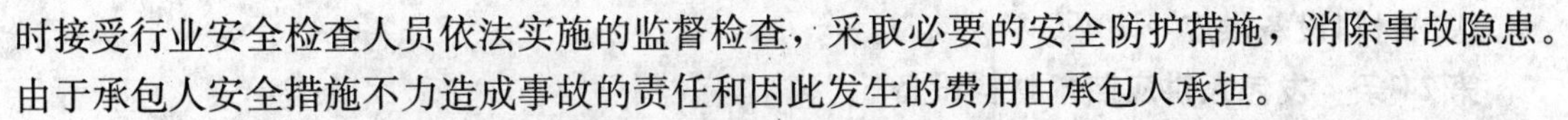

时接受行业安全检查人员依法实施的监督检查，采取必要的安全防护措施，消除事故隐患。由于承包人安全措施不力造成事故的责任和因此发生的费用由承包人承担。

18.2　发包人应对其在施工场地的工作人员进行安全教育，并对他们的安全负责。发包人不得要求承包人违反安全管理的规定进行施工。因发包人原因导致的安全事故，由发包人承担相应责任及发生的费用。

**第19条　事故处理**

19.1　发生重大伤亡及其他安全事故，承包人应按有关规定立即上报有关部门并通知发包人，同时按政府有关部门要求处理，由事故责任方承担发生的费用。

19.2　发包人、承包人对事故责任有争议时，应按政府有关部门认定处理。

**七、合同价款与支付**

**第20条　合同价款**

20.1　发包人保证按照合同约定的期限和方式支付合同价款及其他应当支付的款项。

20.2　金额(大写)：________________________元（人民币）

　　　　(小写)：________________________元（人民币）

**第21条　合同价款的调整**

21.1　本合同价款按照招标文件中规定，采用________方式确定。

21.2　合同价款发生设计变更或洽商的情况时可以调整。合同价款的调整方式：_____。

**第22条　工程量的确认**

22.1　承包人向发包人提交已完工程量报告的时间：____________________。

22.2　发包人核实已完工程量报告的时间：________________，发包人逾期未核实工程量的，承包人报告中开列的工程量将视为被确认并作为工程价款支付的依据。发包人核实工程量未提前24小时通知承包人的，确认结果无效。

22.3　对承包人超出设计图样范剧和因自身原因造成返丁的工程量发包人不予确认。

**第23条　工程款支付**

23.1　合同生效后______日内，发包人向承包人支付本合同总造价的______%为预付款。

23.2　双方约定的工程款（进度款）支付方式和时间：

| 拨付工程进度款时间（工程进度、单位） | 占合同承包总造价（百分比） | 金额人民币（元） |
| --- | --- | --- |
|  |  |  |
|  |  |  |
|  |  |  |

23.3　发包人应在确认工程量结果后____日内按前款的约定向承包人支付工程款（进度款）。

23.4　工程全部完工，竣工验收通过并办理完毕相应结算手续后____日内，发包人累计支付给承包人的工程款应达到工程结算总价的____%，结算总价的____%作为工程保修金。

23.5　本工程保修期满，在承包人履行了保修责任的前提下，发包人一次性向承包人支付工程保修金。

## 八、材料设备供应

### 第 24 条　发包人供应苗木材料设备

24.1　发包人供应苗木材料设备一览表（附后）。

**发包人供应苗木材料设备一览表**

| 序号 | 苗木材料名称 | 规格型号 | 单位 | 数量 | 单价 | 供应时间 | 送达地点 | 备注 |
|---|---|---|---|---|---|---|---|---|
| | | | | | | | | |
| | | | | | | | | |
| | | | | | | | | |
| | | | | | | | | |
| | | | | | | | | |
| | | | | | | | | |
| | | | | | | | | |
| 合同总价： | | | | | | | | |

24.2　双方约定的苗木材料设备交验的标准：________。

24.3　发包人供应的苗木材料设备与一览表不符时，双方约定发包人承担责任如下：______。

24.4　发包人供应苗木材料设备的结算方法：______。

### 第 25 条　承包人采购苗木材料设备

25.1　承包人采购苗木材料设备的约定：______。

25.2　苗木采购应出具苗木产品产地注明。

25.3　双方约定的检疫证明方式：______。

## 九、工程变更

### 第 26 条　设计变更

施工中发包人对原设计变更，发包人向承包人发出书面变更通知，承包人按照通知进行变更。如果承包人对原设计提出变更要求，经发包人、监理方批准后方可实施，并签署书面变更协议。

### 第 27 条　其他变更

施工中如发生除设计变更以外的其他变更时，采用协议形式双方加以确认。

### 第 28 条　确定变更价款

28.1　承包人应在收到变更通知或签署变更协议后 5 日内提出变更工程量及价款报告资料。

28.2　发包人在收到变更资料报告 5 日内予以确认，逾期无正当理由不确认时，视为变更报告已批准。

## 十、竣工验收与结算

### 第 29 条　竣工验收

29.1　工程具备竣工验收条件，承包人以书而形式通知发包人，并向发包人提供完整的

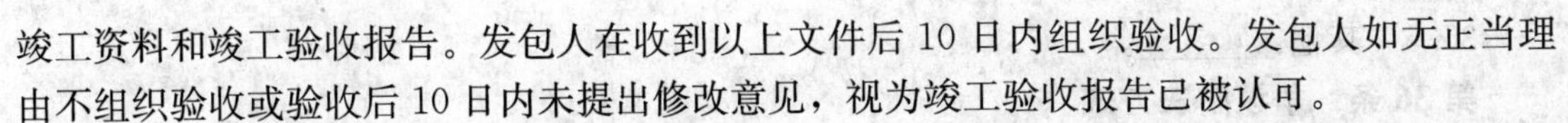

竣工资料和竣工验收报告。发包人在收到以上文件后 10 日内组织验收。发包人如无正当理由不组织验收或验收后 10 日内未提出修改意见，视为竣工验收报告已被认可。

29.2　竣工日期为本工程竣工验收通过的日期。保修期正式开始。

29.3　因特殊原因，部分单位工程和部位需甩项竣工时，双方订立甩项竣工协议，并明确双方责任。

**第 30 条　竣工结算**

30.1　双方办理工程验收手续后，双方进行工程结算。

30.2　承包人在竣工验收 15 日内向发包人提交结算报告及完整的结算资料、竣工图。

30.3　发包人自签收结算资料报告之日起 20 日内提出审核意见并予以签认。

30.4　承包人收到竣工结算款后 5 日内将竣工工程交付发包人。

**十一、质量保修**

**第 31 条　质量保修**

承包人在质量保修期内，按照有关法律、法规、规章的管理规定和双方约定，承担本工程质量保修责任。

31.1　工程质量保修范围和内容：______

31.2　质量保修期：双方根据《建设工程质量管理条例》及有关规定，约定本工程的质量保修期如下：

（1）土建工程：______

（2）绿化种植工程：______

（3）喷泉、喷灌工程：______

（4）其他附属工程：______

质量保修期自工程竣工验收通过之日起计算。

**第 32 条　质量保修责任**

32.1　属于保修范围内容的项目，承包人应当在接到保修通知之日起 7 日内派人保修。

32.2　发生紧急抢修事故的，承包人在接到事故通知后，应在 24 小时内到达事故现场抢修。

32.3　绿化种植工程在保修期内应达到 2 级养护标准。

32.4　保修期内发现苗木等植物材料死亡，应在种植季节按原设计品种、规格更换。

**第 33 条　保修费用**

33.1　保修费用由造成质量缺陷的责任方承担。

33.2　双方约定的养护期间水、电费用的承担：______

**第 34 条　其他**

双方约定的其他保修事项：______。

**十二、违约与争议**

**第 35 条　违约责任**

35.1　任何一方违反本合同的约定，均应承担由此给对方造成的损失。

35.2　因承包人原因延期竣工的，应交付的违约金额和计算方法：______。

35.3　因承包人原因致使工程达不到质量要求的，应承担的违约责任：______。

35.4　发包人不按时支付工程款的违约责任：______。

35.5　其他：______。

**第36条　争议解决方式**

本合同在履行过程中发生的争议由双方当事人协商解决，协商不成的，按下列第______种方式解决：(只能选择一种)

(1) 依法向人民法院起诉。(2) 提交______仲裁委员会仲裁。

**十三、其他**

**第37条　工程分包**

37.1　分包单位和分包工程内容：______。

37.2　分包工程价款及结算方法：______。

**第38条　不可抗力**

38.1　双方关于不可抗力范围的约定：______。

38.2　因不可抗力导致的费用及延误的工期由双方按以下方法分别承担：

(1) 工程本身的损害、因工程损害导致第三人人员伤亡和财产损失以及运至施工场地用于施工的材料和待安装的设备的损害，由发包人承担。

(2) 发包人、承包人人员伤亡由其所在单位负责，并承担相应费用。

(3) 承包人机械设备损坏及停工损失，由承包人承担。

(4) 停工期间，承包人应工程师要求留在施工场地的必要的管理人员及保卫人员的费用由发包人承担。

(5) 工程所需清理、修复费用，由发包人承担。

(6) 延误的工期相应顺延。

38.3　因合同一方迟延履行合同后发生不可抗力的，不能免除迟延履行方的相应责任。

**第39条　担保**

39.1　本工程双方约定的担保事项如下：

(1) 发包人向承包人提供履约担保，担保方式为：______。

(2) 承包人向发包人提供履约担保，担保方式为：______。

(3) 双方约定的其他担保事项：______。

(4) 担保合同作为本合同附件。

**第40条　合同解除**

40.1　双方协商一致，可以解除合同。

40.2　发包人不按合同约定支付工程款，双方又未达成延期付款协议，承包人可停止施工，停止施工超过30日，发包人仍不支付工程款（进度款），承包人有权解除合同。

40.3　承包人将其承包的全部工程转包给他人或者肢解以后以分包的名义分别转包给他人，发包人有权解除合同。

40.4　有下列情形之一的，发包人承包人可以解除合同：

(1) 因不可杭力致使合同无法履行。

(2) 因一方违约（包括因发包人原因造成工程停建或缓建）致使合同无法履行。

40.5　合同按司法程序解除后，承包人应妥善做好已完工程和已购材料、设备的保护和移交工作，按发包人要求将自有机械设备和人员撤出施工场地。发包人应为承包人撤出提供必要条件，支付以上所发生的费用，并按合同约定支付已完工程价款。已经订货的材料、设备由订货方负责退货或解除订货合同，不能退还的货款和因退货、解除订货合同发生的费用，由发包人承担，因未及时退货造成的损失由责任方承担。除此之外，有过错的一方应当赔偿因合同解除给对方造成的损失。

40.6　合同解除后，不影响双方在合同中约定的结算和清理条款的效力。

**第 41 条　合同生效及终止**

41.1　本合同自______之日起生效。

41.2　本合同在双方完成了相互约定的工作日内容后即告终止。

**第 42 条　合同份数**

42.1　本合同正本二份具有同等效力，双方各持一份。本合同副本份数______份，由双方分别收持。

**第 43 条　补充条款**

双方根据有关法律，行政法规规定，结合本工程实际，经协商一致后，可对本合同具体化，补充或修改。

____________________________________________________________

____________________________________________________________。

| 发包人：（公章） | 承包人：（公章） |
| --- | --- |
| 住　　所： | 住　　所： |
| 法定代表人： | 法定代表人： |
| 委托代理人： | 委托代理人： |
| 电　　话： | 电　　话： |
| 传　　真： | 传　　真： |
| 开户银行： | 开户银行： |
| 账　　号： | 账　　号： |
| 邮政编码： | 邮政编码： |
| 年　月　日 | 年　月　日 |

合同订立地点：

## 合同条款释义

### 一、词语含义及合同文件

**第一条　词语含义。**

建设工程施工合同文本，由建设工程施工合同条件（以下简称合同条件）和建设工程施工合同协议条款（以下简称协议条款）组成。其用词用语除协议条款另有约定外，应具有本条所赋予的含义：

1. 发包方（简称甲方）：协议条款约定的、具有发包主体资格和支付工程价款能力的当事人。

2. 甲方驻工地代表（简称甲方代表）；甲方在协议条款中指定的代表人。

3. 承包方（简称乙方）：协议条款约定的、具有承包主体资格并被发包方接受的当事人。

4. 乙方驻工地代表（称乙方代表）：乙方在协议条款中指定的代表人。

5. 社会监理：甲方委托具备法定资格的工程监理单位或人员对工程进行的监理。

6. 总监理工程师：工程监理单位委派的监理总负责人。

7. 设计单位：甲方委托的具备相应资质等级的设计单位。

8. 工程造价管理部门：国务院各有关部门、各级建设行政主管部门或其授权的工程造价管理部门。

9. 工程质量监督部门：国务院各有关部、各级建设行政主管部门或其授权的工程质量监督机构。

10. 工程：协议条款约定具体内容的永久工程。

11. 合理价款：按有关规定或协议条款约定的各种取费标准计算的，用以支付乙方按照合同要求完成工程内容的价款总额。

12. 经济支出：在施工中已经发生，经甲方确认后以增加预算形式支付的合同价款。

13. 费用：甲方在合同价款之外，需要直接支付的开支和乙方应负担的开支。

14. 工期：协议条款约定的合同工期。

15. 开工日期：协议条款约定的工程开工日期。

16. 竣工日期：协议条款约定的工程竣工日期。

17. 图样：由甲方提供或乙方提供经甲方代表批准，乙方用以施工的所有图样（包括配套说明和有关资料）。

18. 施工场地：经甲方批准的施工组织设计或施工方案中施工现场总平面图规定的场地。

19. 书面形式：根据合同发生的手写、打字、复写、印刷的各种通知、任命、委托、证书、签证、备忘录、会议纪要、函件及经过确认的电报、电传等。

20. 不可抗力：指因战争、动乱、空中飞行物体坠落或其他非甲乙方责任造成的爆炸、火灾，以及协议条款约定等级以上的风、雨、雪、震等对工程造成损害的自然灾害。

21. 协议条款：结合具体工程，甲、乙方协商后签订的书面协议。

**第二条　合同文件及解释顺序。合同文件应能互相解释，互为说明。除合同另有约定外，其组成和解释顺序如下：**

1. 协议条款。

2. 合同条件。

3. 洽商、变更等明确双方权利义务的纪要、协议。

4. 招标承包工程的中标通知书、投标书和招标文件。

5. 工程量清单或确定工程造价的工程预算书和图样。

6. 标准、规范和其他有关技术资料、技术要求。

当合同文件出现含糊不清或不相一致时，在不影响工程进度的情况下，由双方协商解决（实行社会监理的，可先由总监理工程师作出解释）；双方意见仍不能一致的，按第30条约定的办法解决。

**第三条　合同文件使用的语言文字、标准和适用法律。合同文件使用汉语或协议条款约定的少数民族语言书写和解释、说明。**

适用于合同文件的法律是国家的法律、法规，及协议条款约定的部门规章或工程所在地的地方法规。

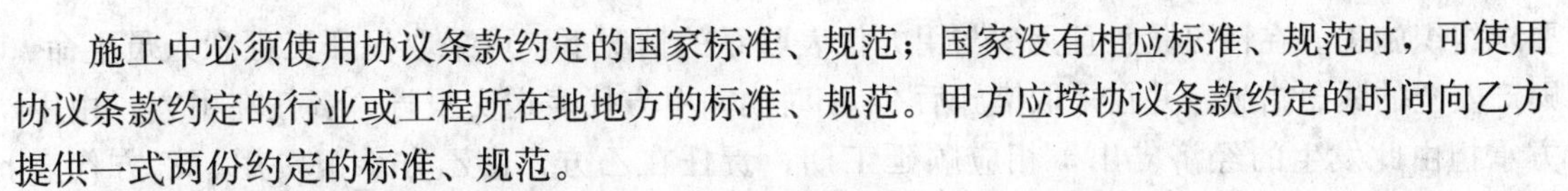

施工中必须使用协议条款约定的国家标准、规范；国家没有相应标准、规范时，可使用协议条款约定的行业或工程所在地地方的标准、规范。甲方应按协议条款约定的时间向乙方提供一式两份约定的标准、规范。

国内没有相应标准、规范时，乙力应按协议条款约定的时间和要求提出施工工艺，经甲方代表批准后执行；甲方要求使用国外标准、规范的，应负责提供中文译本。本条所发生购买，翻译和制定标准、规范的费用，均由甲方承担。

**第四条　图样。**

甲方在开工日期15天之前按协议条款约定的日期和份数，向乙方提供完整的施工图样，乙方按协议条款要求做好图样保密工作。需要特殊保密的措施费用由甲方承担。乙方需要增加图样份数，甲方应代为复制，复制费用由乙方承担。

**二、双方一般责任**

**第五条　甲方代表。**

甲方任命驻施工现场的代表，按照以下要求，行使合同约定的权利，履行合同约定的职责：

1. 甲方可委派有关具体管理人员，承担自己部分权利和职责，并可在任何时候撤回这种委派。委派和撤回均应提前通知乙方。

2. 甲方代表的指令、通知由其本人签字后，以书面形式交给乙方，乙方代表在回执上签署姓名和收到时间后生效。确有必要时，甲方代表可发出口头指令，并在48小时内给予书面确认，乙方对甲方代表的指令予执行。

甲方代表不能及时给予书面确认，乙方应于甲方代表发出口头指令后3天内提出书面确认要求，甲方代表在乙方提出确认要求后3天内不予答复，应视为乙方要求已被确认。

乙方认为甲方代表指令不合理，应在收到指令后24小时内提出书面申告。甲方代表在收到乙方申告后24小时内作出修改指令或继续执行原指令的决定，以书面形式通知乙方。

紧急情况下，甲方代表要求乙方立即执行的指令或乙方虽有异议，但甲方代表决定仍继续执行的指令，乙方应予执行。因指令错误发生的费用和给乙方造成的损失由甲方承担，延误的工期相应顺延。

3. 甲方代表按合同约定，及时向乙方提供所需指令、批准、图样并履行其他约定的义务，否则乙方在约定时间后24小时内将具体要求，需要的理由和迟误的后果通知甲方代表，甲方代表收到通知后48小时内不予答复，以承担由此造成的经济支出，顺延因此延误的工期，赔偿乙方有关损失。

实行社会监督的工程，甲方委托的总监理工程师按协议条款的约定，部分或全部行使合同中甲方代表的权利，履行甲方代表的职责，但无权解除合同中乙方的义务。甲方代表和总监理工程师易人，甲方应提前7天通知乙方，后任继续承担前任应负的责任（合同文件约定的义务和其职权内的承诺）。

**第六条　乙方驻工地代表。**

乙方任命驻工地负责人，按以下要求行使合同约定的权利，履行合同约定的职责：

1. 乙方的要求、请求和通知，以书面形式由乙方代表签字后送交甲方代表，甲方代表在回执上签署姓名和收到时间后生效。

2. 乙方代表按甲方代表批准的施工组织设计（或施工方案）和依据合同发出的指令、

要求组织施工。在情况紧急且无法与甲方代表联系的情况下，可采取保证工程和人员生命、财产安全的紧急措施，并在采取措施后24小时内向甲方代表送交报告。责任在甲方，由甲方承担由此发生的经济支出，相应顺延工期；责任在乙方，由乙方承担费用。乙方代表应提前7天通知甲方，后任继续承担前任应负的责任（合同文件约定的义务和其职权内的承诺）。

**第七条　甲方工作。**

甲方按协议条款约定的时间和要求，一次或分阶段完成以下工作：

1. 办理土地征用、青苗树木赔偿、房屋拆迁、清除地面、架空和地下障碍等工作，使施工场地具备施工条件，并在开工后继续负责解决以上事项遗留问题。

2. 将施工所需水、电、电信线路从施工场地外部接至协议条款约定地点，并保证施工期间的需要。

3. 开通施工场地与城乡公共道路的通道，以及协议条款约定的施工场地内的主要交通干道，满足施工运输的需要，保证施工期间的畅通。

4. 向乙方提供施工场地的工程地质和地下管网线路资料，保证数据真实准确。

5. 办理施工所需各种证件、批件和临时用地、占道及铁路专用线的申报批准手续（证明乙方自身资质的证件除外）。

6. 将水准点与坐标控制点以书面形式交给乙方，并进行现场交验。

7. 组织乙方和设计单位进行图样会审，向乙方进行设计交底。

8. 协调处理施工现场周围地下管线和邻近建筑物、构筑物的保护，并承担有关费用。

甲方不按合同约定完成以上工作造成延误，承担由此造成的经济支出，赔偿乙方有关损失，工期相应顺延。

**第八条　乙方工作。**

乙方按协议条款约定的时间和要求做好以下工作：

1. 在其设计资格证书允许的范围内，按甲方代表的要求完成施工图设计或与工程配套的设计，经甲方代表批准后使用。

2. 向甲方代表提供年、季、月工程进度计划及相应进度统计报表和工程事故报告。

3. 按工程需要提供和维修非夜间施工使用的照明、看守、围栏和警卫等。如乙方未履行上述义务造成工程、财产和人身伤害，由乙方承担责任及所发生的费用。

4. 按协议条款约定的数量和要求，向甲方代表提供在施工现场办公和生活的房屋及设施，发生的费用由甲方承担。

5. 遵守地方政府和有关部门对施工场地交通和施工噪声等管理规定，经甲方同意后办理有关手续，甲方承担由此发生的费用，因乙方责任造成的罚款除外。

6. 已竣工程未交付甲方之前，乙方按协议条款约定负责已完工程的成品保护工作，保护期间发生损坏，乙方自费予以修复。要求乙方采取特殊措施保护的单位工程的部位和相应经济支出，协议条款内约定。甲方提前使用后发生损坏的修理费用，由甲方承担。

7. 按合同的要求做好施工现场地下管线和邻近建筑物、构筑物的保护工作。

8. 保证施工现场清洁符合有关规定。交工前清理现场达到合同文件的要求，承担因违反有关规定造成的损失和罚款（合同签订后颁发的规定和非乙方原因造成的损失和罚款除外）。

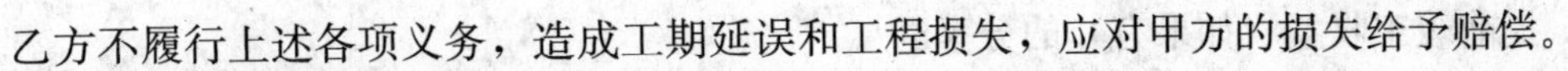

乙方不履行上述各项义务，造成工期延误和工程损失，应对甲方的损失给予赔偿。

**三、施工组织设计和工期**

**第九条　进度计划。**

乙方应在协议条款约定的日期，将施工组织设计（或施工方案）和进度计划提交甲方代表。甲方代表应按协议条款约定的时间予以批准或提出修改意见，逾期不批复，可视为该施工组织设计（或施工方案）和进度计划已经批准。

乙方必须按批准的进度计划组织施工，接受甲方代表对进度的检查，监督。工程实际进展与进度计划不符时，乙方应按甲方代表的要求提出改进措施，报甲方代表批准后执行。

**第十条　延期开工。**

乙方按协议条款约定的开工日期开始施工。乙方不能按时开工，应在协议条款约定的开工日期 6 天之前，向甲方代表提出延期开工的理由和要求。甲方代表在 3 天内答复乙方。甲方代表同意延期要求或 3 天内不予答复，可视为已同意乙方要求，工期相应顺延。甲方代表不同意延期要求或乙方末在规定时间内提出延期开工要求，竣工日期不予顺延。甲方征得乙方同意以书面形式通知乙方后可推迟开工日期，承担乙方因此造成的经济支出，相应顺延工期。

**第十一条　暂停施工。**

甲方代表在确有必要时，可要求乙方暂停施上，并在提出要求后 48 小时内提出处理意见。乙方按甲方要求停止施工，妥善保护已完工程，实施甲方代表处理意见后向其提出复工要求，甲方代表批准后继续施工。甲方代表未能在规定时间内提出处理意见，或收到乙方复工要求后 48 小时内未予答复，乙方可自行复工。停工责任在甲方，由甲方承担经济支出，相应顺延工期；停工责任在乙方，由乙方承担发生的费用。因甲方代表不及时作出答复，施工无法进行，乙方可认为甲方已部分或全部取消合同，由甲方承担违约责任。

**第十二条　工期延误。**

对以下造成竣工日期推迟的延误，经甲方代表确认，工期相应顺延。

1. 工程量变化和设计变更。

2. 一周内，非乙方原因停水、停电、停气造成停工累计超过 8 小时。

3. 不可抗力。

4. 合同中约定或甲方代表同意给予顺延的其他情况。乙方在以上情况发生后 5 天内，就延误的内容和因此发生的经济支出向甲方代表提出报告，甲方代表在收到报告后 5 日天内予以确认、答复、逾期不予答复，乙方即可视为延期要求已被确认。非上述原因，工程不能按合同工期竣工，乙方承担违约责任。

**第十三条　工期提前。**

施工中如需提前竣工，双方协商一致后签订提前竣工协议，合同竣工日期可以提前。乙方按此修订进度计划，报甲方批准。甲方应在 5 天内给予批准，并为赶工提供方便条件。提前竣工协议包括以下主要内容：

1. 提前的时间。

2. 乙方采取的赶工措施。

3. 甲方为赶工提供的条件。

4. 赶工措施的经济支出和承担。

5. 提前竣工收益（如果有）的分享。

**四、质量与验收**

**第十四条　检查和返工。**

乙方应认真按照标准、规范和设计的要求以及甲方代表依据合同发出的指令施工，随时接受甲方代表及其委派人员的检查检验，为检查检验提供便利条件，并按甲方代表及委派人员的要求返工、修改，承担由自身原因导致返工、修改的费用。因甲方不正确纠正或其他非乙方原因引起的经济支出，由甲方承担。以上检查检验合格后，又发现由乙方原因引起的质量问题，仍由乙方承担责任和发生的费用，赔偿甲方的有关损失，工期相应顺延。以上检查检验不应影响施工正常进行，如影响施工正常进行，检查检验不合格，影响正常施工的费用由乙方承担。除此之外影响正常施工的经济支出由甲方承担，相应顺延工期。

**第十五条　工程质量等级。**

工程质量应达到国家或专业的质量检验评定标准的合格条件。甲方要求部分或全部工程质量达到优良标准，应支付由此增加的经济支出，对工期有影响的应给予相应顺延。

达不到约定条件的部分，甲方代表一经发现，可要求乙方返工，乙方应按甲方代表要求的时间返工，直到符合约定条件。因乙方原因达不到约定条件，由乙方承担返工费用，工期不予顺延。返工后仍不能达到约定条件，乙方承担违约责任。因甲方原因达不到约定条件，由甲方承担返工的经济支出，工期相应顺延。

双方对工程质量有争议，请协议条款约定的质量监督部门仲裁，仲裁费用及因此造成的损失，由败诉一方承担。

**第十六条　隐蔽工程和中间验收。**

工程具备覆盖、掩盖条件或达到协议条款约定的中间验收部位，乙方自检合格后在隐蔽和中间验收 48 小时前通知甲方代表参加。通知包括乙方自检记录、隐蔽和中间验收的内容、验收时间和地点。乙方准备验收记录。验收合格，甲方代表在验收记录上签字后，方可进行隐蔽和继续施工。验收不合格，乙方在限定时间内修改后重新验收。

工程质量符合规范要求，验收 24 小时后，甲方代表不在验收记录签字，可视为甲方代表已经批准，乙方可进行隐蔽或继续施工。

**第十七条　试车。**

设备安装工程具备单机无负荷试车条件，乙方组织试车，并在试车 48 小时前通知甲方代表，通知包括试车内容、时间、地点。乙方准备试车记录。甲方为试车提供必要条件。试车通过，甲方代表在试车记录上签字。

设备安装工程具备联动无负荷试车条件，甲方组织试车，并在试车 48 小时前通知乙方，通知包括试车内容、时间、地点和对乙方应做准备工作的要求。乙方按要求做好准备工作和试车记录。试车通过，双方在试车记录上签字后，方可进行竣工验收。

由于设计原因试车达不到验收要求，甲方负责修改设计，乙方按修改后设计重新安装。甲方承担修改设计费用、拆除及重新安装的经济支出，工期相应顺延。由于设备制造原因试车达不到验收要求，由该设备采购一方负责重新购置或修理，乙方负责拆除和重新安装。设备为乙方采购，由乙方承担修理或重新购置、拆除及重新安装的费用，工期不予顺延；设备由甲方采购，甲方承担上述各项经济支出，工期相应顺延。

由于乙方施工原因试车达不到验收要求，甲方代表在试车后 24 小时内提出修改意见。

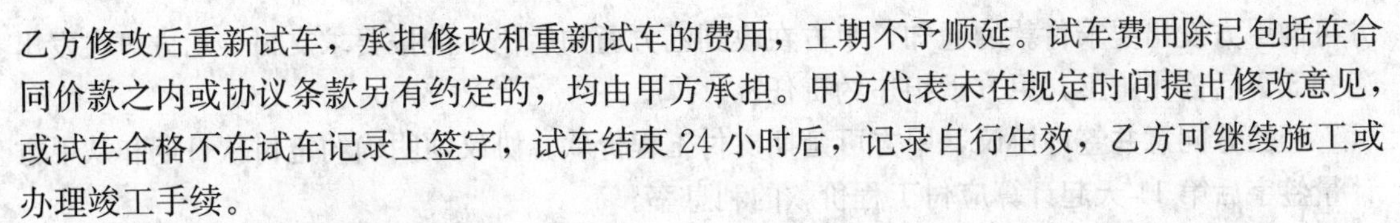



乙方修改后重新试车，承担修改和重新试车的费用，工期不予顺延。试车费用除已包括在合同价款之内或协议条款另有约定的，均由甲方承担。甲方代表未在规定时间提出修改意见，或试车合格不在试车记录上签字，试车结束 24 小时后，记录自行生效，乙方可继续施工或办理竣工手续。

**第十八条　验收和重新检验。**

甲方代表不能按时参加验收或试车，须在开始验收或试车 24 小时之前向乙方提出延期要求，延期不能超过两天。甲方代表未能按以上时间提出延期要求，不参加验收或试车，乙方可自行组织验收或试车，甲方应承认验收或试车记录。

无论甲方代表是否参加验收，当其提出对已经隐蔽工程重新检验的要求时，乙方应按要求进行剥露，并在检验后重新进行覆盖或修复。检验合格，甲方承担由此发生的经济支出，赔偿乙方损失并相应顺延工期。检验不合格，乙方承担发生的费用，工期也予顺延。

**五、合同价款与支付**

**第十九条　合同价款及调整。**

合同价款在协议条款内约定后，任何一方不得擅自改变。协议条款另有约定或发生下列情况之一的可作调整。

1. 甲方代表确认的工程增减。
2. 甲方代表确认的设计变更或工程洽商。
3. 工程造价管理部门公布的价格调整。
4. 一周内非乙方原因造成停水、停电、停气累计超过 8 小时。
5. 合同约定的其他增减或调整。

乙方应在上述情况发生后 10 天内，将调整的原因、金额以书面形式通知甲方代表，甲方代表批准后通知经办银行和乙方。甲方代表收到乙方通知后 10 天内不作答复，视为已经批准。

**第二十条　工程款预付。**

甲方按协议条款约定的时间和数额，向乙方预付工程款，开工后按协议条款约定的时间和比例逐次扣回。甲方不按协议预付，乙方在约定预付时间 10 天后向甲方发出要求预付的通知。甲方收到通知后仍不能按要求预付。乙方可在发出通知 5 天后停止施工，甲方从应付之日起向乙方支付应付款的利息并承担违约责任。

**第二十一条　工程量的核实确认。**

乙方按协议条款约定时间，向甲方代表提交已完工程量的报告，甲方代表接到报告后 3 天内按设计图样核实已完工程数量（以下简称计量），并在计量 24 小时前通知乙方。乙方为计量提供便利条件并派人参加。乙方无正当理由不参加计量，甲方自行进行，计量结果视为有效，作为工程价款支付的依据。甲方代表收到乙方报告后 3 天内进行计量，从第 4 天起，乙方报告中开列的工程量即视为已被确认，作为工程价款支付的依据。甲方代表不按约定时间通知乙方，使乙方不能参加计量，计量结果无效。甲方代表对乙方超出设计图样要求增加的工程量和因自身原因造成返工的工程量，不予计量。

**第二十二条　工程款支付。**

甲方根据协议条款约定的时间、方式和甲方代表确认的工程量，按构成合同价款相应项目的单价和取费标准计算，支付工程价款。甲方在其代表计量签字后 10 天内不予支付，乙方可向甲方发出要求付款的通知，甲方在收到乙方通知后仍不能按要求支付，乙方可在发出通知5天后停止施工，甲方承担违约责任。

经乙方同意并签订协议，甲方可延期支付工程价款。协议须明确约定付款日期和从甲方计量签字后第11天起计算应付工程价款的利息率。

**六、材料设备供应**

**第二十三条　甲方供应材料设备。**

甲方按照协议条款约定的材料设备种类、规格、数量、单价、质量等级和提供时间、地点的清单，向乙方提供材料设备及其产品合格证明。甲方代表在所供材料设备验收24小时前将通知送达乙方，乙方派人与甲方一起验收。无论乙方是否派人参加验收，验收后由乙方妥善保管，发生损坏丢失，由乙方负责赔偿，甲方支付相应保管费用。甲方不按规定通知乙方验收，乙方不负责材料设备的保管，损坏丢失由甲方负责。

甲方供应的材料、设备与清单不符，按以下情况分别处理：

1. 材料设备单价与清单不符，由甲方承担所有价差。

2. 材料设备的种类、规格、质量等级与清单不符，乙方可拒绝接收保管，由甲方运出施工现场重新采购。设备到货时如不能开箱检验，可只验收箱子数量。乙方开箱时须请甲方到场，出现缺件或质量等级、规格与清单不符，由甲方负责补足缺件或重新采购。

3. 甲方供应材料与清单规格型号不符，乙方可代为调剂串换，甲方承担相应经济支出。

4. 到货地点与清单不符，甲方负责倒运至清单指定地点。

5. 供应数量少于清单约定数量时，甲方将数量补齐。多于清单约定数量时，甲方负责将多余部分运出施工现场。

6. 供应时间早于清单约定日期，甲方承担因此发生的保管费用。

因以上原因或迟于清单约定供应时间，由甲方承担相应的经济支出。发生延误，相应顺延工期，甲方赔偿由此造成乙方的损失。经乙方检验通过之后发现有与清单的规格、质量等级不符的情况，甲方仍应承担重新采购及拆除和重建的经济支出，并相应顺延工期。

**第二十四条　乙方采购材料设备。**

乙方根据协议条款约定，按照设计和规范的要求采购工程需要的材料没备，并提供产品合格证明。在材料设备到货24小时前通知甲方代表验收。对与设计和规范要求不符的产品，甲方代表拒绝验收，由乙方按甲方代表要求的时间运出施工现场，重新采购符合要求的产品，承担由此发生的费用，工期不予顺延。甲方不能按时到场验收，验收后发现材料设备不符合规范和设计要求，仍由乙方修复或拆除或重新采购，并承担发生的费用，赔偿甲方的损失。由此延误的工期相应顺延。

根据工程需要，经甲方代表批准，乙方可使用代用材料。因甲方原因使用时，由甲方承担发生的经济支出；因乙方原因使用时，由乙方承担发生的费用。

**七、设计变更**

**第二十五条　设计变更。**

乙方对原设计进行变更，须经甲方代表同意，并由甲方取得以下批准：

1. 超过原设计标准和规模时，须经原设计和规模审查部门批准，取得相应追加投资和材料指标。

2. 送原设计单位审查，取得相应图样和说明。施工中甲方对原设计进行变更，在取得

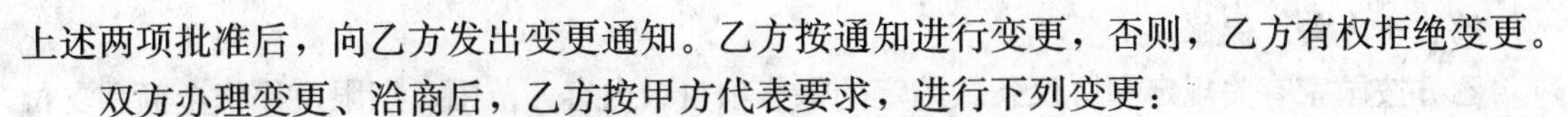


上述两项批准后，向乙方发出变更通知。乙方按通知进行变更，否则，乙方有权拒绝变更。

双方办理变更、洽商后，乙方按甲方代表要求，进行下列变更：

1. 增减合同中约定的工程数量。

2. 更改有关工程的性质、质量、规格。

3. 更改有关部分的标高、基线、位置和尺寸。

4. 增加工程需要的附加工作。

5. 改变有关工程的施工时间和顺序。

因以上变更导致的经济支出和乙方损失，由甲方承担，延误的工期相应顺延。

**第二十六条　确定变更价款。**

发生第25条规定的变更后，在双方协商的时间内，乙方按下列方法提出变更价格，报甲方代表批准后调整合同价款和竣工日期：

1. 合同中已有适用于变更工程的价格，按合同已有的价格计算、变更合同价款。

2. 合同中只有类似于变更情况的价格，可以此作为基础确定变更价格，变更合同价款。

3. 合同中没有类似和适用的价格，由乙方提出适当的变更价格，送甲方代表批准执行。

甲方代表不能同意乙方提出的变更价格，在乙方提出后10天内通知乙方提请工程造价管理部门裁定（实行社会监理的，由总监理工程师暂定，事后提请工程造价管理部门裁定），对裁定仍有异议，按第30条约定的方法解决。

**八、竣工与结算**

**第二十七条　竣工验收。**

工程具备竣工验收条件，乙方按国家工程竣工有关规定，向甲方代表提供完整竣工资料和竣工验收报告。按协议条款约定的日期和份数向甲方提交竣工图。甲方代表收到竣工验收报告后，在协议条款约定时间内组织有关部门验收，并在验收后5天内给予批准或提出修改意见。乙方按要求修改，并承担由自身原因造成修改的费用。

甲方代表在收到乙方送交的竣工验收报告后10天内无正当理由不组织验收，或验收后5天内不予批准且不能提出修改意见，可视为竣工验收报告已被批准，即可办理结算手续。

竣工日期为乙方送交竣工验收报告的日期，需修改后才能达到竣工要求的，应为乙方修改后提请甲方验收的日期。甲方不能按协议条款约定日期组织验收，应从约定期限最后一天的次日起承担工程保管费用。因特殊原因，部分单位工程和部位须甩项竣工时．双方订立甩项竣工协议。明确各方责任。

**第二十八条　竣工结算。**

竣工报告批准后，乙方应按国家有关规定和协议条款约定的时间、方式向甲方代表提出结算报告，办理竣工结算。甲方代表收到结算报告后应及时给予批准或提出修改意见，在协议条款约定时间内将拨款通知送经办银行，并将副本送乙方。银行审核后向乙方支付工程款。乙方收到工程款后15天内将竣工工程交付甲方。

由于甲方违反有关规定和约定，经办银行不能支付工程款，乙方可留置部分或全部工程，并予以妥善保护，由甲方承担保护费用。

甲方无正当理由收到竣工报告后20天不办理结算，从第3天起按施工企业向银行计划外资款的利率支付拖欠工程款的利息，并承担违约责任。

**第二十九条　保修。**

乙方按国家有关规定和协议条款约定的保修项目、内容、范围、期限及保修金额和支付办法，进行保修并支付保修金。

保修期从甲方代表在最终验收记录上签字之日算起。分单项验收的工程，按单项工程分别计算保修期。

保修期间，乙方应在接到修理通知之日后 10 天内派人修理，否则，甲方可委托其他单位或人员修理。因乙方原因造成返修的费用，甲方在保修金内扣除，不足部分，由乙方交付。因乙方之外原因造成返修的经济支出，由甲方承担。

采取按合同价款一定比率，在甲方应付乙方工程款内预留保修金办法的，甲方应在保修期满后 20 天内结算，将剩余保修金和按协议条款约定利率计算的利息一起退还乙方，不足部分由乙方交付。

**九、争议、违约和索赔**

**第三十条　争议。**

甲乙双方因合同发生争议，要求调解、仲裁、起诉的，可按协议条款的约定，采用以下一种或几种方式解决：

1. 向协议条款约定的单位或人员要求调解。
2. 向有管辖权的仲裁机关申请仲裁。
3. 向有管辖权的人民法院起诉。

发生争议后，除出现下列情况的，双方都应继续履行合同，保持施工连续保护好已完工程：

1. 合同确已无法履行。
2. 双方协议停止施工。
3. 调解要求停止施工，且为双方接受。
4. 仲裁机关要求停止施工。
5. 法院要求停止施工。

**第三十一条　违约。**

甲方代表不能及时给出必要指令、确认、批准，不按合同约定履行自己的各项义务、支付款项及发生其他使合同无法进行的行为，应承担违约责任（包括支付因其违约导致乙方增加的经济支出和从应支付之日起计算的应付款项的利息等），相应顺延工期；按协议条款约定支付违约金和赔偿因其违约给乙方造成的窝工等损失。

乙方不能按合同工期竣工，施工质量达不到设计和规范的要求，或发生其他使合同无法履行的行为，甲方代表可通知乙方，按协议条款约定支付违约金，赔偿因其违约给甲方造成的损失。

除非双方协议将合同终止，或因一方违约使合同无法履行，违约方承担上述违约责任后仍应继续履行合同。

因一方违约使合同不能履行，另一方欲中止或解除全部合同，应提前 10 天通知违约方后，方可中止或解除合向，由违约方承担违约责任。

**第三十二条　索赔。**

甲方未能按合同约定支付各种费用、顺延工期、赔偿损失，乙方可按以下规定向甲方索赔：

1. 有正当索赔理由，且有索赔事件发生时的有关证据。

2. 索赔事件发生后20天内，向甲方发出要求索赔的通知。

3. 甲方在接到索赔通知后10天内给予批准，或要求乙方进一步补充索赔理由和证据，甲方在10天内未予答复，应视为该项索赔已经批准。

**十、其他**

**第三十三条　安全施工。**

乙方按有关规定，采取严格的安全防护措施，承担由于自身安全措施不力造成事故的责任和因此发生的费用。非乙方责任造成的伤亡事故，由责任方承担责任和有关费用。

发生重大伤亡事故，乙方应按有关规定；立即上报有关部门并通知甲方代表。同时按政府有关部门要求处理。甲方为抢救提供必要条件。发生的费用由事故责任方承担。

乙方在动力设备、高电压线路、地下管道、密封防震车间、易燃易爆地段以及临街交通要道附近施工前，应向甲方代表提出安全保护措施，经甲方代表批准后实施。由甲方承担防护措施费用。在有毒有害环境中施工，甲方应按有关规定提供相应的防护措施，并承担有关的经济支出。

**第三十四条　专利技术、特殊工艺和合理化建议。**

甲方要求采用专利技术和特殊工艺，须负责办理相应的申报、审批手续，承担申报、试验等费用。乙方按甲方要求使用，并负责试验等有关工作。乙方提出使用专利技术和特殊工艺，报甲方代表批准后按以上约定办理。乙方提出合理化建议涉及对图样、设计和施工组织设计的更改及对原定材料、设备的换用，必须经甲方代表批准。

以上发生的费用和获得的收益，双方按协议分摊或分享。

**第三十五条　地下障碍和文物。**

乙方在施工中发现文物、古墓、古建筑基础和结构、化石、钱币等有考古、地质研究等价值的物品或其他影响施工的地下障碍物时，应在4小时内通知甲方代表，并报告有关管理部门和采取有效保护措施。甲方代表应在收到通知后12小时内对乙方采取的措施给予批准或提出处理意见。甲方承担保护措施的费用，延误的工期相应顺延。

**第三十六条　工程分包。**

乙方可按投标书和协议条款约定分包部分工程。乙方与分包单位签订分包合同后，将副本送甲方代表。分包合同与本合同发生抵触，以本合同为准。

分包合同不能解除乙方任何义务与责任。乙方应在分包场地派驻监督管理人员，保证合同的履行。分包单位的任何违约或疏忽，均视为乙方的违约或疏忽。除协议条款另有约定，分包工程价款由乙方与分包单位结算。

**第三十七条　不可抗力。**

不可抗力发生后，乙方应迅速采取措施，尽力减少损失，并在24小时内向甲方代表通报受害情况，按协议条款约定的时间向甲方报告损失情况和清理、修复的费用。灾害继续发生，乙方应每隔10天向甲方报告一次灾害情况，直到灾害结束。甲方应对灾害处理提供必要条件。

灾害发生的费用由双方分别乘担：

1. 工程本身的损害由甲方承担。

2. 人员伤亡由其所属单位负责，并承担相应费用。

3. 造成乙方设备、机械的损坏及停工等损失，由乙方承担。

4. 所需清理修复工作的责任与费用的承担，双方另签补充协议约定。

**第三十八条 保险**（如有时）。

甲方按协议条款的约定，办理建筑工程和在施工场地甲方人员及第三方人员生命财产的保险，并支付一切费用。乙方办理自己在施工场地人员生命财产和机械设备的保险，并支付一切费用。投保后发生事故，乙方应在15天内向甲方提供损失情况和估价的报告，如损害继续发生，乙方在15天后每10天报告一次，直到损害结束。

**第三十九条 工程停建或缓建。**

由于政策变化、不可抗力以及甲乙双方之外原因导致工程停建或缓建，使合同不能继续履行，乙方应妥善做好已完工程和已购材料、设备的保护和移交工作；按甲方要求将自有机械设备和人员撤出施工现场。甲方应为乙方撤出提供必须条件，支付以上的经济支出，并按合同规定支付已完工程价款和赔偿乙方有关损失。

已经订货的材料、设备由订方负责退货，不能退还的货款和退货发生的费用，由甲方承担。但未及时退货造成的损失由责任方承担。

**第四十条 合同的生效与终止。**

本合同自协议条款约定的生效之日起生效。竣工结算、甲方支付完毕，乙方将工程交付甲方后，除有关保修条款仍然生效外，其他条款即告终止，保修期满后，有关保修条款终止。

**第四十一条 合同份数。**

合同正本两份，具有同等效力，由甲乙双方签字盖章后分别保存。副本份数按协议条款约定，由甲乙双方分送有关部门。

# 附录二

# 建设工程质量管理条例

中华人民共和国国务院令（2000） 第279号

## 第一章 总 则

**第一条** 为了加强对建设工程质量的管理，保证建设工程质量，保护人民生命和财产安全，根据《中华人民共和国建筑法》，制定本条例。

**第二条** 凡在中华人民共和国境内从事建设工程的新建、扩建、改建等有关活动及实施对建设工程质量监督管理的，必须遵守本条例。

本条例所称建设工程，是指土木工程、建筑工程、线路管道和设备安装工程及装修工程。

**第三条** 建设单位、勘察单位、设计单位、施工单位、工程监理单位依法对建设工程质量负责。

**第四条** 县级以上人民政府建设行政主管部门和其他有关部门应当加强对建设工程质量的监督管理。

**第五条** 从事建设工程活动，必须严格执行基本建设程序，坚持先勘察、后设计、再施工的原则。

县级以上人民政府及其有关部门不得超越权限审批建设项目或者擅自简化基本建设程序。

**第六条** 国家鼓励采用先进的科学技术和管理方法，提高建设工程质量。

## 第二章 建设单位的质量责任和义务

**第七条** 建设单位应当将工程发包给具有相应资质等级的单位。

建设单位不得将建设工程肢解发包。

**第八条** 建设单位应当依法对工程建设项目的勘察、设计、施工、监理以及与工程建设有关的重要设备、材料等的采购进行招标。

**第九条** 建设单位必须向有关的勘察、设计、施工、工程监理等单位提供与建设工程有关的原始资料。

原始资料必须真实、准确、齐全。

**第十条** 建设工程发包单位不得迫使承包方以低于成本的价格竞标，不得任意压缩合理工期。

建设单位不得明示或者暗示设计单位或者施工单位违反工程建设强制性标准，降低建设工程质量。

**第十一条**　建设单位应当将施工图设计文件报县级以上人民政府建设行政主管部门或者其他有关部门审查。施工图设计文件审查的具体办法，由国务院建设行政主管部门会同国务院其他有关部门制定。

施工图设计文件未经审查批准的，不得使用。

**第十二条**　实行监理的建设工程，建设单位应当委托具有相应资质等级的工程监理单位进行监理，也可以委托具有工程监理相应资质等级并与被监理工程的施工承包单位没有隶属关系或者其他利害关系的该工程的设计单位进行监理。

下列建设工程必须实行监理：

（一）国家重点建设工程；

（二）大中型公用事业工程；

（三）成片开发建设的住宅小区工程；

（四）利用外国政府或者国际组织贷款、援助资金的工程；

（五）国家规定必须实行监理的其他工程。

**第十三条**　建设单位在领取施工许可证或者开工报告前，应当按照国家有关规定办理工程质量监督手续。

**第十四条**　按照合同约定，由建设单位采购建筑材料、建筑构配件和设备的，建设单位应当保证建筑材料、建筑构配件和设备符合设计文件和合同要求。

建设单位不得明示或者暗示施工单位使用不合格的建筑材料、建筑构配件和设备。

**第十五条**　涉及建筑主体和承重结构变动的装修工程，建设单位应当在施工前委托原设计单位或者具有相应资质等级的设计单位提出设计方案；没有设计方案的，不得施工。

房屋建筑使用者在装修过程中，不得擅自变动房屋建筑主体和承重结构。

**第十六条**　建设单位收到建设工程竣工报告后，应当组织设计、施工、工程监理等有关单位进行竣工验收。

建设工程竣工验收应当具备下列条件：

（一）完成建设工程设计和合同约定的各项内容；

（二）有完整的技术档案和施工管理资料；

（三）有工程使用的主要建筑材料、建筑构配件和设备的进场试验报告；

（四）有勘察、设计、施工、工程监理等单位分别签署的质量合格文件；

（五）有施工单位签署的工程保修书。

建设工程经验收合格的，方可交付使用。

**第十七条**　建设单位应当严格按照国家有关档案管理的规定，及时收集、整理建设项目各环节的文件资料，建立、健全建设项目档案，并在建设工程竣工验收后，及时向建设行政主管部门或者其他有关部门移交建设项目档案。

## 第三章　勘察、设计单位的质量责任和义务

**第十八条**　从事建设工程勘察、设计的单位应当依法取得相应等级的资质证书，并在其

资质等级许可的范围内承揽工程。

禁止勘察、设计单位超越其资质等级许可的范围或者以其他勘察、设计单位的名义承揽工程。禁止勘察、设计单位允许其他单位或者个人以本单位的名义承揽工程。

勘察、设计单位不得转包或者违法分包所承揽的工程。

**第十九条**　勘察、设计单位必须按照工程建设强制性标准进行勘察、设计，并对其勘察、设计的质量负责。

注册建筑师、注册结构工程师等注册执业人员应当在设计文件上签字，对设计文件负责。

**第二十条**　勘察单位提供的地质、测量、水文等勘察成果必须真实、准确。

**第二十一条**　设计单位应当根据勘察成果文件进行建设工程设计。

设计文件应当符合国家规定的设计深度要求，注明工程合理使用年限。

**第二十二条**　设计单位在设计文件中选用的建筑材料、建筑构配件和设备，应当注明规格、型号、性能等技术指标，其质量要求必须符合国家规定的标准。

除有特殊要求的建筑材料、专用设备、工艺生产线等外，设计单位不得指定生产厂、供应商。

**第二十三条**　设计单位应当就审查合格的施工图设计文件向施工单位作出详细说明。

**第二十四条**　设计单位应当参与建设工程质量事故分析，并对因设计造成的质量事故，提出相应的技术处理方案。

## 第四章　施工单位的质量责任和义务

**第二十五条**　施工单位应当依法取得相应等级的资质证书，并在其资质等级许可的范围内承揽工程。

禁止施工单位超越本单位资质等级许可的业务范围或者以其他施工单位的名义承揽工程。禁止施工单位允许其他单位或者个人以本单位的名义承揽工程。

施工单位不得转包或者违法分包工程。

**第二十六条**　施工单位对建设工程的施工质量负责。

施工单位应当建立质量责任制，确定工程项目的项目经理、技术负责人和施工管理负责人。

建设工程实行总承包的，总承包单位应当对全部建设工程质量负责；建设工程勘察、设计、施工、设备采购的一项或者多项实行总承包的，总承包单位应当对其承包的建设工程或者采购的设备的质量负责。

**第二十七条**　总承包单位依法将建设工程分包给其他单位的，分包单位应当按照分包合同的约定对其分包工程的质量向总承包单位负责，总承包单位与分包单位对分包工程的质量承担连带责任。

**第二十八条**　施工单位必须按照工程设计图纸和施工技术标准施工，不得擅自修改工程设计，不得偷工减料。

施工单位在施工过程中发现设计文件和图纸有差错的，应当及时提出意见和建议。

**第二十九条**　施工单位必须按照工程设计要求、施工技术标准和合同约定，对建筑材料、建筑构配件、设备和商品混凝土进行检验，检验应当有书面记录和专人签字；未经检验或者检验不合格的，不得使用。

**第三十条**　施工单位必须建立、健全施工质量的检验制度，严格工序管理，作好隐蔽工程的质量检查和记录。隐蔽工程在隐蔽前，施工单位应当通知建设单位和建设工程质量监督机构。

**第三十一条**　施工人员对涉及结构安全的试块、试件以及有关材料，应当在建设单位或者工程监理单位监督下现场取样，并送具有相应资质等级的质量检测单位进行检测。

**第三十二条**　施工单位对施工中出现质量问题的建设工程或者竣工验收不合格的建设工程，应当负责返修。

**第三十三条**　施工单位应当建立、健全教育培训制度，加强对职工的教育培训；未经教育培训或者考核不合格的人员，不得上岗作业。

## 第五章　工程监理单位的质量责任和义务

**第三十四条**　工程监理单位应当依法取得相应等级的资质证书，并在其资质等级许可的范围内承担工程监理业务。

禁止工程监理单位超越本单位资质等级许可的范围或者以其他工程监理单位的名义承担工程监理业务。禁止工程监理单位允许其他单位或者个人以本单位的名义承担工程监理业务。

工程监理单位不得转让工程监理业务。

**第三十五条**　工程监理单位与被监理工程的施工承包单位以及建筑材料、建筑构配件和设备供应单位有隶属关系或者其他利害关系的，不得承担该项建设工程的监理业务。

**第三十六条**　工程监理单位应当依照法律、法规以及有关技术标准、设计文件和建设工程承包合同，代表建设单位对施工质量实施监理，并对施工质量承担监理责任。

**第三十七条**　工程监理单位应当选派具备相应资格的总监理工程师和监理工程师进驻施工现场。

未经监理工程师签字，建筑材料、建筑构配件和设备不得在工程上使用或者安装，施工单位不得进行下一道工序的施工。未经总监理工程师签字，建设单位不拨付工程款，不进行竣工验收。

**第三十八条**　监理工程师应当按照工程监理规范的要求，采取旁站、巡视和平行检验等形式，对建设工程实施监理。

## 第六章　建设工程质量保修

**第三十九条**　建设工程实行质量保修制度。

建设工程承包单位在向建设单位提交工程竣工验收报告时，应当向建设单位出具质量保修书。质量保修书中应当明确建设工程的保修范围、保修期限和保修责任等。

**第四十条**　在正常使用条件下，建设工程的最低保修期限为：

（一）基础设施工程、房屋建筑的地基基础工程和主体结构工程，为设计文件规定的该

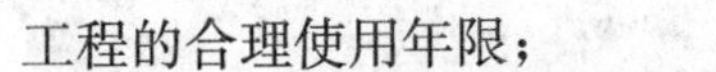



工程的合理使用年限；

（二）屋面防水工程、有防水要求的卫生间、房间和外墙面的防渗漏，为5年；

（三）供热与供冷系统，为2个采暖期、供冷期；

（四）电气管线、给排水管道、设备安装和装修工程，为2年。

其他项目的保修期限由发包方与承包方约定。

建设工程的保修期，自竣工验收合格之日起计算。

**第四十一条**　建设工程在保修范围和保修期限内发生质量问题的，施工单位应当履行保修义务，并对造成的损失承担赔偿责任。

**第四十二条**　建设工程在超过合理使用年限后需要继续使用的，产权所有人应当委托具有相应资质等级的勘察、设计单位鉴定，并根据鉴定结果采取加固、维修等措施，重新界定使用期。

## 第七章　监督管理

**第四十三条**　国家实行建设工程质量监督管理制度。

国务院建设行政主管部门对全国的建设工程质量实施统一监督管理。国务院铁路、交通、水利等有关部门按照国务院规定的职责分工，负责对全国的有关专业建设工程质量的监督管理。

县级以上地方人民政府建设行政主管部门对本行政区域内的建设工程质量实施监督管理。县级以上地方人民政府交通、水利等有关部门在各自的职责范围内，负责对本行政区域内的专业建设工程质量的监督管理。

**第四十四条**　国务院建设行政主管部门和国务院铁路、交通、水利等有关部门应当加强对有关建设工程质量的法律、法规和强制性标准执行情况的监督检查。

**第四十五条**　国务院发展计划部门按照国务院规定的职责，组织稽查特派员，对国家出资的重大建设项目实施监督检查。

国务院经济贸易主管部门按照国务院规定的职责，对国家重大技术改造项目实施监督检查。

**第四十六条**　建设工程质量监督管理，可以由建设行政主管部门或者其他有关部门委托的建设工程质量监督机构具体实施。

从事房屋建筑工程和市政基础设施工程质量监督的机构，必须按照国家有关规定经国务院建设行政主管部门或者省、自治区、直辖市人民政府建设行政主管部门考核；从事专业建设工程质量监督的机构，必须按照国家有关规定经国务院有关部门或者省、自治区、直辖市人民政府有关部门考核。经考核合格后，方可实施质量监督。

**第四十七条**　县级以上地方人民政府建设行政主管部门和其他有关部门应当加强对有关建设工程质量的法律、法规和强制性标准执行情况的监督检查。

**第四十八条**　县级以上人民政府建设行政主管部门和其他有关部门履行监督检查职责时，有权采取下列措施：

（一）要求被检查的单位提供有关工程质量的文件和资料；

（二）进入被检查单位的施工现场进行检查；

（三）发现有影响工程质量的问题时，责令改正。

**第四十九条**　建设单位应当自建设工程竣工验收合格之日起 15 日内，将建设工程竣工验收报告和规划、公安消防、环保等部门出具的认可文件或者准许使用文件报建设行政主管部门或者其他有关部门备案。

建设行政主管部门或者其他有关部门发现建设单位在竣工验收过程中有违反国家有关建设工程质量管理规定行为的，责令停止使用，重新组织竣工验收。

**第五十条**　有关单位和个人对县级以上人民政府建设行政主管部门和其他有关部门进行的监督检查应当支持与配合，不得拒绝或者阻碍建设工程质量监督检查人员依法执行职务。

**第五十一条**　供水、供电、供气、公安消防等部门或者单位不得明示或者暗示建设单位、施工单位购买其指定的生产供应单位的建筑材料、建筑构配件和设备。

**第五十二条**　建设工程发生质量事故，有关单位应当在 24 小时内向当地建设行政主管部门和其他有关部门报告。对重大质量事故，事故发生地的建设行政主管部门和其他有关部门应当按照事故类别和等级向当地人民政府和上级建设行政主管部门和其他有关部门报告。

特别重大质量事故的调查程序按照国务院有关规定办理。

**第五十三条**　任何单位和个人对建设工程的质量事故、质量缺陷都有权检举、控告、投诉。

## 第八章　罚　　则

**第五十四条**　违反本条例规定，建设单位将建设工程发包给不具有相应资质等级的勘察、设计、施工单位或者委托给不具有相应资质等级的工程监理单位的，责令改正，处 50 万元以上 100 万元以下的罚款。

**第五十五条**　违反本条例规定，建设单位将建设工程肢解发包的，责令改正，处工程合同价款百分之零点五以上百分之一以下的罚款；对全部或者部分使用国有资金的项目，并可以暂停项目执行或者暂停资金拨付。

**第五十六条**　违反本条例规定，建设单位有下列行为之一的，责令改正，处 20 万元以上 50 万元以下的罚款：

（一）迫使承包方以低于成本的价格竞标的；

（二）任意压缩合理工期的；

（三）明示或者暗示设计单位或者施工单位违反工程建设强制性标准，降低工程质量的；

（四）施工图设计文件未经审查或者审查不合格，擅自施工的；

（五）建设项目必须实行工程监理而未实行工程监理的；

（六）未按照国家规定办理工程质量监督手续的；

（七）明示或者暗示施工单位使用不合格的建筑材料、建筑构配件和设备的；

（八）未按照国家规定将竣工验收报告、有关认可文件或者准许使用文件报送备案的。

**第五十七条**　违反本条例规定，建设单位未取得施工许可证或者开工报告未经批准，擅自施工的，责令停止施工，限期改正，处工程合同价款百分之一以上百分之二以下的罚款。

**第五十八条**　违反本条例规定，建设单位有下列行为之一的，责令改正，处工程合同价款百分之二以上百分之四以下的罚款；造成损失的，依法承担赔偿责任：

（一）未组织竣工验收，擅自交付使用的；

（二）验收不合格，擅自交付使用的；

（三）对不合格的建设工程按照合格工程验收的。

**第五十九条**　违反本条例规定，建设工程竣工验收后，建设单位未向建设行政主管部门或者其他有关部门移交建设项目档案的，责令改正，处1万元以上10万元以下的罚款。

**第六十条**　违反本条例规定，勘察、设计、施工、工程监理单位超越本单位资质等级承揽工程的，责令停止违法行为，对勘察、设计单位或者工程监理单位处合同约定的勘察费、设计费或者监理酬金1倍以上2倍以下的罚款；对施工单位处工程合同价款百分之二以上百分之四以下的罚款，可以责令停业整顿，降低资质等级；情节严重的，吊销资质证书；有违法所得的，予以没收。

未取得资质证书承揽工程的，予以取缔，依照前款规定处以罚款；有违法所得的，予以没收。

以欺骗手段取得资质证书承揽工程的，吊销资质证书，依照本条第一款规定处以罚款；有违法所得的，予以没收。

**第六十一条**　违反本条例规定，勘察、设计、施工、工程监理单位允许其他单位或者个人以本单位名义承揽工程的，责令改正，没收违法所得，对勘察、设计单位和工程监理单位处合同约定的勘察费、设计费和监理酬金1倍以上2倍以下的罚款；对施工单位处工程合同价款百分之二以上百分之四以下的罚款；可以责令停业整顿，降低资质等级；情节严重的，吊销资质证书。

**第六十二条**　违反本条例规定，承包单位将承包的工程转包或者违法分包的，责令改正，没收违法所得，对勘察、设计单位处合同约定的勘察费、设计费百分之二十五以上百分之五十以下的罚款；对施工单位处工程合同价款百分之零点五以上百分之一以下的罚款；可以责令停业整顿，降低资质等级；情节严重的，吊销资质证书。

工程监理单位转让工程监理业务的，责令改正，没收违法所得，处合同约定的监理酬金百分之二十五以上百分之五十以下的罚款；可以责令停业整顿，降低资质等级；情节严重的，吊销资质证书。

**第六十三条**　违反本条例规定，有下列行为之一的，责令改正，处10万元以上30万元以下的罚款：

（一）勘察单位未按照工程建设强制性标准进行勘察的；

（二）设计单位未根据勘察成果文件进行工程设计的；

（三）设计单位指定建筑材料、建筑构配件的生产厂、供应商的；

（四）设计单位未按照工程建设强制性标准进行设计的。

有前款所列行为，造成工程质量事故的，责令停业整顿，降低资质等级；情节严重的，吊销资质证书；造成损失的，依法承担赔偿责任。

**第六十四条**　违反本条例规定，施工单位在施工中偷工减料的，使用不合格的建筑材料、建筑构配件和设备的，或者有不按照工程设计图纸或者施工技术标准施工的其他行为的，责令改正，处工程合同价款百分之二以上百分之四以下的罚款；造成建设工程质量不符合规定的质量标准的，负责返工、修理，并赔偿因此造成的损失；情节严重的，责令停业整顿，降低资质等级或者吊销资质证书。

**第六十五条**　违反本条例规定，施工单位未对建筑材料、建筑构配件、设备和商品混凝土进行检验，或者未对涉及结构安全的试块、试件以及有关材料取样检测的，责令改正，处10万元以上20万元以下的罚款；情节严重的，责令停业整顿，降低资质等级或者吊销资质证书；造成损失的，依法承担赔偿责任。

**第六十六条**　违反本条例规定，施工单位不履行保修义务或者拖延履行保修义务的，责令改正，处10万元以上20万元以下的罚款，并对在保修期内因质量缺陷造成的损失承担赔偿责任。

**第六十七条**　工程监理单位有下列行为之一的，责令改正，处50万元以上100万元以下的罚款，降低资质等级或者吊销资质证书；有违法所得的，予以没收；造成损失的，承担连带赔偿责任：

（一）与建设单位或者施工单位串通，弄虚作假、降低工程质量的；

（二）将不合格的建设工程、建筑材料、建筑构配件和设备按照合格签字的。

**第六十八条**　违反本条例规定，工程监理单位与被监理工程的施工承包单位以及建筑材料、建筑构配件和设备供应单位有隶属关系或者其他利害关系承担该项建设工程的监理业务的，责令改正，处5万元以上10万元以下的罚款，降低资质等级或者吊销资质证书；有违法所得的，予以没收。

**第六十九条**　违反本条例规定，涉及建筑主体或者承重结构变动的装修工程，没有设计方案擅自施工的，责令改正，处50万元以上100万元以下的罚款；房屋建筑使用者在装修过程中擅自变动房屋建筑主体和承重结构的，责令改正，处5万元以上10万元以下的罚款。

有前款所列行为，造成损失的，依法承担赔偿责任。

**第七十条**　发生重大工程质量事故隐瞒不报、谎报或者拖延报告期限的，对直接负责的主管人员和其他责任人员依法给予行政处分。

**第七十一条**　违反本条例规定，供水、供电、供气、公安消防等部门或者单位明示或者暗示建设单位或者施工单位购买其指定的生产供应单位的建筑材料、建筑构配件和设备的，责令改正。

**第七十二条**　违反本条例规定，注册建筑师、注册结构工程师、监理工程师等注册执业人员因过错造成质量事故的，责令停止执业1年；造成重大质量事故的，吊销执业资格证书，5年以内不予注册；情节特别恶劣的，终身不予注册。

**第七十三条**　依照本条例规定，给予单位罚款处罚的，对单位直接负责的主管人员和其他直接责任人员处单位罚款数额百分之五以上百分之十以下的罚款。

**第七十四条**　建设单位、设计单位、施工单位、工程监理单位违反国家规定，降低工程质量标准，造成重大安全事故，构成犯罪的，对直接责任人员依法追究刑事责任。

**第七十五条**　本条例规定的责令停业整顿，降低资质等级和吊销资质证书的行政处罚，由颁发资质证书的机关决定；其他行政处罚，由建设行政主管部门或者其他有关部门依照法定职权决定。

依照本条例规定被吊销资质证书的，由工商行政管理部门吊销其营业执照。

**第七十六条**　国家机关工作人员在建设工程质量监督管理工作中玩忽职守、滥用职权、徇私舞弊，构成犯罪的，依法追究刑事责任；尚不构成犯罪的，依法给予行政处分。

**第七十七条**　建设、勘察、设计、施工、工程监理单位的工作人员因调动工作、退休等

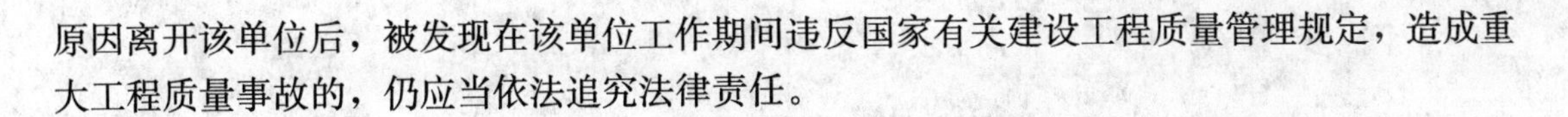
原因离开该单位后，被发现在该单位工作期间违反国家有关建设工程质量管理规定，造成重大工程质量事故的，仍应当依法追究法律责任。

## 第九章　附　　则

**第七十八条**　本条例所称肢解发包，是指建设单位将应当由一个承包单位完成的建设工程分解成若干部分发包给不同的承包单位的行为。

本条例所称违法分包，是指下列行为：

（一）总承包单位将建设工程分包给不具备相应资质条件的单位的；

（二）建设工程总承包合同中未有约定，又未经建设单位认可，承包单位将其承包的部分建设工程交由其他单位完成的；

（三）施工总承包单位将建设工程主体结构的施工分包给其他单位的；

（四）分包单位将其承包的建设工程再分包的。

本条例所称转包，是指承包单位承包建设工程后，不履行合同约定的责任和义务，将其承包的全部建设工程转给他人或者将其承包的全部建设工程肢解以后以分包的名义分别转给其他单位承包的行为。

**第七十九条**　本条例规定的罚款和没收的违法所得，必须全部上缴国库。

**第八十条**　抢险救灾及其他临时性房屋建筑和农民自建低层住宅的建设活动，不适用本条例。

**第八十一条**　军事建设工程的管理，按照中央军事委员会的有关规定执行。

**第八十二条**　本条例自发布之日起施行。

附刑法有关条款。

**第一百三十七条**　建设单位、设计单位、施工单位、工程监理单位违反国家规定，降低工程质量标准，造成重大安全事故的，对直接责任人员处五年以下有期徒刑或者拘役，并处罚金；后果特别严重的，处五年以上十年以下有期徒刑，并处罚金。

# 主要参考文献

陈美亮，2008. 网络优化法在兰溪南岸公园工程施工进度控制中的应用 [J]. 水利科技 (2).
成虎，2001. 工程项目管理 [M]. 第二版. 北京：中国建筑工业出版社.
郝瑞霞，2008. 园林工程施工成本管理便携手册 [M]. 北京：中国电力出版社.
郝瑞霞，2008. 园林工程施工组织设计与进度管理便携手册 [M]. 北京：中国电力出版社.
郝瑞霞，2008. 园林工程招投标与合同管理便携手册 [M]. 北京：中国电力出版社.
李敏，周琳洁. 2007. 建设项目与合同成本管理 [M]. 北京：中国建筑工业出版社.
李敏，周琳洁. 2007. 园林绿化建设施工组织与质量安全管理 [M]. 北京：中国建筑工业出版社.
刘治映，余燕君. 2007. 建筑工程项目管理 [M]. 北京：中国水利水电出版社.
桑培东，元霞. 2007. 建筑工程项目管理 [M]. 北京：中国电力出版社.
曾汉良，赵业礼. 2007. 园林绿化工程质量管理与控制 [J]. 广东建材 (10).
中国建设监理协会组织编写. 2007. 建设工程合同管理 [M]. 第二版. 北京：知识产权出版社.
中国建设监理协会组织编写. 2007. 建设工程监理概论 [M]. 第二版. 北京：知识产权出版社.
中国建设监理协会组织编写. 2007. 建设工程进度控制 [M]. 第二版. 北京：知识产权出版社.
中国建设监理协会组织编写. 2007. 建设工程信息管理 [M]. 第二版. 北京：知识产权出版社.
中国建设监理协会组织编写. 2007. 建设工程投资控制 [M]. 第二版. 北京：知识产权出版社.
中国建设监理协会组织编写. 2007. 建设工程质量控制 [M]. 第二版. 北京：知识产权出版社.